民用航空器维修基础系列教材

燃气涡轮发动机 （第2版）
Gas Turbine Engine
（ME-TA、TH）

蒋陵平　主编

U0235851

清华大学出版社
北京

内 容 简 介

本书是民用航空器维修基础系列教材之一，是按照中国民航规章 CCAR-147 培训大纲和 CCAR-66 考试大纲的 M14 模块编写的。可作为民航维修人员参加基础执照考试的自学教材，也可作为 CCAR-147 学校的培训教材和民航院校相关专业学生的参考资料。

图书在版编目（CIP）数据

燃气涡轮发动机：ME-TA、TH/蒋陵平主编. —2 版. —北京：清华大学出版社，2016（2025.2重印）
（民用航空器维修基础系列教材）
ISBN 978-7-302-43010-0

Ⅰ．①燃… Ⅱ．①蒋… Ⅲ．①航空发动机－燃气轮机－教材 Ⅳ．①V235.1

中国版本图书馆 CIP 数据核字（2016）第 031053 号

责任编辑：赵 斌 赵从棉
封面设计：李星辰
责任校对：赵丽敏
责任印制：丛怀宇

出版发行：清华大学出版社
　　　　　网　　　址：https://www.tup.com.cn，https://www.wqxuetang.com
　　　　　地　　　址：北京清华大学学研大厦 A 座　　　　邮　　编：100084
　　　　　社 总 机：010-83470000　　　　　　　　　　　邮　　购：010-62786544
　　　　　投稿与读者服务：010-62776969，c-service@tup.tsinghua.edu.cn
　　　　　质量反馈：010-62772015，zhiliang@tup.tsinghua.edu.cn
印 装 者：北京鑫海金澳胶印有限公司
经　　销：全国新华书店
开　　本：185mm×260mm　　　印　　张：17.75　　　字　　数：414 千字
版　　次：2006 年 5 月第 1 版　2016 年 4 月第 2 版　　印　　次：2025 年 2 月第 30 次印刷
定　　价：59.00 元

产品编号：067958-03

民用航空器维修基础系列教材
编写委员会

主任委员：任仁良

编　　委：刘　燕　陈　康　付尧明　郝　瑞

蒋陵平　李幼兰　刘　峰　刘建英

刘　珂　吕新明　任仁良　王会来

张　鹏　邹　蓬　张铁纯

序 言

PREFACE

2005 年 8 月，中国民用航空规章 CCAR-66R1《民用航空器维修人员执照管理规则》考试大纲正式发布执行，该大纲规定了民用航空器维修持照人员必须掌握的基本知识。随着中国民用航空业的飞速发展，业内迫切需要大批高素质的民用航空器维修人员。为适应民航的发展，提高机务维修人员的素质和航空器维修水平，满足广大机务维修人员学习业务的需求，中国民用航空局飞行标准司组织成立了《民用航空器维修基础系列教材》编写委员会，其任务是编写一套适用于中国民航维修要求，质量高、实用性强的培训和自学教材。

为方便机务维修人员通过培训或自学，参加维修执照基础部分考试，本系列教材根据民航局颁发的 AC-66R1-02 维修执照基础部分考试大纲编写，同时满足 AC-147-02 维修基础培训大纲。这套系列教材共 12 本，内容覆盖了大纲的所有模块，具体每一本教材的适用专业和对应的考试大纲模块见本书封底。

该系列教材力求通俗易懂，紧密联系民航实际，强调航空器维修的基础理论和维修基本技能的培训，注重教材的实用性。适合于民航机务维修人员或有志进入民航维修业的人员培训或自学，也可作为 CCAR-147 维修培训机构的基础培训教材或参考教材。

《民用航空器维修基础系列教材》第 1 版在 CCAR-66 执照基础部分考试和 CCAR-147 维修基础培训中得到了非常广泛的应用。通过 10 年的使用，也发现了不少问题；同时 10 年来，大量高新技术应用到新一代飞机上（如 B787、A380 等），维修理念和技术也有了很大的发展，与之相对应的基础知识必须得到加强和补充。因此，维修基础培训教材急需进行修订。

《民用航空器维修基础系列教材》第 2 版是在民航局飞标司直接领导下进行修订编写的。这套教材的编写得到了民航安全能力基金的支助，同时得到了中国民航总局飞标司、中国民航大学、广州民航职业技术学院、中国民用航空飞行学院、民航管理干部学院、上海民航职业技术学院、北京飞机维修工程有限公司（Ameco）、广州飞机维修工程有限公司（Gameco）、中信海洋直升机公司、深圳航空有限责任公司等单位以及航空器维修领域专家的大力支持，在此一并表示感谢！

由于编写时间仓促和我们的水平有限，书中难免还存在着错误和不足，请各位专家和读者及时指出，以便再版时加以纠正。我们相信，经过不断的修订和完善，这套系列教材一定能成为飞机维修基础培训的经典教材，为提高机务人员的素质和飞机维修质量作出更大的贡献。任何意见和建议请发至：skyexam2015@163.com。

《民用航空器维修基础系列教材》编委会

2015 年 7 月

前言

FOREWORD

本书是民用航空器维修基础系列教材之一，是按照中国民航规章 CCAR-147 培训大纲和 CCAR-66 考试大纲的 M14 模块编写的。

由于航空发动机技术的不断发展和进步，一些设计、使用、维修理念等都有了一定的变化。为了使教材内容与时俱进，结构更加合理，条理更加清晰，以方便读者学习使用，故对上一版教材的多个章节进行了优化、重组、修改和更新。具体修订如下：将上一版中 1.2、3.3、5.1、5.2、6.1、6.2、6.3、6.5 节分别独立成章进行编写；将"反推系统"单独编写为第 12 章；将"排气系统部件"和"噪声抑制措施"放在 3.5 节中进行了介绍；对某些子章节中的内容进行了一定程度的补充完善和规范。

本书由蒋陵平主编，陈淑仙、魏武国、夏存江、尚永锋、刘爱中、侯宽新、李安等参编。在编写过程中得到了民航维修人员执照考管中心任仁良、刘燕老师，上一版教材编者中国民航大学许春生、马乾绰老师，中国民航飞行学院航空工程学院飞行器动力工程教研室和航空发动机维修培训中心各位老师的大力支持和帮助，由广州民航职业技术学院陈忠军、厦门航空有限公司许峻和长沙航空职业技术学院贾斯法等老师对本书初稿进行了审阅并提出了宝贵意见，在此一并表示衷心感谢。

由于编者水平所限，书中难免有错误和不妥之处，恳请读者批评指正。

编　者

2015 年 11 月

主要符号表

A	截面积	N	功率
a	音速,加速度	n	转速,多变指数
α	余气系数,攻角	N1	低压转子转速
B	涵道比	N2	高压转子转速
c	绝对速度	n_c	压气机转速
c_5	喷气速度	n_T	涡轮转速
c_p	比定压热容	N_e	有效功率
c_V	比定容热容	N_s	螺旋桨轴功率
D	压气机流量系数,特征尺寸	n_{cor}	换算转数
EGT	排气温度	p	静压,拉力
EPR	发动机压力比	p^*	总压
F	力	ρ	密度
FF	燃油流量	q	热量
f	油气比	R	推力,气体常数,电阻
g	重力加速度	r/min	转/分
η_b	燃烧效率	Re	雷诺数
η_e	发动机热效率	R_u	涡轮叶轮圆周力
η_m	机械效率	R_{rev}	反推力
η_B	螺旋桨效率	σ^*	总压恢复系数
η_P	发动机推进效率	σ_b^*	燃烧室的总压恢复系数
η_{oe}	发动机总效率	σ_e^*	喷管的总压恢复系数
η_T	涡轮效率	sfc	燃油消耗率
J	转动惯量	T	静温
k	绝热指数,弹性系数	T^*	总温
L_0	理论空气量	u	叶轮圆周速
M	扭矩	μ	流体的动力黏度
m	质量	V	容积
$\dot{m}$	质量流量	v	比容
Ma	飞行马赫数	V_f	火焰传播速度
$\dot{m}_a$	通过发动机的空气质量流量	V_{fly}	飞机飞行速度
$\dot{m}_g$	燃气质量流量	π^*	发动机总压比
$\dot{m}_f$	燃油质量流量	π_I^*	进气道冲压比
$\dot{m}_{cor}$	换算空气流量	π_K^*	压气机增压比

π_T^*	涡轮落压比	W_T	实际涡轮功
π_b^*	可用落压比	ω	角速度
π_e^*	实际落压比	ΔN	剩余功率
W	重力	ΔC_u	绝对速度　扭速
w	相对速度	ΔW_u	相对速度　扭速
W_{ST}	1千克气体涡轮功		

目 录

CONTENTS

第1章　基础知识··· 1

　1.1　力学基础 ··· 1

　1.2　热力学基础 ··· 3

　1.3　气体动力学基础 ··· 6

第2章　喷气发动机概述··· 9

　2.1　喷气发动机的分类 ··· 9

　　2.1.1　火箭发动机·· 9

　　2.1.2　空气喷气发动机 ··· 10

　2.2　燃气涡轮喷气发动机的一般介绍 ·· 13

　　2.2.1　燃气涡轮喷气发动机的基本组成及工作 ······························· 13

　　2.2.2　站位 ·· 14

　　2.2.3　发动机在飞机上的安装 ·· 15

　　2.2.4　热力循环 ·· 16

　　2.2.5　活塞发动机和燃气涡轮发动机的比较 ································· 16

　2.3　喷气发动机的推力 ··· 17

　　2.3.1　推力的产生 ··· 17

　　2.3.2　推力公式 ·· 18

　　2.3.3　影响推力的因素 ··· 19

　　2.3.4　推力分布 ·· 19

第3章　发动机部件··· 21

　3.1　进气道 ··· 21

　　3.1.1　类型和参数 ··· 21

　　3.1.2　亚音速进气道 ··· 22

　　3.1.3　超音速进气道 ··· 23

　3.2　压气机 ··· 24

　　3.2.1　压气机概述 ··· 24

　　　　3.2.2　离心式压气机 ·· 24
　　　　3.2.3　轴流式压气机的组成和工作原理 ······················ 26
　　　　3.2.4　轴流式压气机的特性 ··································· 27
　　　　3.2.5　压气机的喘振 ··· 33
　　　　3.2.6　压气机的结构 ··· 37
　　3.3　燃烧室 ·· 41
　　　　3.3.1　对燃烧室的基本要求 ··································· 42
　　　　3.3.2　燃烧室的类型 ··· 44
　　　　3.3.3　燃烧室的工作 ··· 48
　　3.4　涡轮 ·· 50
　　　　3.4.1　涡轮的类型和组成 ····································· 50
　　　　3.4.2　燃气在涡轮中的流动 ··································· 52
　　　　3.4.3　涡轮的结构 ··· 53
　　　　3.4.4　涡轮的材料 ··· 56
　　　　3.4.5　涡轮参数 ··· 56
　　3.5　喷管 ·· 58
　　　　3.5.1　亚音速喷管 ··· 58
　　　　3.5.2　超音速喷管 ··· 59
　　　　3.5.3　消声 ··· 60

第4章　燃气涡轮发动机的性能和特性 ······························· 62
　　4.1　涡喷和涡扇发动机的性能参数 ································· 62
　　　　4.1.1　表征推力的参数 ······································· 62
　　　　4.1.2　表征经济性的参数 ····································· 63
　　4.2　单、双、三转子发动机的特点和共同工作 ······················ 66
　　　　4.2.1　单转子发动机的共同工作 ······························ 66
　　　　4.2.2　双转子发动机简介 ···································· 71
　　　　4.2.3　三转子发动机简介 ···································· 76
　　4.3　涡轮风扇发动机 ·· 77
　　　　4.3.1　涡扇发动机的特点 ···································· 77
　　　　4.3.2　质量附加原理 ··· 80
　　　　4.3.3　涡扇发动机的特性 ···································· 83
　　　　4.3.4　涡扇发动机的使用性能 ································ 87
　　　　4.3.5　齿轮传动风扇(GTF)发动机 ···························· 90
　　4.4　涡轮螺旋桨发动机 ·· 92
　　　　4.4.1　涡桨发动机的特点 ···································· 92
　　　　4.4.2　涡桨发动机的主要性能参数 ···························· 95
　　　　4.4.3　涡桨发动机控制 ······································ 97
　　4.5　涡轮轴发动机 ·· 99

4.5.1 涡轴发动机的基本组成及工作 ……………………… 99
4.5.2 涡轴发动机的工作特点 ………………………………… 100
4.5.3 涡轴发动机控制 ………………………………………… 101

第5章 轴承、封严和附件传动 ………………………………………… 103
5.1 转子支承方案 …………………………………………… 103
5.2 支承结构 ………………………………………………… 106
5.3 封严的作用和形式 ……………………………………… 108
5.4 附件传动装置 …………………………………………… 110

第6章 燃油及控制系统 …………………………………………… 114
6.1 燃油分配系统 …………………………………………… 114
6.1.1 燃油的规格、添加剂及安全措施 ………………… 114
6.1.2 燃油分配系统的工作 ……………………………… 116
6.2 燃油控制系统 …………………………………………… 122
6.2.1 燃油控制系统的工作原理、功用及控制方法分类 … 122
6.2.2 液压机械式燃油系统 ……………………………… 123
6.2.3 全权限数字式发动机控制系统(FADEC) ………… 125

第7章 发动机启动和点火系统 ………………………………… 132
7.1 启动系统 ………………………………………………… 132
7.1.1 启动系统的组成及工作 …………………………… 132
7.1.2 常见启动方法 ……………………………………… 133
7.1.3 发动机启动过程控制和启动保护 ………………… 136
7.2 点火系统 ………………………………………………… 137
7.2.1 发动机点火系统的组成 …………………………… 137
7.2.2 发动机点火控制及熄火保护 ……………………… 139
7.3 常见故障及维护安全要求 ……………………………… 141
7.3.1 常见故障 …………………………………………… 141
7.3.2 安全维护与部件保存运输 ………………………… 142

第8章 空气系统 …………………………………………………… 143
8.1 辅助空气系统 …………………………………………… 143
8.2 压气机气流控制系统 …………………………………… 147
8.2.1 目的和方法 ………………………………………… 147
8.2.2 放气活门和可调静子叶片 ………………………… 147
8.2.3 高压压气机放气活门 ……………………………… 150
8.3 间隙控制系统 …………………………………………… 151
8.4 发动机防冰系统 ………………………………………… 153

第9章 发动机操纵系统 155

9.1 驾驶舱操纵系统的功用和组成 155

9.2 驾驶舱操纵系统的类型 155

9.3 发动机启动和关车操纵 158

9.4 发动机推力操纵 160

第10章 发动机指示系统 161

10.1 指示系统的功用和分类 161

10.2 发动机参数指示 162

10.2.1 推力/功率指示 162

10.2.2 转速 163

10.2.3 温度 164

10.2.4 压力 166

10.2.5 流量测量 166

10.2.6 振动测量 168

10.3 指示和警告系统 169

10.3.1 警告系统 169

10.3.2 指示组件 169

第11章 滑油系统 173

11.1 滑油 173

11.2 滑油系统的工作 174

11.2.1 滑油系统的组成 174

11.2.2 滑油系统的分系统 180

11.2.3 滑油系统的类型 181

11.3 滑油系统的监控和维护 183

11.3.1 滑油系统的工作指示 183

11.3.2 滑油系统的监控 184

11.3.3 滑油系统的维护 185

第12章 反推系统 186

12.1 反推装置的原理和要求 186

12.2 反推装置的类型 187

12.3 反推系统的子系统 189

12.4 气动式反推装置 190

12.5 液压式反推装置 192

第13章 发动机地面维护 ·· 199

13.1 地面维护概述 ·· 199

13.2 地面维护基本内容 ·· 200

    13.2.1 维修工具、记录、储存和运输 ························· 200

    13.2.2 系统维护注意事项 ································· 200

    13.2.3 发动机换发 ···································· 201

    13.2.4 发动机地面调试 ·································· 202

第14章 发动机管理 ·· 206

14.1 发动机在翼管理 ·· 207

14.2 发动机送修管理 ·· 215

14.3 发动机性能管理 ·· 218

第15章 辅助动力装置 ·· 222

15.1 APU 的组成 ·· 222

15.2 APU 的部件和安装 ··· 223

    15.2.1 APU 的部件 ···································· 223

    15.2.2 APU 的安装 ···································· 224

    15.2.3 APU 进气 ······································ 226

    15.2.4 APU 余油排放系统 ······························ 226

15.3 APU 系统 ·· 227

    15.3.1 APU 燃油系统 ·································· 227

    15.3.2 APU 空气系统 ·································· 229

    15.3.3 APU 滑油系统 ·································· 231

    15.3.4 APU 启动和点火系统 ···························· 234

15.4 APU 的控制 ·· 235

    15.4.1 APU 启动前检查 ································· 235

    15.4.2 APU 启动 ······································ 235

    15.4.3 APU 控制 ······································ 237

第16章 螺旋桨 ·· 240

16.1 螺旋桨的原理 ·· 240

    16.1.1 名词术语 ······································ 240

    16.1.2 螺旋桨理论 ···································· 241

    16.1.3 作用在螺旋桨上的力 ···························· 243

    16.1.4 螺旋桨的振动 ·································· 245

    16.1.5 轴功率、推进功率、效率 ························· 245

    16.1.6 螺旋桨桨距 ···································· 246

16.2　螺旋桨的分类与结构 ………………………………………………… 247

　　16.2.1　分类方法 ……………………………………………………… 247

　　16.2.2　螺旋桨结构 …………………………………………………… 248

16.3　涡轮螺旋桨发动机的螺旋桨 ………………………………………… 248

　　16.3.1　工作原理 ……………………………………………………… 248

　　16.3.2　螺旋桨桨距调节 ………………………………………………… 249

16.4　螺旋桨辅助系统 ……………………………………………………… 255

　　16.4.1　同步系统 ……………………………………………………… 255

　　16.4.2　螺旋桨结冰控制系统 …………………………………………… 257

16.5　螺旋桨检查、维护和安装 …………………………………………… 258

　　16.5.1　检查和维护 …………………………………………………… 258

　　16.5.2　螺旋桨平衡、桨叶角检测和螺旋桨轨迹检查 ………………… 259

　　16.5.3　螺旋桨的安装 ………………………………………………… 262

附录 ……………………………………………………………………… 265

参考文献 ………………………………………………………………… 266

第1章

基础知识

燃气涡轮发动机以空气和燃气作为工作介质,它将燃料的化学能转变成热能,再将热能转变成机械功。掌握力学、热力学、气体动力学的基础知识对理解发动机的工作原理是非常有必要的,本章简要介绍上述学科相关基础知识及概念。

1.1 力学基础

1. 物质

自然界的所有物质都是由分子和原子组成的。在任何状态和形状下都具有物质原有特性的最小粒子称为分子。原子是构成物质的基本单元,其简单结构是由原子核和一个或多个电子组成。原子核由一个或多个中子加上一个或多个质子组成。在多数原子中,中子和质子的数目相等。氧原子的原子核由 8 个质子和 8 个中子组成,8 个电子绕原子核转动。

气态、液态和固态是常见的三种物态。物质由一种物态向另一种物态的转变叫相变。

液体中的分子逸出液面向空间扩散的过程叫汽化。逸出液面的分子受到液体表面层分子的吸引力,只有动能足够大的分子,克服表面分子的吸引力才能逸出液面。当液体盛在密封容器中,液体汽化后,分子留在液面上方,有一些会因接触液面再回到液体中去。如果单位时间内离开液面的分子个数等于从蒸汽回到液体中的分子个数,则容器中的蒸汽达到饱和,这时蒸汽的压强定义为饱和蒸汽压。单位体积空气中所含的水蒸气质量称为绝对湿度。空气中所含水蒸气密度和同温度下饱和水蒸气密度的比值称为相对湿度,通常用百分数表示。

在一定的温度与压力下,固体将熔解为液体,液体凝固为固体。固体的熔解温度叫熔点,液体的凝固温度叫凝固点。固体也可以不通过熔解而直接汽化,称为升华。物质由气态变为固态叫结晶。在相变图上,物质的汽化曲线(AD)、熔解曲线(BD)和升华曲线(CD)交于一点,该点叫三相点。三相点的温度和压强是物质的三种状态平衡共存的条件(见图 1-1)。

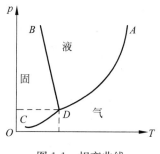

图 1-1　相变曲线

2. 气体的成分

在燃气涡轮发动机中空气和燃气作为工作介质。空气由多种气体成分组成,主要成分为氮气(N_2)、氧气(O_2)和氩气(Ar)等,其所占容积的百分比是:氮气 78.03%,氧气

20.99%,氩气 0.98%。

燃气是空气与燃料进行燃烧后的气体产物。燃气的成分随燃料化学成分的不同以及燃料与空气的混合比例的不同有很大的差异。燃气涡轮发动机通常使用航空煤油作燃料,航空煤油的主要成分是碳原子和氢原子,可用 C_8H_{18} 表示。

3. 运动

直线运动有匀速直线运动和变速直线运动之分。圆周运动是曲线运动的一个特例。物体绕定轴转动时,物体中每个质点都作圆周运动,圆周运动是研究物体转动的基础。

牛顿运动定律是研究物体间的相互作用以及由此引起的物体运动状态变化规律的基础。牛顿第一定律又叫惯性定律,是说任何物体都保持静止的或沿一直线作匀速运动的状态,直到作用在它上面的力迫使它改变这种状态为止。力是引起运动物体状态改变的原因。

牛顿第二定律是物体受到外力作用时,它所获得的加速度的大小与外力的大小成正比,与物体的质量成反比,加速度的方向与外力的方向相同。牛顿第二定律的数学表达式通常写成

$$F = ma \tag{1-1}$$

式中：F——力;

m——质量;

a——加速度。

在旋转系统中,牛顿第二定律的数学表达式写成

$$M = J\frac{d\omega}{dt} \tag{1-2}$$

式中：M——扭矩;

J——转动惯量;

ω——角速度;

$d\omega/dt$——角加速度。

牛顿第二定律说明力是产生加速度的原因,扭矩是产生角加速度的原因。对于质量一定的物体,其受到的作用力越大,加速度越大;对于转动惯量一定的物体,其受到的扭矩越大,角加速度就越大。

牛顿第三定律说明两个物体之间的作用力和反作用力在同一直线上,大小相等而方向相反。作用力和反作用力分别作用在两个物体上。

4. 常见力

在日常生活和工程技术中经常遇到的力有重力、弹力、摩擦力等。重力是因地球吸引而使物体受到的力。物体的质量指物体中包含物质的多少,用 m 表示。在重力作用下,任何物体产生的加速度都是重力加速度 g,重力的方向和重力加速度的方向相同。如重力用 W 表示,则

$$W = mg \tag{1-3}$$

发生形变的物体,由于要恢复原状,对与它接触的物体会产生力的作用,这种力叫弹力。弹力是产生在直接接触的物体之间并以物体的形变为先决条件的。弹簧被拉伸或压缩时,它对与之相连的物体有弹力作用,这种弹力总是力图使弹簧恢复原状。在弹性限度内,弹力

大小和形变成正比,遵循胡克定律:

$$F = kx \tag{1-4}$$

式中:F——弹力;

$\quad k$——弹性系数;

$\quad x$——位移。

两个相互接触的物体作相对运动时,或有相对运动的趋势时,在接触面之间产生一对阻止相对运动的力叫摩擦力。相互接触的两个物体在外力作用下,虽有相对运动的趋势,但不产生相对运动,这时的摩擦力叫静摩擦力。外力超过最大静摩擦力,物体间产生了相对运动,这时也有摩擦力,叫滑动摩擦力。摩擦力大小与正压力成正比,并取决于摩擦系数。

物体运动过程中还受到惯性力、阻尼力的作用。

振动是物体运动的一种形式,凡是物体在平衡位置附近作往复运动,均称为振动。振动分两种基本形式,即自由振动和受迫振动。振动物体离开平衡位置的最大距离叫振幅,它的大小说明物体振动的强弱程度。物体完成一次全振动所经历的时间叫周期。单位时间内物体完成全振动的次数叫频率。物体作自由振动时的频率叫自由振动频率或固有频率。自由振动频率的高低完全由物体本身的性质决定,与外力大小无关。

1.2 热力学基础

1. 热力学概念

在热力学中将研究对象的物质及其所在的空间称为系统。系统之外能以某种方式与系统发生相互作用的局部区域内的物质称为外界。系统可能呈现各种不同的状态,平衡态是系统与外界不发生相互作用的条件下,其宏观性质不随时间变化的状态。系统从一个平衡态向另一个平衡态变化时所经历的全部状态的总和称为热力过程。封闭的热力过程称为热力循环,简称循环,此时系统从一个平衡态经过一系列的状态又回到原来的状态。实施热力循环的目的是实现系统与外界连续不断地进行热能与功的转换。

2. 基本状态参数

可以直接测量的状态参数称为基本状态参数,例如温度 T、压力 p、比容 v 等。

(1) 比容

单位质量气体所占有的体积称为比容,以 v 表示。如以 V 表示气体的容积,m 表示气体的质量,则

$$v = \frac{V}{m} \tag{1-5}$$

比容的倒数即单位容积气体的质量称为气体的密度,以 ρ 表示:

$$\rho = \frac{m}{V} \tag{1-6}$$

(2) 压力

气体的压力是气体分子对物体表面作用力的结果。在物理学上一个大气压是指在海平面标准状态下的大气压力,其值等于 760mmHg 或等于 101 325Pa。

（3）温度

温度和压力一样是气体的一个宏观的量,温度的数值与气体分子平均直线运动动能成正比。度量温度的单位有：摄氏温度(℃)、华氏温度(℉)和绝对温度(K)。摄氏温度将一个标准大气压下纯水的冰点定为零度,并将纯水的冰点和沸点之间等分为100格。华氏温度将一个标准大气压下纯水的冰点定为32度,并将纯水的冰点和沸点之间等分为180格。绝对温度是将气体分子停止不规则热运动时,即分子运动速度为零时的温度作为零度,温度间隔也是将一个标准大气压下纯水的冰点和沸点之间等分为100格。科学研究表明,绝对温度的零度相当于−273℃(见图1-2)。这三种温度单位的换算关系可表示为

$$t/℃ = (t/℉ - 32) \times \frac{5}{9} \tag{1-7}$$

$$T/K = t/℃ + 273.15 \tag{1-8}$$

温度有静温和总温之分。如果气体或液体是静止的,能量由温度代表,静温等于总温。然而如果气体或液体在运动,仅部分能量是热能的形式,其余的能量表现为动能。热能和动能之和即总能量由总温代表。总温也叫滞止温度,它是在气体或液体与外界没有能量交换的条件下,速度滞止到零时气体或液体的温度,用 T^* 表示。总温 T^* 和静温 T 的关系可用下式表示：

$$T^* = T + \frac{c^2}{2c_p} \tag{1-9}$$

式中：c——速度；

c_p——比定压热容。

3. 理想气体的状态方程

只有当气体压力不太大和温度不太低的时候,才可以近似地把气体看做理想气体,这时可以忽略气体分子本身的体积和分子间的引力。

对于质量为1kg的气体,理想气体状态参数之间的一般关系式即理想气体状态方程为

$$pV = RT \tag{1-10}$$

式中 R 称为气体常数,表示 pV 与 T 之间的比例系数。R 的数值只决定于气体的种类而不随气体的状态变化。气体常数的法定计量单位是 J/(kg·K)。空气的气体常数为287.06J/(kg·K)。

其他气体的气体常数可用下式计算：

$$R = \frac{8314}{M} \tag{1-11}$$

式中：M——气体的摩尔质量,法定计量单位为 kg/mol。

对于质量为 m 的完全气体：

$$pV = mRT \tag{1-12}$$

4. 热力过程

热力系统从一个平衡态向另一个平衡态变化时所经历的全部状态的总和称为热力过程。封闭的热力过程称为热力循环,简称循环。热力系统进行的几个基本热力过程有：定容过程,定压过程,定温过程,绝热过程,多变过程等。

定容过程是气体比容保持不变的过程；定压过程是气体压力保持不变的过程；定温过程是气体温度保持不变的过程；绝热过程是气体与外界没有热量交换的过程；多变过程是

指遵守过程方程 pV^n＝常数的过程。式中 n 为多变指数,是在 $-\infty \sim +\infty$ 之间的任何一个实数。对于复杂的实际过程,可将它分为几段不同多变指数的多变过程来描述,每一段的多变指数 n 保持不变。

$n=0$ 时,多变过程的过程方程变为 p＝常数,为定压过程;

$n=1$ 时,多变过程的过程方程变为 pV＝常数,为定温过程;

$n=k$ 时,多变过程的过程方程变为 pV^k＝常数,为绝热过程,k 为绝热指数,在常温下空气的 k 为 1.4;

$n=\pm\infty$ 时,多变过程的过程方程变为 V＝常数,为定容过程。

5. 功和热

功是系统所受的力和沿着力的方向所移动的距离的乘积。

在热力学中不能说在某种状态下系统具有多少功,只能说系统与外界交换了多少功,并规定,系统对外界做功,则功为正;外界对系统做功,则功为负。功的法定计量单位为焦耳(J)。在单位时间内所做的功称为功率。功率的法定单位为瓦特(W),$1W=J/s$。

系统在过程中通过边界与外界之间依靠温差所传递的能量称为热量,不能说在某状态下系统具有多少热量,而只能说系统与外界在过程中交换多少热量。热量的法定计量单位为焦耳。

6. 热力学定律

热力学第一定律确定各种能量形式可以互相转变,热可以转变为功,功也可以转变成热。工质受热做功的过程中,工质从外界吸收的热量,一部分转变为工质膨胀时对外做的功,一部分转变为工质内能。能量形式可以转变、传递,但是能量不会消失。确切地说,在某一个孤立体系内,全部的能量是一定的。

在等容加热条件下,气体不对外做功,外界加入 1kg 静止气体的热量全部转变为气体的内能。它与气体温度的关系可表示为

$$dq = c_V dT \tag{1-13}$$

式中:c_V 为比定容热容,此式表明气体内能的增量等于气体温度增量与比定容热容的乘积。

为计算方便起见,把气体的内能和功合在一起,称为气体的焓。只有在等压条件下,对外做功为零,焓的增量在数值上正好等于外界加入气体的热量。等压加热时,外界加入气体的热量与气体温度的关系可表示为

$$dq = c_p dt \tag{1-14}$$

式中:c_p 为比定压热容。c_p/c_V 称为比热容比,用 k 表示,也叫绝热指数。在常温下空气的 k 为 1.4,不同成分气体的绝热指数随气体温度变化。

热力学第二定律确定,在热动力机中,工质从热源所得到的热量,不可能全部变为功,而只能将其中一部分热量变为功,其余的热量必须通过工质传递给某一个冷源。转变的功与工质得到的热量之比称为热效率。热源与冷源之间运行的理想循环即卡诺循环的效率是这两个热源和冷源之间的任何热机可能达到热效率的极限。

热力学第二定律有各种说法,常见的有:

开尔文说法:"不可能制造出从单一热源吸热并使之全部转变为功的循环发动机";

克劳修斯说法:"不可能由低温物体向高温物体传送热量而不引起其他变化"。

1.3 气体动力学基础

1. 气体动力学

气体动力学是研究气体在流动过程中气体与气体、气体与固体之间相互作用所遵循的规律以及参数变化的规律的学科。

气体的密度随着压力或温度的变化而变化的性质称为气体压缩性,压缩性是气体的重要属性。黏性是实际气体的一个物理属性,它表示出气体对于切向力的一种反抗能力,这种反抗力只在运动气体流层间发生相对运动时才表现出来。

当气流流过平板时,在板面上气流速度为零,离板面越远流速越大,直到离开板面一段距离的地方,气流速度才与未扰动的气流速度没什么显著的差别。平板附近气流速度出现这样的分布正是气体黏性的表现。黏性使直接接触板面的一层气体完全贴在静止的板面上,和板面没有相对运动。通常将靠近物体表面附近速度梯度很大的一薄层气体称为附面层(见图1-2)。流体的流动分为层流和紊流两种状态。定义雷诺数

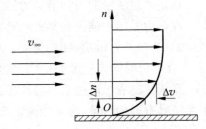

图1-2   附面层内的速度分布

$$Re = \frac{\rho c D}{\mu} \tag{1-15}$$

式中：Re——雷诺数;

ρ——流体的密度;

c——平均速度;

D——特征尺寸;

μ——流体的动力黏度。

雷诺数较小时,流体作层流流动;雷诺数较大时,流体作紊流流动。由层流变为紊流或由紊流变为层流时的雷诺数称为临界雷诺数。光滑管内流动的临界雷诺数为2300。

2. 连续方程

气体在流动过程中遵守质量守恒定律、牛顿运动定律、能量守恒和转换定律。

将质量守恒定律应用于运动流体所得到的数学关系式称为连续方程。一维定常流的连续方程为

$$\rho_1 A_1 c_1 = \rho_2 A_2 c_2 = 常数 \tag{1-16}$$

式中：ρ——密度;

A——面积;

c——速度。

3. 动量方程

动量是质量和速度的乘积。动量方程是将牛顿第二定律应用于运动流体所得到的数学关系式。对于一个确定的体系可表述为,在某一瞬间体系的动量对时间的变化率等于该瞬

间作用在该体系上所有外力的合力,表示为

$$\sum F = \dot{m}_2 c_2 - \dot{m}_1 c_1 \tag{1-17}$$

式中:$\dot{m}$——流体的质量流量。

式(1-17)说明,在定常流中,作用在控制体内流体上全部外力的合力等于单位时间流出和流入该控制体的流体在该方向的动量之差。

4. 伯努利方程

伯努利方程是能量守恒与转换定律应用于运动流体所得到的数学关系式。对于不可压缩的理想气体,伯努利方程可表示为(忽略位能)

$$p + \frac{\rho c^2}{2} = 常数 \tag{1-18}$$

式中:p——静压;

$\dfrac{\rho c^2}{2}$——动压。

它说明在不可压流中任一点流体的静压与动压之和保持不变。定义不可压流的静压与动压之和为全压,也可以称为总压,用 p^* 表示。静压是气体或液体静止时的压力;动压是气体或液体运动引起的。在不可压流中,当流动管道横截面积缩小时,流体的流速增大,压力下降;当流动管道横截面积扩大时,流体的流速下降,压力增高。

5. 音速(声速)

音速是物质介质中微弱扰动的传播速度。在气体动力学中音速是一个非常重要的量,因为气流速度与音速之比是判断气体压缩性质的指标。音速与气体状态参数之间有如下关系:

$$a = \sqrt{kRT} \tag{1-19}$$

$$a = \sqrt{\frac{\mathrm{d}p}{\mathrm{d}\rho}} \tag{1-20}$$

式中:k——绝热指数;

R——气体常数:

T——气体静温;

p——静压;

ρ——密度。

流场中任一点处的流速 c 与该点处气体的音速(当地音速)a 的比值,叫该点处气流的马赫数,用 Ma 表示,即

$$Ma = \frac{c}{a} \tag{1-21}$$

根据马赫数的大小可以把流动分为亚音速流动($Ma < 1.0$)、音速流动($Ma = 1.0$)和超音速流动($Ma > 1.0$)。

气流速度等于当地音速,即 $Ma = 1$ 时的状态叫做临界状态。临界状态时的参数称为临界参数。临界参数有临界音速、临界速度、临界温度、临界密度和临界面积等。

6. 激波

超音速气流遇到高压区域或遇到障碍物而减速时必定产生激波。激波是一层极薄的流

动区域,在该区域,气体分子间产生强烈的撞击,造成相当大的机械能损失,这部分损失的机械能在激波中转变成热能。气流通过激波后流速和总压下降,静压和静温升高。它是属于有摩擦损失的绝能流动,因而在激波前后总温不变。

超音速气流遇到高压区或钝头物体时所产生的激波,如其波面与气体流动方向相垂直,则这种激波称为正激波。超音速气流遇到高压区或者绕内钝角流动或者遇到楔形物时都会产生斜激波。超音速气流流过钝头物体时,在物体前面产生的激波往往是脱体激波,这种激波就是曲线激波(见图1-3)。

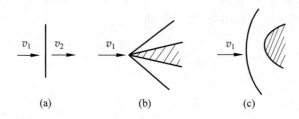

图 1-3　激波
(a) 正激波;(b) 斜激波;(c) 曲线激波

第2章

喷气发动机概述

涡轮喷气发动机作为飞机的动力装置,在工作时连续不断地吸入空气,空气在发动机中经过压缩、燃烧和膨胀过程产生高温燃气从尾喷口喷出,流过发动机的气体动量增加,使发动机产生反作用推力。发动机作为一个热机,它将燃料的热能转变为机械能。涡轮喷气发动机同时又作为一个推进器,它利用产生的机械能使发动机获得推力。

2.1 喷气发动机的分类

根据燃料燃烧时所需要的氧化剂来源不同,喷气发动机可分为两大类:一类是火箭发动机,燃料燃烧时所需要的氧化剂是自身携带的;另一类是空气喷气发动机,自身只携带燃料而利用空气中的氧气作为氧化剂。

2.1.1 火箭发动机

火箭发动机本身带有氧化剂,推进剂(燃料和氧化剂)被点燃后在燃烧室中燃烧,化学能转换成热能,生成高温高压的燃气。燃气流经喷管,在其中膨胀加速,热能转换成动能,以极高速度从喷管喷出而产生推进力。由于不需要外界空气来助燃,这种发动机可以在大气层内、外工作。

根据所采用的推进剂不同,火箭发动机又可分为固体火箭发动机和液体火箭发动机两种。

1. 固体火箭发动机

这种发动机采用固体推进剂,例如,黑色火药,聚氨酯、聚丁二烯,复合推进剂等。发动机本体由燃烧室和喷管组成,如图 2-1(a)所示。

固体火箭发动机结构简单,但工作持续时间短,并且推力不易精密控制。它可作为航天器和飞机的助推器,帮助起飞和加速;也可作为战术导弹的主推器,如美国的麻雀导弹、不死鸟导弹、响尾蛇系列导弹等。

2. 液体火箭发动机

这种发动机采用液体推进剂。例如,液氢和液氧,煤油和液氧,偏二甲肼和液氧,偏二甲肼和四氧化二氮等。发动机由燃烧室、喷管、推进剂供应系统等组成,如图 2-1(b)所示。

液体火箭发动机的工作时间较长,可反复起动,推力易控制。可作为航天器、战略导弹的主推器,如美国的"阿波罗"飞船、"民兵"系列导弹,俄罗斯的 SS-18 导弹等。

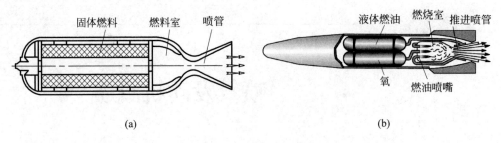

图 2-1　火箭发动机
（a）固体火箭发动机；（b）液体火箭发动机

2.1.2　空气喷气发动机

空气喷气发动机燃料燃烧时所需要的氧气从空气中获得,因而只能在大气层中飞行。空气喷气发动机可分为无压气机式和有压气机式两种。

1. 无压气机式空气喷气发动机

这类发动机,空气的压缩是通过降低气流自身速度(即冲压作用)来完成的,没有专门的压气机。它由进气道、燃烧室和喷管组成,没有任何主要的旋转部件,如图 2-2 所示。飞行时,迎面气流在发动机前和进入进气道内速度降低,压力、温度升高,然后在燃烧室内与燃料混合并燃烧,高温、高压燃气在喷管内膨胀加速,最后向外喷出,产生推力。

飞行速度越高,冲压作用越强,推力也就越大,因而它适合作超音速和高超音速飞行。在低速飞行时,冲压作用弱,产生的推力小,经济性很差。飞行速度为零时(如起飞),根本不能产生推力,所以不能单独使用,必须和其他类型的喷气发动机组合起来使用。

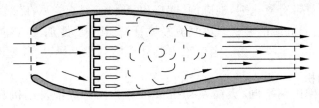

图 2-2　冲压式发动机

2. 有压气机式空气喷气发动机

这类发动机除了通过冲压作用外,主要依靠专门的压气机来完成空气的压缩,因都拥有其核心部件——燃气发生器(压气机,燃烧室,涡轮),统称为燃气涡轮发动机。它又可分为涡轮喷气发动机、涡轮螺旋桨发动机、涡轮风扇发动机和涡轮轴发动机。

1) 涡轮喷气发动机(简称涡喷)

涡轮喷气发动机由进气道、压气机、燃烧室、涡轮和喷管组成,如图 2-3 所示。发动机工作时,空气经压气机压缩后,压力提高,随即进入燃烧室与燃料混合并燃烧,燃烧后形成的燃气流入涡轮,涡轮便在高温、高压燃气驱动下旋转起来,从而带动压气机工作,燃气最后在喷管中膨胀加速,高速向外喷出而产生推力。

涡喷发动机迎风面积小,具有较好的速度性能,但亚音速经济性差,适宜作超音速战斗机的动力装置。

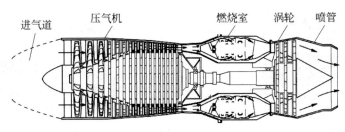

图 2-3　涡轮喷气发动机

2) 涡轮螺旋桨发动机(简称涡桨)

涡桨发动机与涡喷发动机的不同之处在于涡轮轴除带动压气机外,还需通过减速器带动螺旋桨,如图 2-4 所示。发动机工作时,主要由螺旋桨产生拉力;此外,还由喷气的反作用而产生很小的推力。螺旋桨可由单转子发动机的转轴驱动或由双转子或三转子发动机的自由涡轮(转轴与发动机内驱动压气机的轴不相连的动力涡轮)驱动。

涡桨发动机起飞拉力大,在中、低速飞行时具有较好的经济性,适宜作中、低速支线民航机、运输机和轰炸机的动力装置。

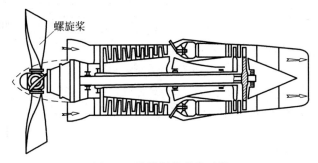

图 2-4　涡轮螺旋桨发动机

3) 涡轮风扇发动机(简称涡扇)

涡轮风扇发动机的风扇可由单独的涡轮驱动(如三转子发动机),也可是低压涡轮驱动的低压压气机的第 1 级(如双转子发动机),如图 2-5 所示。空气流经风扇后分成两路,一路是内涵气流,空气继续经压气机压缩,在燃烧室和燃油混合燃烧,燃气经涡轮和喷管膨胀,燃气高速从尾喷口排出,产生推力;另一路是外涵气流,流经风扇后的空气直接通过管道排到机外(短外涵)(见图 2-6),或者一直流到尾喷口同内涵气流分别或混合排出(长外涵)(见图 2-5 和图 2-7),而产生部分推力。外涵与内涵的空气质量流量比为涵道比,用 B 表示。

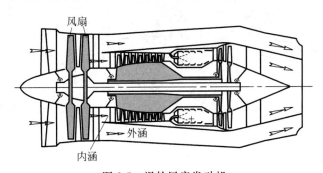

图 2-5　涡轮风扇发动机

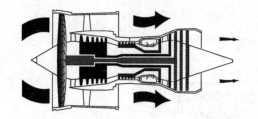

图 2-6   高涵道比短外涵发动机

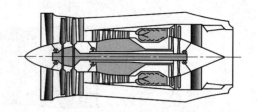

图 2-7   低涵道比长外涵混合排气发动机

涡扇发动机的性能随涵道比的不同差异很大,总的说来,在亚音速段较之涡喷发动机具有更好的经济性,综合性能好。其中,高涵道比涡扇发动机($B=4\sim10$)适宜作高亚音速大、中型民航机以及运输机的动力装置;低涵道比涡扇发动机($B=0.2\sim0.6$)适宜作超音速战斗机的动力装置。

为了进一步降低高亚音速民航机的运行成本,需进一步提高涡扇发动机涵道比,提高发动机经济性。世界上各大发动机制造商竞相研制、开发超高涵道比的涡扇发动机即螺旋桨风扇发动机(简称桨扇),如图 2-8 所示,这种发动机采用后置超临界后掠桨扇,其涵道比可高达 $20\sim60$,燃油消耗率可进一步降低 $30\%\sim40\%$,起飞和爬升性能进一步改善。但桨扇发动机目前存在单发推进功率不高、噪声较大、安全保护方面存在缺陷等问题,还没有投入实际使用,但将会是高亚音速民航机动力装置的发展方向之一。

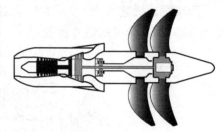

图 2-8   桨扇发动机

4) 涡轮轴发动机(简称涡轴)

涡轴发动机与涡桨发动机几乎没有多大区别,涡轮分为燃气发生器涡轮和自由涡轮,燃气发生器涡轮带动压气机,自由涡轮通过减速器带动外界负载(如直升机旋翼和尾桨,发电机转子等),如图 2-9、图 2-10 所示。自由涡轮和燃气发生器涡轮只有气动联系,即流过燃气发生器涡轮的燃气再驱动自由涡轮,自由涡轮输出功率。此外,排气装置产生的喷气的反作用力几乎可以忽略不计。

涡轴发动机已经演变成一个热机,具有重量轻、功率大、经济性好的特点,航空上适宜作直升机动力装置。

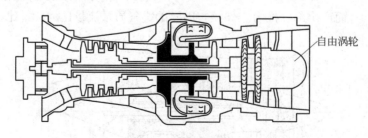

自由涡轮

图 2-9   涡轮轴发动机

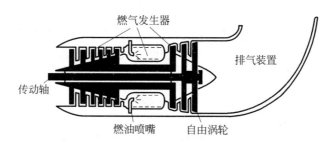

图 2-10　典型的涡轴发动机

2.2　燃气涡轮喷气发动机的一般介绍

2.2.1　燃气涡轮喷气发动机的基本组成及工作

燃气涡轮发动机是一种产生推力的动力装置。组成燃气涡轮发动机的各部件,以及保证它工作的各系统,都是直接或间接地为了产生推力而设置的。下面以单转子涡轮喷气发动机为例,介绍其主要部件、工作系统及一般工作情形,使我们对发动机有一个整体概念,为以后学习其部件的工作及性能打下必要的基础。

发动机的主要部件有进气道、压气机、燃烧室、涡轮和喷管,如图 2-11 所示。

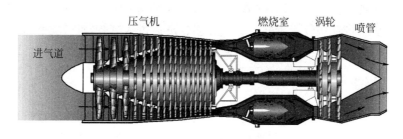

图 2-11　单转子涡轮喷气发动机

各个部件的功用如下:

进气道:将足够的空气量,以最小的流动损失顺利地引入发动机;除此之外,当飞行速度大于压气机进口处的气流速度时,可以通过冲压压缩空气,提高空气的压力。

压气机:通过高速旋转的叶片对空气做功,压缩空气,提高空气的压力。

燃烧室:高压空气和燃油混合,燃烧,将化学能转变为热能,形成高温高压的燃气。

涡轮:高温高压的燃气在涡轮内膨胀,向外输出功,驱动压气机和其他附件。

喷管:燃气通过喷管继续膨胀,然后以一定的速度和要求的方向排入大气,提供推力。

中间的三个部分——压气机、燃烧室、涡轮称为燃气发生器。燃气发生器是燃气涡轮发动机的核心,因此又称为核心机。这是因为:燃气发生器可以完成发动机将热能转变为机械能的工作,即燃油在燃烧室内燃烧,将化学能转变为热能,涡轮将部分热能转变为机械能,而热能转变为机械能需要在高压下进行,压气机就是用来提高压力的。根据燃气发生器所获得的机械能的分配方式的不同,燃气涡轮发动机可分为不同的类型,即涡喷发动机、涡扇发动机、涡桨发动机、涡轴发动机等;涡扇发动机的风扇、涡桨发动机的螺旋桨和直升机的旋翼与尾桨所需的功率均来自燃气发生器。

发动机的工作系统是确保发动机正常工作的有机组成部分,主要有:燃油系统、滑油系统、防冰系统、防火系统和起动系统等。

发动机燃油系统的作用是根据发动机油门和飞行条件的变化,计量适当的燃油量,确保发动机安全、稳定、可靠地工作。

发动机滑油系统的作用是不断将适当温度的压力滑油送到发动机各摩擦面,起到润滑和散热作用。

发动机防冰系统的作用是当预计存在发动机积冰的条件时,接通发动机防冰装置,防止发动机结冰,确保发动机正常工作。

发动机防火系统的作用是当发动机出现严重过热或火警时,接通发动机灭火装置,防止发动机严重损坏,危及飞行安全。

发动机起动系统的作用是将发动机从静止状态顺利加速到慢车状态,确保起动过程迅速、可靠。

发动机工作时,空气首先由进气道进入压气机,经压气机压缩后,气体压力得到极大提高。随即进入燃烧室,和从喷嘴喷出的燃油混合,并进行连续不断的燃烧,使燃油释放出热能,气体温度大大提高。燃烧后形成的燃气流入涡轮并进行膨胀,涡轮便在高温、高压气体推动下而旋转,从而带动压气机旋转。燃气经涡轮最后进入喷管,继续膨胀并将部分热能转换成动能,从喷口高速喷出。通过气体对发动机的反作用,而产生推力。

2.2.2　站位

发动机的站位(截面)是由发动机生产厂自己规定的,同发动机转子数目相关。站位规定从发动机手册中可以查到。典型单转子发动机的站位如图 2-12 所示。

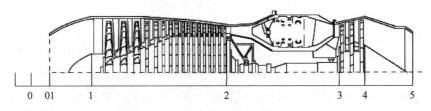

图 2-12　单转子发动机气动站位

0—远前方自由气流;01—进气道进口;1—进气道出口(压气机进口);2—压气机出口(燃烧室进口);3—燃烧室出口(涡轮进口);4—涡轮出口(尾喷管进口);5—尾喷管出口

对于双转子的发动机通常有两种定义方式。

如美国普惠公司的 JT 系列发动机,如图 2-13 所示。

又如普惠公司的 PW4000 系列发动机,如图 2-14 所示。

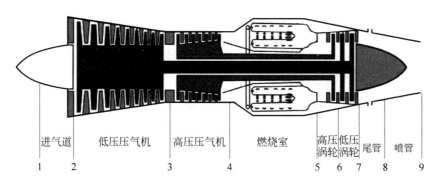

图 2-13 双转子发动机气动站位

1—发动机进口；2—低压压气机进口；3—低压压气机出口(高压压气机进口)；4—高压压气机出口；5—高压涡轮进口；6—低压涡轮进口；7—低压涡轮出口；8—排气管出口；9—喷口出口

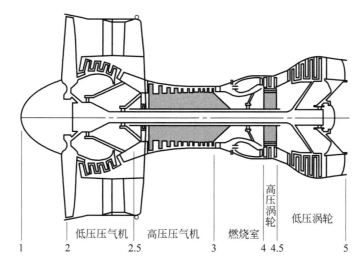

图 2-14 双转子涡扇发动机气动站位

1—发动机进口；2—风扇进口；2.5—低压压气机出口(高压压气机进口)；3—高压压气机出口；4—高压涡轮进口；4.5—低压涡轮进口；5—低压涡轮出口

2.2.3 发动机在飞机上的安装

发动机在飞机上的安装位置随飞机的类型不同差异很大。战斗机考虑到飞机的隐身性能，发动机常装在飞机两侧翼根处(见图 2-15)、机腹下或机身内；而民航机则更多考虑到发动机的维护性和飞机总体的平衡和受力要求，发动机采用翼下吊装或装在飞机尾段(见图 2-16)。目前，大、中型民航机较流行采用便于维护的翼下吊装发动机结构，对于这种飞机，需要特别强调的是：由于发动机距地面很近(如 B737-300 地面停放时，只有 0.2m)，而且，高涵道比涡扇发动机工作时进气量很大(尤其在大功率状态时)。这样，一方面，地面外来物容易被吸进发动机，损坏发动机风扇叶片；另一方面，发动机尤其是其前方区域，容易对地面人员造成伤害。所以，对这种飞机，应保持其发动机前方区域清洁，尤其是发动机地面起动时；同时，应严格遵守发动机地面危险区域限制，确保地面安全。

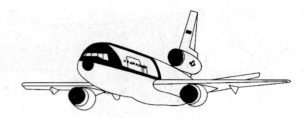

图 2-15　发动机装在飞机两侧翼根处　　　　图 2-16　发动机翼下吊装或装在飞机尾段

2.2.4　热力循环

在涡轮喷气发动机进行的热力过程中工质并没有完成闭合循环。工质与外界有热量的交换、功的交换,流动过程存在摩擦损失,并进行了化学反应,工质由空气变成了燃气。为了便于进行热力分析,假设工质完成的是一个封闭的热力循环,排出的燃气和进入发动机进气道的空气压力都接近于大气压力;认为在燃烧室中进行的燃油燃烧释放出热能的化学反应过程为外部热源对空气加热的过程,并且废气排入大气的过程是向冷源放热的过程;略去压缩和膨胀过程中工质与各部件之间的热量交换,忽略摩擦;喷入的燃油质量忽略不计,工质是完全气体。

上述假设得到的燃气涡轮发动机的理想循环称为布莱顿循环或等压加热循环,其 p-v 图如图 2-17 所示。

布莱顿循环由 4 个热力过程组成,它们是:

绝热压缩过程,在进气道(01—1)和压气机进行(1—2);

等压加热过程,在燃烧室中进行(2—3);

绝热膨胀过程,在涡轮(3—4)和喷管(4—5)中进行;

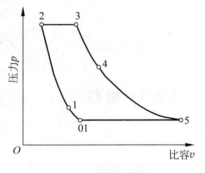

图 2-17　布莱顿循环

等压放热过程,在大气中进行(5—01)。

实际上,在燃烧室中不是完全等压的,有压力损失。

发动机工作时,气体静压、静温,轴向速度的变化趋势是:在压气机中,由于受到叶轮压缩,气体压力、温度得到提高,速度略减小(空气经过压气机各级转子和静子的速度变化见压气机部分)。在燃烧室内,由于与燃油混合燃烧,燃气温度升高,同时因流动损失等原因,燃气压力略有降低,速度略增加。在涡轮中,燃气膨胀做功,压力、温度降低,速度升高(见涡轮部分)。在喷管中,燃气继续膨胀,将热能转换成动能,燃气速度增加,并在喷口处达到最大。根据气体的膨胀程度不同,喷口处气体静压力等于或大于外界大气压力。发动机工作中,气体的静压、静温和轴向速度的变化情形如图 2-18 所示。

2.2.5　活塞发动机和燃气涡轮发动机的比较

活塞式发动机的压缩、燃烧在汽缸内进行,是等容加热循环,或称奥托循环。在活塞式发动机中,空气是间断地进入汽缸,气体的压缩、燃烧和膨胀过程发生在同一汽缸中。活塞式发动机把气体膨胀产生的功率转变为曲轴转动的功率。航空用的活塞式发动机必须使用减速器和螺旋桨才能使发动机获得推进力。

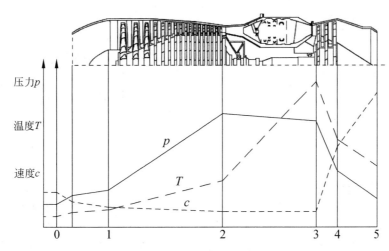

图 2-18　气体流过涡轮喷气发动机时参数变化

在涡轮喷气发动机中,空气是连续地进入发动机,空气的压缩、燃烧和膨胀过程分别发生在进气道、压气机、燃烧室、涡轮和尾喷管中,气体在涡轮中产生的膨胀功通过轴传递给压气机,气体在尾喷管中产生的膨胀功则转变为燃气本身的动能,燃气高速喷出,使发动机产生反作用推力。

2.3　喷气发动机的推力

2.3.1　推力的产生

下面我们以冲压喷气发动机为例(见图 2-19)说明推力的产生过程。

发动机在空中工作时,外界空气以飞行速度 V_{fly} 进入发动机,在流过进气道时速度降低,压力升高;随即进入燃烧室,与喷嘴喷出的燃油混合、燃烧,燃油释放出热能,气体温度升高;进而在喷管中膨胀加速;最后以比流进发动机大得多的速度 c_5 从喷口喷出。

从发动机的工作情形可以看出,气体流过发动机,由流进时的飞行速度 V_{fly} 增加为喷气速度 c_5,说明气体流过发动机时产生了向后的加速度。根据牛顿第二定律,任何物体产生了加速度,必然有力作用在这个物体上。所以,既然气体在发动机内产生了向后的加速度,可以断言,发动机一定对气体施加了向后的作用力。根据牛顿第三定律,某物体对另一物体施加作用力,另一物体则同时对某物体给予大小相等、方向相反的反作用力。所以,气体对发动机必然施加向前的反作用力即推力。

事实上,气体流过发动机时,气体受压、受热后,总是力图向四周自由膨胀,而发动机的内壁及部件作用迫使气流沿给定通道流动,最终从喷管喷出。所以,发动机对气体的作用力是通过与气体接触的所有发动机表面对气体的作用实现的,如图 2-20 所示;反过来,气体对发动机的反作用力是通过作用在发动机所有工作面上的压力而实现的。这些气体压力的轴向合力就是发动机推力。

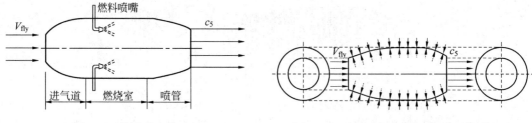

图 2-19　推力的产生　　　　　　图 2-20　冲压喷气发动机内、外壁所受的力

2.3.2　推力公式

1. 净推力

由动量方程(1-17),可得到下列推力公式:

$$F = \dot{m}_a(c_5 - V_{fly}) \tag{2-1}$$

式中:F——发动机推力;

　　　$\dot{m}_a$——通过发动机的空气质量流量;

　　　c_5——喷气速度(轴向);

　　　V_{fly}——飞行速度。

将此推力公式展开得

$$F = \dot{m}_a c_5 - \dot{m}_a V_{fly} \tag{2-2}$$

可以看出,第一项为每秒钟流出发动机的气体动量,第二项为每秒钟流进发动机的气体动量,发动机推力等于每秒钟流出发动机的气体动量与流进发动机的气体动量之差。气体流经发动机时,在燃烧室内与加入的燃油混合、燃烧;同时,发动机引气(如用于防冰,空调增压等)来自于压气机。所以严格地讲,流出发动机的燃气流量未必与流进发动机的空气流量相等,流出发动机的燃气流量$\dot{m}_g$应为其中的空气流量$\dot{m}_a$与燃油流量$\dot{m}_f$之和,即

$$\dot{m}_g = \dot{m}_a + \dot{m}_f \tag{2-3}$$

显然,每秒钟流出发动机的气体动量则为$\dot{m}_g c_5$。此时推力公式修正为

$$F = \dot{m}_g c_5 - \dot{m}_a V_{fly} \tag{2-4}$$

因为发动机的耗油量仅为空气流量的1‰~2‰,所以在计算推力时,可以忽略燃油的质量流量$\dot{m}_f$。但是,当发动机引气量较大时,应考虑引气对推力的影响。

当气体在发动机中膨胀不完全,喷口处静压力大于大气压力,此时应加上因进出口压差产生的附加推力。所以,完整的推力公式为

$$F = \dot{m}_a(c_5 - c) + A_5(p_5 - p_0) \tag{2-5}$$

式中:A_5——喷口截面积;

　　　p_5——喷口排气静压;

　　　p_0——大气压力。

由于目前民航的燃气涡轮发动机中,在绝大多数工作状态下,气体在发动机中是完全膨胀的,喷口处静压力等于大气压力,而且比较起来此项太小,可以忽略不计,所以,在以后的推力分析中,我们只计第一项。

2. 总推力

总推力是指当飞机静止时发动机产生的推力,如飞机在跑道起点,起飞前发动机运转产生的推力。总推力是发动机排气产生的推力,它包括由排气动量产生的推力和喷口静压和大气压力之差产生的附加推力。如以 F_g 表示总推力,则

$$F_g = \dot{m}_a c_5 + A_5(p_5 - p_0) \tag{2-6}$$

2.3.3　影响推力的因素

由推力公式可以看出,影响发动机推力的参数有空气流量和速度增量。

当气体流过发动机时,在速度增量不变的情形下,空气流量越大,推力就越大;空气流量越小,推力也越小。这是目前民航机最常用的高涵道涡扇发动机提高推力的主要途径之一,同时空气流量增加会使发动机外廓尺寸相应增加,发动机迎风阻力也增加。飞行条件的变化影响空气流量。当空气密度减小时,空气流量减少,发动机产生的推力减小。温度增加,空气密度减小,推力减少。压力增加,空气密度增大,推力增大。飞行高度增加,空气压力减小,空气温度降低。但是,外界空气压力的减小比温度下降得快,发动机实际推力随高度增加而减小。

在气体流过发动机的空气流量不变的情形下,气体速度增量越大,推力越大,气体速度增量越小,推力也越小。这是目前超音速战斗机最常用的加力涡喷、涡扇发动机提高推力的主要途径之一,同时气体速度增量增加会使发动机油耗增加,发动机经济性变差。

2.3.4　推力分布

由于气体在发动机不同部件压力大小分布及作用方向不同,所以推力在发动机不同部件的分布也不同。下面以某轴流涡喷发动机在最大连续工作状态下为例(见图 2-21),具体说明推力在发动机各部件上的分布。

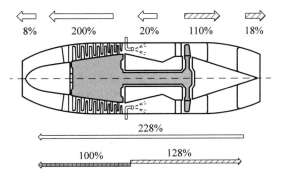

图 2-21　涡喷发动机的推力分布

1. 向前轴向力(称为正推力)

作用在发动机进气道上的气体轴向力:由于进气道整流罩形状呈扩散形,且由于进气道的增压作用,所以,作用在进气道整流罩上的气体压力的轴向力是向前的轴向力,占总推力的 8%。

作用在压气机上的气体轴向力:由于压气机叶轮对气体做功,气体在压气机中压力不

断升高,所以每一压气机叶片都承受一向前的气体压力。所有叶片承受的轴向力的合力,就是作用在压气机上的向前的轴向力,占总推力的 200%。

作用在燃烧室上的气体轴向力:由于燃烧室头部是扩散形,燃烧室后段略微收敛,但燃烧室进口面积小于出口面积,所以作用在燃烧室上的气体压力总的轴向力是向前的轴向力,占总推力的 20%。

2. 向后轴向力(称为负推力)

作用在涡轮上的气体轴向力:由于气体在涡轮中膨胀,压力不断减低,所以每一涡轮叶片都承受一向后的气体压力。所有叶片承受的轴向力的合力,就是作用在涡轮上的向后的轴向力,占总推力的 110%。

作用在喷管上的轴向力:燃气流进喷管时,由于喷管是收敛形,压力降低,故作用在喷管上的气体压力轴向合力是向后的轴向力,占总推力的 18%。

发动机各部件上气体轴向力的代数和即发动机推力。

从推力的分布可以看出,对涡喷发动机而言,产生最大正推力的部件是压气机;产生最大负推力的部件是涡轮。需要特别强调的是,对涡轮风扇发动机,风扇是产生最大正推力的主要部件。

第3章

发动机部件

燃气涡轮发动机的部件包括进气道、风扇、低压压气机、高压压气机、燃烧室、高压涡轮、低压涡轮、喷管以及附件传动部分。压气机、燃烧室和涡轮组成核心发动机。从工作环境来看,常常分为冷端部件和热端部件。冷端部件指进气道、风扇、低压压气机和高压压气机;热端部件有燃烧室、高压涡轮、低压涡轮和喷管(见图 3-1)。本章将分别进行介绍。

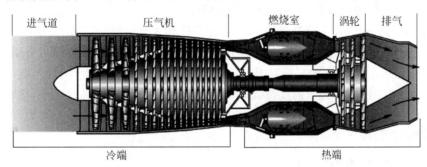

图 3-1 燃气涡轮发动机基本部件

3.1 进气道

进气道的功用是:在各种状态下,将足够的空气,以最小的流动损失,顺利地引入压气机;当压气机进口处的气流马赫数小于飞行马赫数时,通过冲压压缩空气,提高空气的压力。

3.1.1 类型和参数

1. 类型

进气道可分为亚音速和超音速进气道。超音速进气道又可分为内压式、外压式和混合式三种。目前,我国民航主要使用亚音速飞机,其发动机进气道都采用扩张形的亚音速进气道。

2. 性能参数

1)总压恢复系数 σ_i^*

空气流经进气道时产生流动损失是不可避免的。进气道的流动损失用进气道总压恢复系数 σ_i^* 来表示:

$$\sigma_i^* = p_1^* / p_0^* \tag{3-1}$$

式中：p_1^*——进气道出口截面的总压；

p_0^*——进气道前方来流的总压。

总压恢复系数是小于 1 的一个数字，飞行中亚音速进气道的总压恢复系数通常为 0.94～0.98。

进气道出口流场不均匀对发动机的稳定工作有很大影响，会导致压气机喘振和燃烧室熄火，因此要求进气道出口气流流场应尽量均匀。描写流场均匀度的参数是畸变指数，其定义为进气道出口气流总压的最大值和最小值之差与平均值的比。

2) 冲压比

当飞行速度 V_{fly} 大于压气机进口流速 c_1 时，气流在进气道中流速将减小，压力、温度将升高，这种由于气流本身速度降低而增压的现象叫速度冲压，简称冲压。

进气道的冲压比是进气道出口处的总压与远方气流静压的比值，用 π_i^* 表示：

$$\pi_i^* = p_1^* / p_0 \tag{3-2}$$

冲压比越大，说明空气在压气机前的冲压压缩越大。

影响冲压比的参数有飞行马赫数 Ma（飞行速度和大气温度）和总压恢复系数 σ_i^*。

大气温度不变，飞行速度增加时，冲压比增大。飞行速度不变，大气温度降低时，空气越易压缩，冲压比增大；反之，大气温度升高时，冲压比减小。飞行高度变化时，在 11 000m 高度以下，飞行高度升高时，大气温度降低，冲压比增大；在 11 000m 高度以上，飞行高度改变时，大气温度保持不变，冲压比也保持不变。空气在进气道中的流动损失增大，气体总压减小，冲压作用减弱，冲压比减小。

3.1.2　亚音速进气道

亚音速进气道是为在亚音速或低超音速范围内飞行的飞机所设计的进气道，它由壳体和整流锥组成，整流锥有的分为前整流锥和后整流锥。它的进口部分为圆形唇口，进气道内部通道为扩张通道，使气流在进气道内减速增压，如图 3-2 所示。

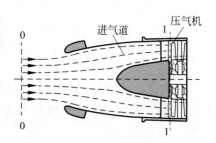

图 3-2　亚音速进气道

进来的气流速度与飞行速度大小相等，方向相反。由于进气道前一段的扩张形通道，气流的速度下降，压力和温度升高，即冲压压缩。流经整流锥后气流速度稍有上升，压力和温度稍有下降，使气流比较均匀地流入压气机保证压气机的正常工作。

单位时间流入进气道的空气质量即空气质量流量 $\dot{m}_a$ 可表示为

$$\dot{m}_a = \rho V_{fly} A \tag{3-3}$$

影响流量的因素有：空气密度 ρ、飞行速度 V_{fly} 和压气机的转速 n_c。空气密度 ρ 越高，进入发动机的空气流量 $\dot{m}_a$ 越多。空气密度受温度 T_0 和高度 H 的影响。温度越高，密度越低；高度越高，密度越低。飞行速度 V_{fly} 越大，进入发动机的空气流量越多。压气机转速 n_c 越高，进入发动机的空气流量越多。

飞机的飞行速度不断地变化，发动机工作状态也由驾驶员操作不断变化，进气道前方可以出现各种流态。当飞行速度大于压气机进口气流速度时(如飞机在巡航飞行状态),空气流过进气道时的情形如图3-3所示。由于飞行速度大于压气机进口气流速度,仅仅靠在发动机进气道内的减速是不够的,空气在进入发动机前已受到发动机的扰动而预先减速,所以,从0—0截面到发动机整流罩口i—i截面间的管道(在发动机外,但是进气道组成的一部分)是呈扩散形的(扩散的程度随飞行速度和发动机状态而自动变化)。当飞行速度小于压气机进口气流速度时(如飞机在地面滑行,起飞状态),空气流过进气道时的情形如图3-4所示。由于飞行速度小于压气机进口气流速度,空气在进入发动机前已受到发动机的抽吸作用而预先加速,所以,从0—0截面到发动机整流罩口i—i截面的管道(在发动机外,但是组成进气道的一部分)是呈收敛形的(收敛的程度随飞行速度和发动机状态而自动变化)。

亚音速进气道进口处的唇口必须做得较为圆滑以适应不同方向流入的气流。

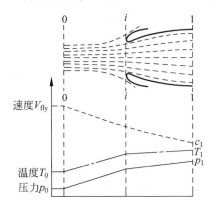 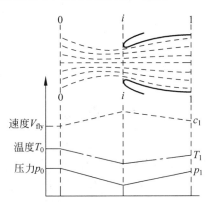

图3-3 飞行速度大于压气机进口气流速度时,　图3-4 飞行速度小于压气机进口气流速度时,
　　　　气流流过进气道参数变化　　　　　　　　　　气流流过进气道参数变化

3.1.3 超音速进气道

超音速飞机上进气道有固定的或可变的几何形状,从前到后其直径逐渐减小然后增加。这种收敛-扩张形状用于使进来的气流在到达压气机之前减慢成亚音速。很多超音速进气道采用可移动的尖锥或喉口改变进气道几何形状。几何形状可变是必要的,使得进气道能够调节适应较宽的飞行速度范围。

超音速进气道分为内压式、外压式和混合式三种基本类型,如图3-5所示。内压式超音速进气道如图3-5(a)所示,气流由超音速变为亚音速的扩张过程完全在进气道内完成,而外压式的超音速进气道,超音速气流的减速扩压过程完全发生在进口之外,进气道的内部是亚音速的扩压管道,如图3-5(b)所示。混合式超音速进气道的超音速气流的减速扩压过程一部分在进气道外进行,另一部分在进气道内进行,如图3-5(c)所示。

内压式超音速进气道是一个先收敛后扩张形的管道,使超音速气流在通道内减速增压,在喉道处达到音速,然后在扩张段内作亚音速减速流动。

外压式超音速进气道由外罩和中心体组成。超音速气流流过中心体或台阶式的中心体产生一道或几道斜激波。经过激波后,气流速度减小,但气流仍为超音速,再经过一道进口处正激波,变为亚音速,然后在扩张的通道中继续减速增压。外压式超音速进气道结构简单,工作稳定性好,飞行马赫数在2.5以下的飞机多采用这种形式的进气道。

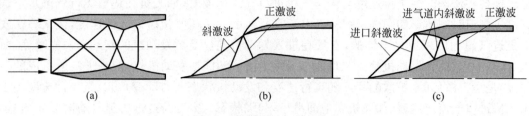

图 3-5 超音速进气道的类型

混合式超音速进气道与外压式超音速进气道同样具有尖锥或尖劈,其进气道内通道则与内压式超音速进气道同样为收敛-扩张形通道,兼有外压式和内压式进气道的优点。超音速气流先进行一段外压,经过斜激波减速以超音速进入唇口,然后开始内压,最后在扩张段经过正激波变为亚音速。飞行马赫数大于 2 的飞机都采用混合式的进气道。

3.2 压气机

3.2.1 压气机概述

压气机的主要功用是对流过它的空气进行压缩,提高空气的压力,为燃气膨胀做功创造条件,以改善发动机的经济性,增大发动机的推力。除了支持燃烧和提供必要的空气产生推力外,压气机还可为飞机空调增压、飞机发动机防冰及飞机其他系统提供充足的气源。

根据压气机的结构形式和气流的流动特点,航空燃气涡轮发动机用的压气机分离心式和轴流式两大类。气流沿离开叶轮中心方向流动的叫做离心式压气机;气流沿与叶轮轴平行方向流动的叫做轴流式压气机。此外还有轴流式与离心式压气机混合而成的混合式压气机。目前,使用最广泛的是轴流式压气机,本书将作主要介绍。

3.2.2 离心式压气机

1. 组成

离心式压气机又称径向外流压气机,由进气系统、叶轮、扩压器和集气管等部分组成(见图 3-6)。压气机通过中间联轴节与涡轮轴相接。叶轮叶片的进口部分为迎合气流相对运动的速度方向,做成向旋转方向前弯。叶轮上叶片间的通道是扩张形的,叶轮高速旋转,空气流过它时,对空气做功,加速空气的流速,同时提高空气压力。

叶轮分单面叶轮和双面叶轮两种(见图 3-7)。双面叶轮从两面进气,可以增大进气量,而且对于平衡作用在轴承上的轴向力也有好处。

气流从工作叶轮流出后进入扩压器。扩压器位于叶轮的出口处,是一个环形室,装有一定数量的整流叶片,相邻叶片间的通道是扩张形的,空气流过时,速度下降,压力和温度上升。

集气管的主要功用是使气流变为轴向,将空气引入燃烧室。

2. 原理和应用

叶轮(或称转子)由涡轮驱动高速旋转,空气连续地吸入叶轮的中心。离心力的作用使

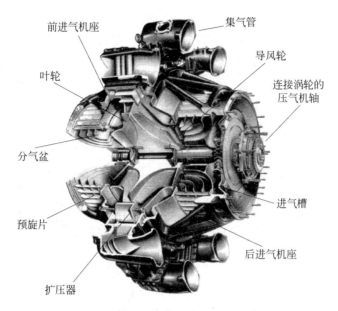

图 3-6 离心式压气机

图 3-7 单面叶轮和双面叶轮

空气径向向外流向叶轮尖部,使空气加速并造成压力升高。空气离开叶轮后进入扩压器段,那里的通道呈扩张形,将大部分动能转化成压力能。因此,离心压气机靠离心增压和扩散增压提高气体压力,但根本原因仍是叶轮对气体做了功(如图 3-8 所示)。

离心式压气机的主要优点是:单级增压比高,一级的增压比可达 12 以上;稳定的工作范围宽;结构简单可靠;重量轻,长度短;所需要的启动功率小。但是它的流动损失大,尤其级间损失更大,不适于用多级,最多两级。正因为这样,离心式压气机的效率较低,一般只有 83%～85%,甚至不到 80%。单位面积的流通能力低,迎风面积大,阻力大。

离心式压气机主要用于小型涡轴、涡桨发动机以及 APU 上。它也与轴流式压气机配合作为压气机的最后一级。这种结构充分吸收了两种压气机的优点,得到广泛的应用,如图 3-9 所示。

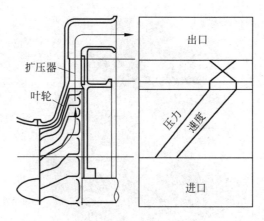

图 3-8　离心式压气机中的压力和速度变化

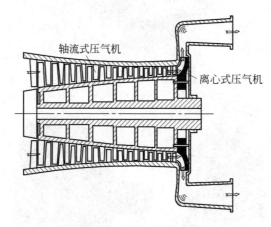

图 3-9　混合式压气机

3.2.3　轴流式压气机的组成和工作原理

1. 组成

轴流式压气机由高速旋转的转子和与机匣固定在一起不动的静子组成,如图 3-10 所示。转子的功用是对空气做功,压缩空气,提高空气的压力;静子使空气扩压,继续提高空气的压力。

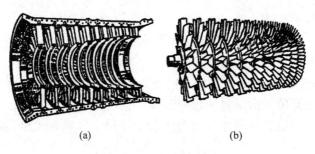

(a)　　　　　　　　　　　　　(b)

图 3-10　轴流式压气机基本组成部分
(a) 静子；(b) 转子

静子是由整流器(整流环)构成的,每个整流器由外环、内环和若干个整流叶片形成,整流叶片先固定在内、外环之间,或几个叶片成组地装配在一起,然后再固定在机匣上,形成不动的静子。机匣由若干段圆筒或分成两半的圆筒组成。

转子是由工作叶轮和转子轴构成的,在轮盘的轮缘上安装有若干个工作叶片便形成一个工作叶轮。转子轴支撑在滚珠轴承或滚柱轴承中,压气机转子与涡轮转子通过联轴器连接,从而形成发动机转子。

一个工作叶轮加上一个位于其后的整流器就形成轴流式压气机的一级。轴流式压气机都是多级的,于是,工作叶轮与整流环交错排列就形成了多级轴流式压气机。

为了保证压气机工作的稳定,在第一级工作叶轮前还有一排不动的叶片叫进气导向器。其功用是引导气流的流动方向,产生预旋,使气流以合适的方向流入第一级工作叶轮。

涡扇发动机在风扇排气通道中的静子叶片叫做出口导向叶片,目的是改善风扇后气流。

轴流式压气机的优点是:可以通过增加级数的方法提高压气机的总增压比,以提高压气机的效率。与离心式压气机相比,轴流式压气机单位面积的流通能力高,迎风面积小,阻力小。缺点是单级增压比低,一般为1.2～1.8,且结构复杂。

目前航空燃气涡轮发动机上,特别是在大、中推力的发动机上几乎全部采用轴流式压气机。

2. 工作原理

工作期间转子由涡轮带动高速旋转,于是空气被连续不断地吸入压气机。旋转的叶片使空气加速,将其推向后排相邻的一排静子叶片。转子传给空气的能量使压力升高,并提高了空气的速度。然后,空气在随后的静子通道中减速(扩压)并将动能转换成压力。静子叶片还对转子叶片加于空气的偏斜起矫正的作用,并将空气送到下一级转子叶片上去。最后一排静子叶片通常起矫直空气的作用,去除空气的旋流,使之以比较均匀的轴向速度进入燃烧系统。压气机中速度与压力的变化如图 3-11 所示,气体压力在压气机出口达到最高。

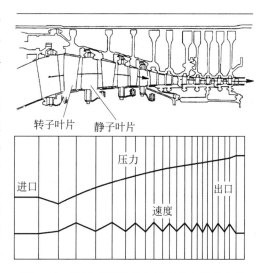

图 3-11　轴流式压气机中压力和速度的变化

3.2.4　轴流式压气机的特性

1. 基元级叶栅

压气机内空气的流动,是在叶轮和整流器的叶片通道内进行的,对于增压比不高的压气机级来说,外径和内径沿轴向变化不大,所以在每个级中,流线基本上都在一个圆柱面上,沿叶高不同半径处的流动情况虽不完全相同,但工作原理大体相仿,尤以平均半径处的流动情况最具有代表性。为了弄清级中的流动过程,现可以设想用与轴同心,半径分别为压气机平均半径 r_m 和 r_m+dr 的两个圆柱面与级的叶片环相截,则得出某级的环形叶栅,如图 3-12 所示,这个高度为 dr 的环形叶栅叫环形基元级,所以,压气机的一个级,可以看做由很多个环形基元级叠加而成的。

为了研究方便,可将环形基元级展开成平面,在展成平面的级基元中包括两排平面叶栅,一排是动叶平面叶栅(工作叶栅),另一排是静叶平面叶栅(整流器叶栅),如图 3-13 所示,实践表明,用平面叶栅中的流动来近似地代替环形叶栅内的流动与实际情况是十分接近的。

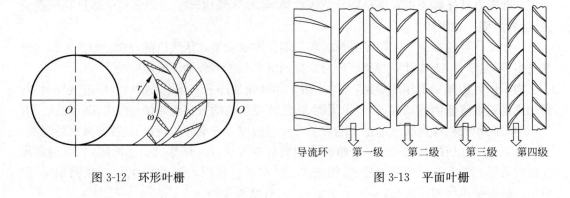

图 3-12　环形叶栅　　　　　　　　　　　图 3-13　平面叶栅

2. 基元级速度三角形

为研究压气机的工作特性,从速度三角形入手。在基元级所包含的两排叶栅中,动叶叶栅以圆周速度(牵连速度)u 运动,静叶叶栅是静止不动的。对于静叶叶栅中的流动分析,自然是站在静止坐标也就是绝对坐标上来观察,然而在研究动叶叶栅中的流动时,则必须分析气流相对于动叶的运动,这时,还必须采用随动叶一起运动的相对坐标系。一般用 c 表示绝对速度,w 表示相对速度,u 表示牵连速度,从力学中知道,绝对速度等于相对速度和牵连速度向量之和,即

$$c = w + u \tag{3-4}$$

以下标①表示动叶进口,以下标②表示动叶出口,以下标③表示静叶出口,如图 3-14 所示。

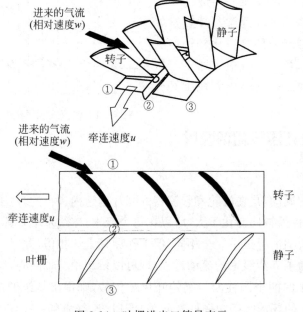

图 3-14　叶栅进出口符号表示

1）叶轮进口处速度三角形

动叶叶栅进口处空气的绝对速度为 $c_①$，相对速度为 $w_①$，牵连速度为 $u_①$，则有

$$c_① = w_① + u_①　　　　　　　　　　　(3-5)$$

该式构成了叶轮进口处的速度三角形，如图 3-15 所示。

2）叶轮出口处速度三角形

动叶叶栅出口处空气的绝对速度为 $c_②$，相对速度为 $w_②$，牵连速度为 $u_②$，因此

$$c_② = w_② + u_②　　　　　　　　　　　(3-6)$$

该式构成了工作叶轮出口处的速度三角形，如图 3-15 所示。

随后，空气以绝对速度 $c_②$ 流入静叶叶栅，再以绝对速度 c_3 流出静叶叶栅。

3）基元级速度三角形

为了研究方便，常将工作叶轮进、出口处的速度三角形叠加在一起，就是基元级的速度三角形，如图 3-16 所示。$c_{①a}$ 为动叶叶栅进口处的绝对速度 $c_①$ 在轴向的分量；$c_{①u}$ 为 $c_①$ 在切向的分量。

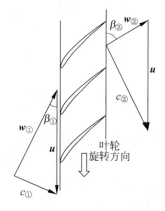

图 3-15　叶轮的速度三角形

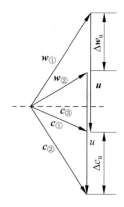

图 3-16　基元级速度三角形

由于级的增压比不高，级的外径和内径沿轴向变化不大，所以可以认为 $c_{①a} \approx c_{②a}$，$u_① \approx u_②$，一般 $c_①$ 和 c_3 的方向也接近，常可以认为 $c_{①u} \approx c_{3u}$。

基元级速度三角形是工作叶轮进口和出口气流速度的矢量图。它清楚地表示出气流流过工作叶轮和整流器时各速度的大小和方向及其变化，从而可以看出气流的流动情况，进而还可以计算气流的压力变化以及加给气流的功，因此，速度三角形是研究基元级流动的一个很重要的手段。

4）决定基元级速度三角形的因素

决定速度三角形变化并对压气机工作有密切关系的主要参数有以下几种。

（1）动叶叶栅进口处绝对速度在发动机轴线方向的分量 $c_{①a}$

这个量的大小与进入压气机的空气流量 $\dot{m}_a$ 有关。根据连续方程，当压气机进口面积和进口空气状态一定时，$c_{①a}$ 增大，流量 $\dot{m}_a$ 也增大；若流量一定，$c_{①a}$ 增大，则压气机面积减小。所以 $c_{①a}$ 的大小直接影响发动机的迎风面积和效率的大小。

（2）动叶叶栅进口处绝对速度在切线方向的分量 $c_{①u}$

当空气进入第一级工作叶轮之前，在圆周方向就有绝对分速度，说明气流有了预先的旋

转。预先旋转的多少就以切向分速度 $c_{\text{①u}}$ 表示，因此切向分速度 $c_{\text{①u}}$ 就叫预旋。如果 $c_{\text{①}}$ 的方向与圆周速度 u 方向相同，则称为正预旋；如果 $c_{\text{①u}}$ 的方向与圆周速度 u 的方向相反，则称为反预旋。

（3）圆周速度 u

其大小与发动机的转速 n 有关：

$$u = \pi D n / 60 \tag{3-7}$$

式中，D 为叶片直径。

这个量直接影响叶片对空气加功量的大小，在其他条件相同的情况下，u 越大对空气加功量越多。

（4）叶轮前后空气的相对速度或绝对速度在切向的变化 Δw_{u}（或 Δc_{u}）

叶轮进口和出口处相对速度（或绝对速度）在切线方向速度分量之差 Δw_{u} 称为扭速，即

$$\Delta w_{\text{u}} = w_{\text{①u}} - w_{\text{②u}}, \quad \Delta c_{\text{u}} = c_{\text{②u}} - c_{\text{①u}} \tag{3-8}$$

扭速的大小与压气机的加功量有关，扭速越大，则压气机的加功量越大。

当 $c_{\text{①a}}$、$c_{\text{①u}}$、u、Δw_{u} 四个参数确定后，基元级速度三角形就完全确定了。

3. 基元级增压原理

轴流式压气机主要是利用扩散增压的原理来提高空气压力的。亚音速气流流过扩张形通道时，速度降低，压力升高。

基元级由工作叶栅和整流器叶栅通道组成，两处叶栅通道均是扩张形的，如图 3-17 所示。

当空气流过工作叶栅通道时，由于高速旋转的叶片对空气做功，使气流的绝对速度增大，同时由于叶片间的通道是扩张形的，则使气流的相对速度降低，相对运动动能转变为压力位能和内能，使气流的压力和温度上升，对气流做功，还使气流的总压和总温都提高。

当气流流过整流器叶栅通道后，由于叶片间的通道也是扩张形的，使气流的绝对速度降低，绝对运动动能转变为压力位能和内能，使气流压力进一步提高，温度也继续上升，由于在整流器叶栅通道内是绝能流动，故气流总压略有下降，而总温保持不变。基元级内气流参数变化的情况如图 3-18 所示。

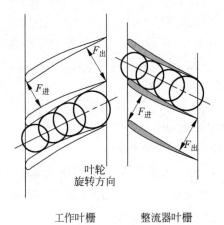

图 3-17　压气机的叶栅通道

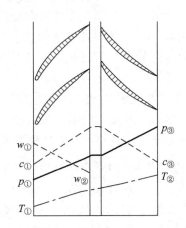

图 3-18　基元级内气流参数的变化

总之,在工作叶轮内,绝对速度增大,相对速度减小,同时,总压、静压和总温、静温都提高;在整流器内,绝对速度减小,静压和静温提高,但总压下降,总温保持不变。

由此可见,空气在流过基元级时,不仅在工作叶轮内受到压缩,而且在整流器内也受到压缩。在工作叶轮内,空气压力的提高,是相对运动动能减小的结果;在整流器内,是绝对运动动能减小的结果。但是,不论是工作叶轮还是整流器,空气增压都是高速旋转的叶片对空气做功的结果。这是因为,如果叶轮不转动,则叶轮进口气流相对速度就得不到提高,同样,如果叶轮不对空气做功,叶轮出口气流绝对速度也得不到提高。

4. 多级轴流式压气机

多级轴流式压气机是由各个单级组成的,所以多级轴流式压气机的任何一级,其工作原理是完全相同的。但是,由许多单级按一定的次序组成多级压气机后,由于各个级在流程中的位置不同,它们的几何尺寸和进口参数是各不相同的,而形成了多级压气机中各个级的特殊性。空气流过轴流式压气机时不断受到压缩,气体比容减小,密度增加,因而从进口到出口,轴流式压气机的环形通道面积逐渐减小,叶片弦长(叶片某一高度处前缘点到后缘点的直线连线)逐渐减小,叶片数目逐渐增加。由于轴流式压气机通道截面积逐渐减小,气流通道有等外径、等内径和等中径结构形式。

空气在压气机内的流动参数变化如图 3-19 所示。可以看出压气机出口气流速度稍低于压气机进口气流速度。

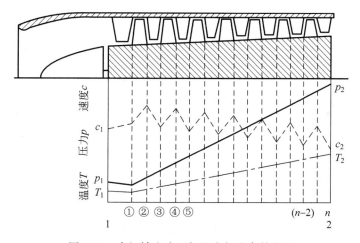

图 3-19 多级轴流式压气机内气流参数变化

轴流式压气机的增压比是压气机出口处的总压 p_2^* 与压气机进口处的总压 p_1^* 之比,用 π_c^* 表示。即

$$\pi_c^* = \frac{p_2^*}{p_1^*} \qquad (3\text{-}9)$$

级的增压比是各级出口处的总压与各级进口处的总压之比。

压气机的总增压比等于各个级的增压比的乘积:

$$\pi_c^* = \pi_{1c}^* \times \pi_{2c}^* \times \pi_{3c}^* \times \cdots \times \pi_{nc}^* \qquad (3\text{-}10)$$

压气机效率是获得相同的总增压比,理想绝热压缩功与实际压缩功之比,用 η_c^* 表示。

5. 压气机通用特性

对于给定的压力比、转速和空气流量,压气机工作在最佳工作状态,通常称为设计点,在设计点气流是完全匹配的。压气机不但在设计条件下工作,而且还在非设计条件下工作,在这些条件下都要求压气机能够正常工作,因此,不但要了解压气机在设计点的性能,还要了解压气机在非设计点的性能,也就是要知道压气机的特性。

任何一台压气机的工作情况由 4 个参数决定,即:流过压气机的空气流量 $\dot{m}_a$、压气机转子的转速 n、进入压气机的空气总温 T_1^* 和总压 p_1^*,称它们为压气机的工作参数。前两个参数取决于压气机的工作状态,后两个参数取决于飞行条件和大气条件。

压气机的性能参数主要是增压比 π_c^*、效率 η_c^*。

压气机的性能参数即增压比 π_c^*、效率 η_c^* 随工作参数即空气流量 $\dot{m}_a$、压气机转子的转速 n、进入压气机的空气总温 T_1^*、总压 p_1^* 的变化规律称为压气机特性,即

$$\pi_c^* = f_1(T_1^*, p_1^*, n, \dot{m}_a) \tag{3-11}$$

$$\eta_c^* = f_2(T_1^*, p_1^*, n, \dot{m}_a) \tag{3-12}$$

在进入压气机的空气总温 T_1^*、总压 p_1^* 保持不变的情况下,压气机的增压比 π_c^* 和效率 η_c^* 随进入压气机的空气流量 $\dot{m}_a$、压气机转子的转速 n 的变化规律称为压气机的流量特性,即

$$\pi_c^* = f_1(n, \dot{m}_a) \tag{3-13}$$

$$\eta_c^* = f_2(n, \dot{m}_a) \tag{3-14}$$

如图 3-20 所示。

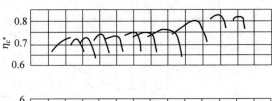
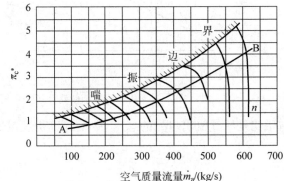

图 3-20　多级压气机流量特性

压气机流量特性通过实验方法获得。它是在某一特定的进气条件下获得的。为了使根据实验数据画出的特性线对不同的进气条件(T_1^*;p_1^*)也能应用,依据相似理论,以换算空气流量为横坐标,以增压比 π_c^* 为纵坐标,以换算转速为参变量,画出压气机的通用特性曲线,如图 3-21 所示。该图的物理意义是:图上任意一点代表了压气机的无数个工作状态;

压气机的所有工作状态都可表示在这个图上。

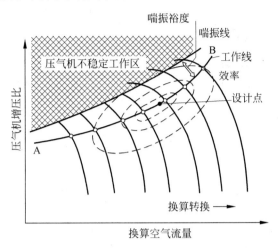

图 3-21　压气机通用特性曲线

3.2.5　压气机的喘振

轴流式压气机流量特性曲线,将压气机的工作分为两个区:稳定工作区和不稳定工作区。一台压气机在非设计点工作时,当流量逐渐减小到一定程度,不管在什么转速下工作都会进入不稳定工作区。实验证明,在压气机进入不稳定工作边界前,首先在一级或几级发生"旋转失速",然后有可能发展到"喘振"。

1. 攻角和流量系数

工作叶轮进口处相对速度的方向与叶片弦线之间的夹角叫攻角(见图 3-22)。影响攻角的因素有两个:一个是转速,另一个是工作叶轮进口处的绝对速度(包括大小和方向)。正攻角过大会使气流在叶背处发生分离;负攻角过大会使气流在叶盆处发生分离,而造成涡轮状态。

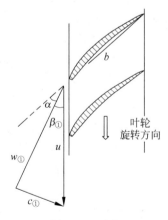

图 3-22　攻角

压气机的流量系数是工作叶轮进口处的绝对速度在发动机轴线上的分量和工作叶轮旋转的切向速度之比,即

$$D = c_{①a}/u \qquad (3-15)$$

流量系数过小,会使气流在叶背处分离;流量系数过大,会使气流在叶盆处发生分离,而形成涡轮状态。

2. 失速与堵塞

当压气机的转速一定时,如果由于某种原因使进入发动机的空气流量减少,导致工作叶轮进口处绝对速度在发动机轴线方向上的分量下降,使攻角上升,到一定情况,攻角过大,气流在叶背处分离,这种现象叫失速(见图 3-23)。

当发动转速一定时,由于某种原因使工作叶轮进口处绝对速度在发动机轴线方向上的分量上升,使攻角下降,到一定情况,负攻角过大,气流在叶盆处分离,使叶片通道变小,甚至出现喉道而发生堵塞,如图 3-24 所示。

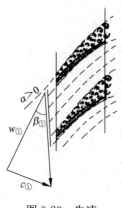

图 3-23 失速

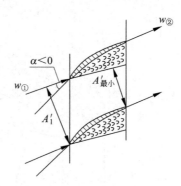

图 3-24 堵塞

3. 旋转失速与喘振

当压气机空气流量减小而使动叶攻角增大到临界攻角附近时，动叶中的某几个叶片可能首先发生分离，于是在这些出现分离区的叶片前面出现明显的气流堵塞现象。这个受阻滞的气流区使周围的流动发生偏转，从而引起上面叶片攻角增大并分离。同时下面叶片的攻角减小并解除分离使分离区相对于叶片向上传播。因此，失速区就朝着与叶片旋转方向相反的方向移动。这种移动速度比圆周速度 u 要小，所以站在绝对坐标系上观察时，失速区以较低的转速与压气机叶轮作同方向的旋转运动，称为旋转失速（见图 3-25）。

旋转失速使压气机的气动性能明显恶化，甚至无法工作；旋转失速会产生频率较高，强度大而危险的激振力，并可能导致叶片共振断裂。

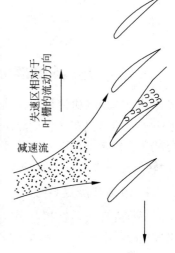

图 3-25 旋转失速

喘振是气流沿压气机轴线方向发生的低频率、高振幅的振荡现象。这种低频率、高振幅的气流振荡是一种很大的激振力来源，它会导致发动机机件的强烈机械振动和热端超温，并在很短的时间内造成机件的严重损坏，所以在任何状态下都不允许压气机进入喘振区工作。

喘振的根本原因是由于气流攻角过大，在叶背处发生分离而且这种气流分离扩展到整个叶栅通道。此时，压气机叶栅完全失去扩压能力，不能克服后面较强的反压，将气流推向后方，于是，流量急剧下降。不仅如此，由于动叶叶栅失去扩压能力，后面的高压气体还可能通过分离的叶栅通道倒流至压气机的前方。这样，压气机后面的反压降得很低，整个压气机流路在这一瞬间变得"通畅"，而且由于压气机仍保持原来的转速，大量的气流被重新吸入压气机，压气机恢复"正常"流动和工作。然而，发生喘振的流动条件并没有改变，因此，气流就又分离，分离区再扩展至整个叶栅通道，叶栅再次失去扩压能力，压气机后面的高压气体再次向前倒流或瞬时中断，如此周而复始地进行下去，形成喘振。喘振的物理过程可用图 3-26 表示。

喘振时的现象是：发动机的声音由尖哨转变为低沉；发动机的振动加大；压气机出口

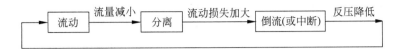

图 3-26 压气机喘振的物理过程

总压和流量出现大幅度的波动;转速不稳定,推力突然下降并且有大幅度的波动;发动机的排气温度升高,造成超温;严重时会发生放炮,气流中断而发生熄火停车。因此,一旦发生上述现象必须立即采取措施,使压气机退出喘振工作状态。

压气机喘振的探测目前主要是依据压气机出口压力的下降率或转子的减速率来判断。

4. 压气机喘振发生的条件

喘振发生的条件可能有:

(1) 发动机转速减小而偏离设计值,相对速度的方向变陡,流量系数变小;

(2) 压气机进口总温升高,热空气难以压缩,压气机增压比小于设计值;

(3) 发动机空气流量骤然减小,如推油门过快,供油量增加过猛;

(4) 发动机进口流场畸变;

(5) 着陆滑跑速度低时仍用高反推;

(6) 进气道结冰;

(7) 发动机翻修质量差,外来物损伤,防喘机构工作不正常等。

为避免压气机喘振,在维修工作中应注意经常按规定进行检查,如防喘机构的状况,反馈钢索的校装;航前、航后和定检工作完成后,清点好工具等物品,严禁遗留在进气道和发动机舱内;发动机试车前应检查进气道以及停机坪周围清洁,避免发动机工作时吸入外来物;操作油门杆动作不要过急过猛,一旦发生喘振,应收油门从喘振中退出。

5. 喘振裕度

如图 3-20、图 3-21 所示,在压气机特性图上表示出了压气机的喘振边界线,即不同转速下喘振点的连线。同样,特性图上还表示出了压气机的工作线 AB。如要避免压气机喘振,必须保持工作线 AB 和喘振边界线有足够的距离,这个距离用喘振裕度来衡量。由于喘振线和工作线不是固定不变的,它们的位置受很多因素的影响,这使得压气机防喘成为一个复杂的问题。例如压气机性能退化,工作线上移;高空飞行,转子与机匣间隙大,喘振线下移,进口气流畸变,紊流,热的发动机,雷诺数等都会影响喘振裕度。

6. 防喘措施

由于压气机是根据设计点的气动参数进行设计的,当工作在非设计状态时,各级的速度三角形和设计点不同,即是非设计状态点的参数与压气机的几何形状不协调,这时各级的流量系数大大偏离了设计值,造成气流攻角过大或过小,产生了喘振或堵塞。

防喘的原理是使压气机在非设计状态下通过一些措施也能保持与压气机几何形状相适应的速度三角形,从而使攻角不要过大或过小。

防喘措施有三种:压气机中间级放气;可调静子叶片;双转子或三转子。

1) 压气机中间级放气

压气机中间级放气是通过改变气流流量即改变工作叶轮进口处绝对速度轴向分量 c_a

的大小来改变其相对速度的大小和方向,改变攻角,达到防喘的目的。这是通过放气活门或放气带实现的(见图3-27)。当放气活门或放气带打开时,由于增加了排气通道,使前面级的进气量增加,轴向速度增加,改变了相对速度的方向,正攻角减小。对于后面的级,由于中间级放气,空气流量减少,轴向速度减小,也改变相对速度的方向,攻角增大,达到防喘目的。压气机中间级放气防喘机构简单,有利于压气机在低转速下工作的稳定,因此得到广泛应用;但中间级放气会使压气机的增压比下降,减少功率输出。

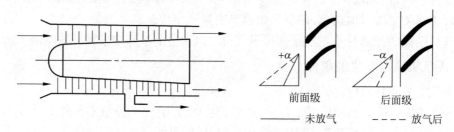

图 3-27　压气机中间级放气防喘

2)可调静子叶片

静子叶片角度做成可调节的,即通过改变静子叶片的安装角,改变工作叶轮进口处绝对速度的切向分量$c_{①u}$即预旋量的大小,从而改变进口处相对速度的方向,减小攻角进行防喘(见图3-28和图3-29)。

3)双转子或三转子

在一个大的多级轴流式压气机上,对于发动机全部转速匹配所有的级是困难的。将压气机转子分开成多个转子是防喘的好办法。双转子或三转子防喘是通过改变转子转速,即改变压气机动叶的切线速度u来改变工作叶轮进口处气流相对速度的方向,以减小攻角,达到防喘目的。

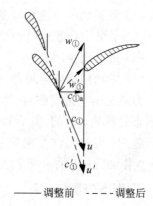

———调整前　----调整后

图 3-28　可调静子叶片防喘原理

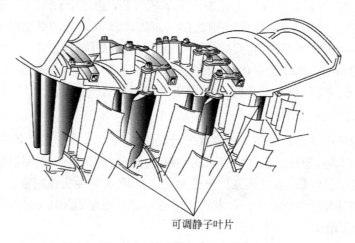

可调静子叶片

图 3-29　可调静子叶片示意图

3.2.6　压气机的结构

轴流式压气机可分为单转子、双转子和三转子三种,如图 3-30~图 3-32 所示。将高增压比的压气机设计成双转子或三转子,可以使压气机各级的工作更协调,压气机稳定工作范围更宽,喘振裕度增大。

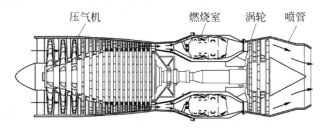

图 3-30　单转子轴流式压气机

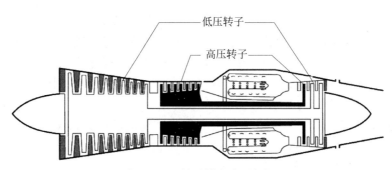

图 3-31　双转子轴流式压气机

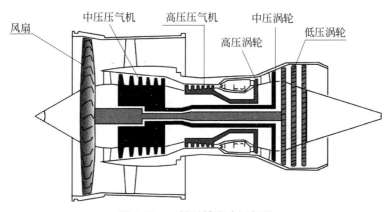

图 3-32　三转子轴流式压气机

在双转子压气机中,两个压气机分别称为低压压气机和高压压气机;在三转子压气机中,则分别称为低、中、高压压气机;在涡轮风扇发动机中,低压压气机往往就是风扇,或低压压气机的前几级做成风扇;在高涵道比的涡轮风扇发动机中,大风扇后常常在内涵道中有 2~4 级的低压增压级。

1. 转子结构

1) 转子的基本结构形式

轴流式压气机转子一般由工作叶片、轮盘(鼓筒)、轴和一些连接件所组成。转子轴支撑在滚珠轴承和滚柱轴承中,并与涡轮轴相连。压气机轴和涡轮轴用联轴器进行连接。联轴器传递的负荷取决于转子支撑方案,一般需能传递扭矩、轴向力和径向力。联轴器分为刚性和柔性两类。刚性联轴器有套齿式和短螺栓连接式。柔性联轴器在压气机和涡轮转子轴线不同心时,仍能保证良好工作。

转子的基本结构形式有三种:鼓式、盘式和鼓盘混合式,如图 3-33 所示。

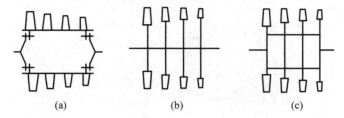

图 3-33　轴流式压气机转子的基本结构形式
(a) 鼓式;(b) 盘式;(c) 鼓盘混合式

鼓式转子的基本结构是一个圆柱或圆锥形鼓筒,借安装边和螺栓与前、后轴连成一体。在鼓筒的外表面加工有环形槽或纵向燕尾形槽,用来安装工作叶片。工作时,作用在转子上的主要负荷(作用在叶片和鼓筒上的离心力、弯矩和扭矩)由鼓筒承受和传递。CFM56 发动机的增压级就是鼓筒式结构(见图 3-34),在鼓筒上加工有安装工作叶片的燕尾形榫槽。V2500 发动机风扇后的增压级转子也采用了鼓式结构。鼓筒式转子结构简单,零件数目少,加工方便,具有较高的抗弯曲刚性。但由于受到强度的限制,一般只在转速低的低压转子上采用。

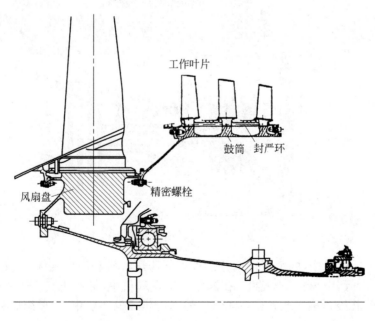

图 3-34　CFM56 发动机低压压气机转子

盘式转子由一个或一组盘与一根转轴组成,用轴将各级轮盘连成一体。盘缘有不同形式的榫槽用来安装转子叶片。涡轮扭矩通过轴传给轮盘,再由轮盘传给工作叶片。工作叶片和轮盘的离心力由轮盘来承受,转子的抗弯刚性由轴来保证。图3-34中风扇就是单盘的盘式转子结构。盘式转子的特点是强度好,但抗弯刚性差,并容易发生振动。目前这种简单的盘式转子只用于单盘或小流量的压气机上。

鼓盘混合式转子由若干个轮盘、鼓筒和前、后半轴组成。鼓筒可与轮盘做成一体或者单独制成,级间连接可采用焊接、径向销钉、轴向螺栓或拉杆。扭矩由轴、盘或轴、鼓盘逐级传递。图3-35所示为CFM56发动机的高压压气机转子,采用了鼓盘混合式结构。整个转子分为三段,1、2级钛合金的盘焊成鼓盘式一体,4～9级镍基合金做的盘焊成鼓盘式一体,用短螺栓将两段转子、前轴和第3级盘式转子连成一个整体转子。鼓盘混合式转子兼有鼓式转子抗弯刚性好和盘式转子强度高的优点,得到广泛应用。

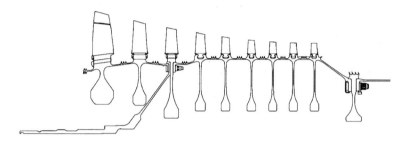

图3-35 CFM56发动机高压压气机转子

2)工作叶片

工作叶片主要由叶身和榫头两部分组成。

(1)叶身结构特点

转子叶片呈翼型截面形状,通常设计成在叶根处叶型弯度大,叶尖处叶型弯度小,以满足各处气流的加功量要求,以保证空气维持一个比较均匀的轴向速度;同时将叶片从叶根向尖部"扭转"(即叶根安装角小,叶尖安装角大),以便在每一点都有正确的迎角,如图3-36所示。流过压气机的空气在其内外壁面处产生两个边界层,一直将气流减慢到滞止的程度。

为了补偿边界层中的缓慢气流,在叶片的尖部和根部局部增加了叶片的弯度,叫做"端部弯曲",如图3-37所示。

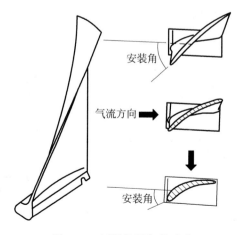

图3-36 扭转的压气机叶身

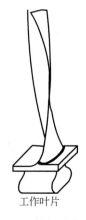

图3-37 端部过弯叶片

（2）榫头

榫头的作用是将工作叶片连接到轮盘上，因此，榫头应能保证按所要求的位置，准确地将叶片安装在轮盘上，并将叶身所受的负荷传到轮盘上。故榫头应有足够的强度，尽量避免应力集中，保证榫头不在叶身断裂前发生断裂。

由于叶片工作时容易损坏，所以榫头还应便于装拆。

目前轴流式压气机转子叶片的榫头分为三种形式：销钉式、燕尾形、枞树形（见图 3-38）。压气机工作叶片常用的榫头是燕尾形榫头，原因是尺寸较小、重量较轻、能承受较大的负荷、加工方便。其缺点是榫槽内有较大的应力集中。

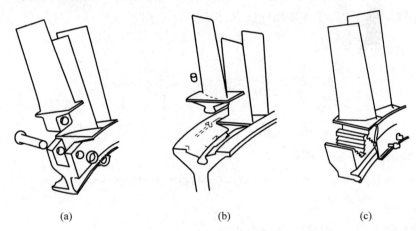

图 3-38　榫头形式
(a) 销钉式榫头；(b) 燕尾形榫头；(c) 枞树形榫头

2. 静子结构

1）压气机机匣

典型的涡扇发动机的高压压气机机匣分成前机匣和后机匣。前机匣通常做成两半，由螺栓在中心线连接。它支持前面级的静子叶片。后压气机机匣有做成两半的，也有做成轴向分段的整体式的。前压气机机匣支持结构载荷，比如弯曲和扭转，使后压气机机匣不因载荷变形。这个设计原理容许叶片叶尖和压气机机匣的间隙较小。在某些发动机上，防磨衬装在高压压气机机匣。具有高压缩比的压气机在它的前面几级静子叶片做成角度可调的，其工作实施见发动机空气系统部分。

对于压气机机匣结构的设计要求是重量轻，强度和刚性好，能保持精确的转子叶片尖部间隙，以保证尽可能高的效率。为了达到这些要求，前部可使用铝合金，后部可使用合金钢，也可能需要用镍基合金。钛合金的刚性密度比较高，使其比铝合金和钢更受欢迎。

压气机静子机匣上有开口供应引气空气，引气空气取自不同的级以满足使用要求。引气空气通过空心的静子叶片或通过静子叶片外平台的孔。引气孔围绕整个压气机机匣布局。引气总管收集从引气孔来的空气，供给各个需要用气的地方。

在压气机的外表面能够看到转子各排叶片之间有一组刀刃。刀刃同静子叶片表面构成迷宫式密封，该密封防止气流通过转子和静子之间间隙回流。每个高压压气机总是有 CDP（压气机排气压力）密封，位于最后一级压气机的后面，该密封防止压气机出口气流进入燃烧室下面的轴承区域（见图 3-39）。

扩压器位于压气机和燃烧室之间,其通道是扩张形的。它的功用是使气流速度下降,压力升高,为稳定燃烧创造条件。

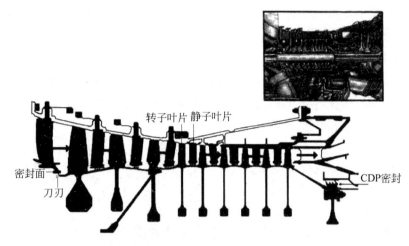

图 3-39　高压压气机转子密封

2) 静子叶片

静子叶片也呈翼型截面形状,用径向螺钉固定在压气机机匣中,或者固定到静子叶片保持环中,再将这些环本身固定到机匣上(见图 3-40)。另外,还必须对静子叶片进行锁定,不能让它们沿机匣转动。

静子叶片通常用钢或镍基合金制造。钛合金可用于低压区的静子叶片。

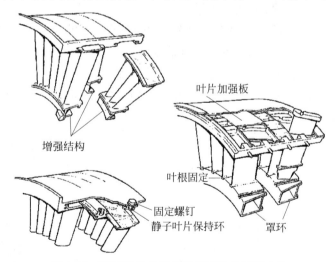

图 3-40　静子叶片在压气机机匣上的固定方法

3.3　燃烧室

燃烧室位于压气机和涡轮之间,其功用是将通过喷嘴供应的燃油和压气机供应的空气混合燃烧释放热量,供给涡轮所需的均匀加热的平稳燃气流。

3.3.1 对燃烧室的基本要求

对燃烧室的基本要求是点火可靠,燃烧稳定,燃烧效率高,压力损失小,尺寸小,出口温度场分布满足要求,燃烧完全,排气污染小,寿命长。

1. 点火可靠

在一定的外界条件下,应能保证燃烧室可靠点火,即能在地面和空中可靠地点燃空气和燃油的混合物。影响点火可靠性的主要因素是燃油和空气的比例,而说明燃油和空气比例的参数有油气比、余气系数等。

1) 油气比

油气比是进入燃烧室的燃油质量流量 $\dot{m}_f$ 与进入燃烧室的空气质量流量 $\dot{m}_a$ 的比值,即

$$f = \frac{\dot{m}_f}{\dot{m}_a} \tag{3-16}$$

空气燃油比即是进入燃烧室的空气质量流量和燃油质量流量之比。

2) 余气系数

余气系数是指进入燃烧室的空气质量流量 $\dot{m}_a$ 与进入燃烧室的燃油质量流量完全燃烧所需要的理论空气量之比,用 α 表示,即

$$\alpha = \frac{\dot{m}_a}{\dot{m}_f L_0} \tag{3-17}$$

式中: $\dot{m}_a$——进入燃烧室的空气质量流量;

$\dot{m}_f$——进入燃烧室的燃油质量流量;

L_0——理论空气量,即每千克燃油完全燃烧所需要的最少空气量。对于航空煤油,理论空气量 L_0 为 14.7kg 空气/kg 燃油。

余气系数 α 的物理意义是表示贫油和富油的程度。$\alpha < 1$ 时为富油;$\alpha > 1$ 时为贫油。航空发动机的余气系数一般为 3.5~4.5。在燃烧室的燃烧区和点火区,余气系数总是接近于1,因为这时对燃烧最有利。

油气比 f 和余气系数 α 的关系是

$$f = \frac{1}{\alpha L_0} \tag{3-18}$$

2. 燃烧要稳定

燃烧稳定性是指在宽广的工作范围内平稳燃烧和火焰保持的能力。就任一具体燃烧室而言,都有空气燃油比的富油极限和贫油极限,超出这些极限火焰就会熄灭。发动机在急剧减速、慢车状态下滑或俯冲期间极有可能出现熄火,这时的空气流量大而又只有很小的燃油流量,即处于贫油状况。空气燃油比在富油和贫油极限之间的范围随空气速度的增加而减小,如果空气的质量流量增加超过一定的值,就会熄火。点火过程有贫油和富油极限,点火包线在稳定包线以内(见图 3-41)。

通常燃烧室工作时,进口气流的压力、温度较高,一般是能稳定燃烧的。但在某些情况下,火焰有被吹熄的危险。

稳定燃烧的条件是:燃烧时的气流速度 c 等于火焰的传播速度 V_f,即

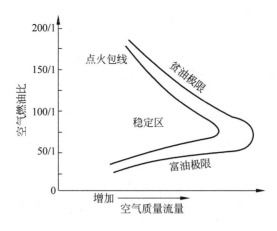

图 3-41　燃烧稳定性极限

$$c = V_{\mathrm{f}} \tag{3-19}$$

3. 燃烧完全

燃油燃烧时,绝大部分的燃油通过燃烧将化学能转变为热能,但也有一部分来不及燃烧就随着燃气流出燃烧室。为了衡量燃烧完全的程度,常用燃烧效率来表示。

燃烧效率是 1kg 燃油燃烧后工质实际吸收的热量与 1kg 燃油燃烧理论上释放出的热量之比。它的定义可用下式表示:

$$\eta_{\mathrm{b}} = \frac{q_1}{q_0} \tag{3-20}$$

式中:q_1——工质实际吸收的热量;

q_0——理论放热量。

燃烧效率一般在 98%～99%的范围内。

4. 总压损失小

气体一边流过燃烧室一边和喷入的燃油混合燃烧,将产生热阻损失,气流的总压下降,这将使燃气在涡轮和喷管内膨胀做功的能力减小,影响发动机的推力和经济性。所以应力求减小气流在燃烧室中的总压损失。通常用总压恢复系数 σ_{b} 来衡量燃烧室中的总压损失。

燃烧室的总压恢复系数为燃烧室出口处的总压与燃烧室进口处的总压之比,即

$$\sigma_{\mathrm{b}}^* = \frac{p_3^*}{p_2^*} \tag{3-21}$$

对于燃气涡轮喷气发动机,燃烧室的总压恢复系数一般在 0.92～0.96 范围内。

5. 燃烧室的尺寸要小

为了提高发动机的推重比,缩短燃烧室的长度,不但可以减轻燃烧室的重量,也可以缩短压气机和涡轮之间的距离,从而可以减轻机匣和转子的重量。减小燃烧室的直径可以减小发动机的迎风面积,提高发动机的迎面推力。

6. 出口温度分布要满足要求

燃烧室比较短,流出的燃气温度不可能很均匀,为了保证涡轮转子叶片能够安全可靠地

工作,对燃烧室出口温度分布的要求有:火焰除点火过程的短暂时间外,不得伸出燃烧室;在燃烧室出口环形通道上温度分布尽可能均匀;在径向上靠近涡轮叶片叶尖和叶根处的温度应低一些,而距叶尖大约 1/3 处温度最高,如图 3-42 所示。

在涡轮叶根部分,由于离心力的作用使叶片及涡轮盘榫头连接部位应力很大,温度过高将严重影响它们的强度。在叶尖部分,由于叶片很薄,散热条件差,很容易烧坏。温度过高也使叶尖处刚度和强度变弱,因此叶根和叶尖部分的温度都不能过高。

7. 燃烧产物对大气的污染要小

有 4 种主要污染物是受法规控制的,分别为未燃烧的碳氢化合物(未燃烧的燃油)、烟(碳粒子)、一氧化碳和氮的氧化物 NO_x。在主燃区的富油区里,碳氢化合物转化成一氧化碳和烟。这些污染物的含量随发动机的工作状态而变化,其规律如图 3-43 所示。

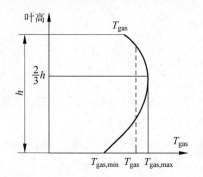

图 3-42　燃烧室出口温度分布

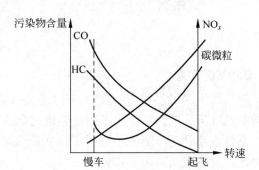

图 3-43　污染物含量随转速的变化

从图中可以看出:在慢车状态下,CO 和 HC 的含量较多,随着转速 n 的增大,CO 和 HC 的含量减小。这主要是由于燃烧组织的不完善,特别是在富油时,生成大量的 CO。

NO_x 的含量随转速 n 的增大而增加。在高转速下 NO_x 的含量较高。这主要是由于燃烧温度高时,容易主成 NO_2、NO 的结果。

烟的含量随转速 n 的增大先减小,而后又增加。这主要是由于局部富油缺氧,形成大量的微细粒子造成的。

8. 寿命长

燃烧室在高温下工作,条件十分恶劣,因此需要经常检查和维修。合理地组织燃烧和冷却,采用高性能的耐热材料等可以提高燃烧室的寿命。燃油喷嘴的维护对燃烧室使用寿命的长短是至为关键的。

3.3.2　燃烧室的类型

用于燃气涡轮发动机的燃烧室有三种主要类型,即多个单管燃烧室、环管形燃烧室、环形燃烧室。

1. 多个单管燃烧室

图 3-44 所示为多个单管燃烧室。其组成是在内、外壳体之间有 8～16 个单管燃烧室,每个单管燃烧室有它自己单独的火焰筒和外套(空气机匣),火焰筒前安装有旋流器、喷油嘴,通常在两个单管燃烧室上装有点火装置,各个单管燃烧室之间有联焰管相连。

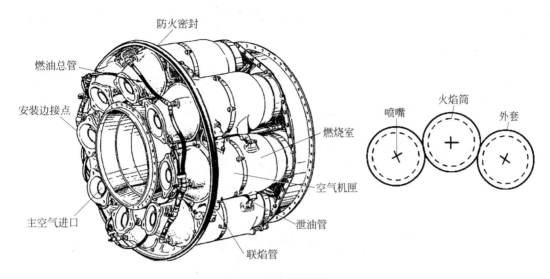

图 3-44 多个单管燃烧室

图 3-45 所示为典型的单管燃烧室。壳体和火焰筒头部之间构成扩压通道,用来降低流速,提高压力,保证燃烧顺利进行和减少压力损失。

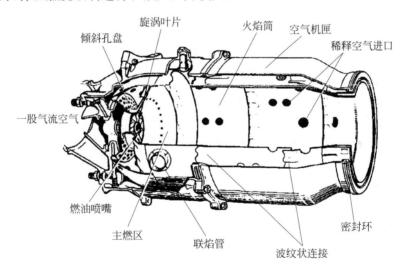

图 3-45 单管燃烧室

火焰筒是一个在侧壁面上开有多排直径大小不同、形状各异的孔及缝的薄壁金属结构,燃烧在其内部进行,保证燃烧充分、掺混均匀并使壁面得到冷却。

联焰管起着传播火焰,点燃没有点火装置的火焰筒内的燃油,以及均衡压力的作用。

旋流器使进气在叶片的引导下旋转,形成回流区,保证火焰稳定。

点火装置产生高能火花,点燃燃油。

该型燃烧室的优点是设计简单,结构强度好,能够单个的拆卸和更换。它的缺点是重量较大和需要更多的空间,还需要复杂的来自压气机的空气供应管路,导致气动损失非常高。多管燃烧室的另一个缺点是从一个室到其他室点火困难。

多个单管燃烧室用于离心式压气机发动机和早期型别的轴流式压气机发动机中。单管燃烧室也用在 APU 中。

2. 环管形燃烧室

图 3-46 所示为环管形燃烧室。

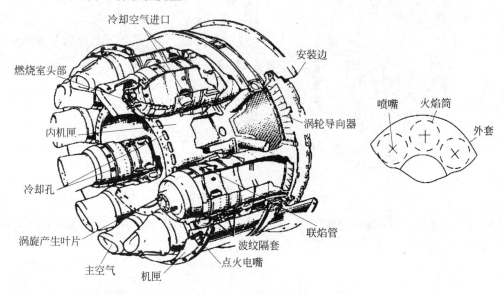

图 3-46　环管形燃烧室

环管形燃烧室是由若干个单独的管形火焰筒沿周向均匀装在一个共同的空气机匣里，管形火焰筒之间用联焰管连接，在每个火焰筒前安装有旋流器、喷油嘴，通常只在两个火焰筒上装有点火装置。

环管形燃烧室兼有多个单管燃烧室易于翻修和试验以及环形系统紧凑的优点；比类似的多管燃烧室尺寸较小，重量较轻；外壳体可以传递扭矩，从而改善发动机整体刚性，有利于减轻发动机的结构重量。它的缺点是气动损失相当高，以及从一个火焰筒到另一个火焰筒点火困难。

环管形燃烧室多用于轴流式压气机的发动机上。

3. 环形燃烧室

图 3-47 所示为环形燃烧室。

环形燃烧室由四个同心圆筒组成，最内、最外的两个圆筒为燃烧室的内、外机匣，中间两个圆筒构成环形火焰筒，在火焰筒的头部装有一圈旋流器和喷油嘴。火焰筒一般采用耐高温的镍基合金板料或冷轧成型的带料焊接而成，也有采用锻件机械加工的。

环形燃烧室的主要优点是火焰筒结构简单，环形面积利用率高、迎风面积小、重量小，点火性能好，总压损失较小，以及出口温度分布均匀。环形燃烧室的缺点是制造费用高，拆卸困难和耗费时间。

环形燃烧室多用于轴流式压气机的发动机，民用航空飞机上所用的 JT9D、CFM56、RB211-7R4、PW4000、GE90 等发动机都使用这种燃烧室。某些小型机上采用环形回流燃烧室(见图 3-48)，燃烧室围在涡轮外面。这样大大减少了发动机的轴向长度，特别适合于尺寸受限制的发动机，但涡轮的孔探检查困难。

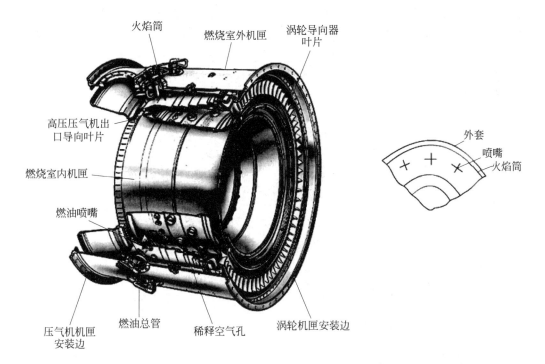

火焰筒

燃烧室外机匣

涡轮导向器叶片

高压压气机出口导向叶片

燃烧室内机匣

燃油喷嘴

压气机机匣安装边

燃油总管

稀释空气孔

涡轮机匣安装边

外套

喷嘴

火焰筒

图 3-47 环形燃烧室

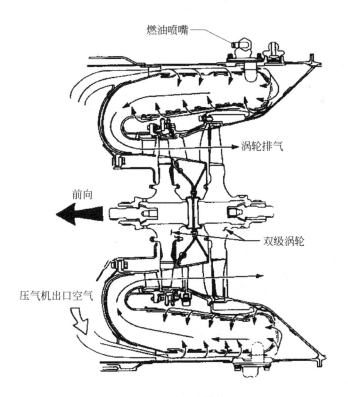

燃油喷嘴

涡轮排气

前向

双级涡轮

压气机出口空气

图 3-48 环形回流燃烧室

减少燃烧排放污染物的一个方法是使用双环形燃烧室（见图3-49）。一个燃烧区称为先导级，空气和燃油经主预混室燃烧，总在工作；另一个称为主级，空气和燃油经副预混室燃烧，仅在高功率状态工作。对于每一级，空气燃油比控制比标准燃烧室更好，减少了一氧化碳和碳氢物的排放。燃烧室比标准燃烧室更短，减少了排气在热区的时间，由此减少了氮氧化物的生成。

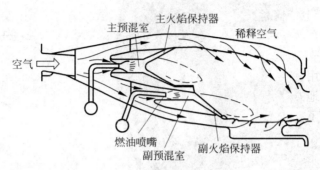

图 3-49　双环形燃烧室

3.3.3　燃烧室的工作

1. 气流参数的变化

　　燃气涡轮发动机燃烧室的工作原理如图3-50所示。

　　发动机工作时，被压气机压缩的空气进入燃烧室，它一边向后流动，一边与喷嘴喷出的燃油混合，组成混合气。

　　发动机起动时，混合气由点火装置产生的火花点燃；起动后，点火装置不再产生火花，新鲜混合气全靠已燃混合气的火焰引火而燃烧。

　　混合气燃烧后，温度升高，形成高温、高压燃气，进入涡轮和喷管，膨胀做功。

　　气流在燃烧室内的参数的变化曲线如图3-51所示。

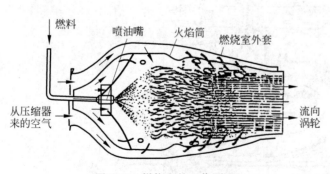

图 3-50　燃烧室的工作原理

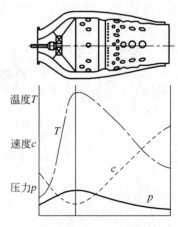

图 3-51　燃烧室内气流参数的变化

2. 降低气流速度，保证混合气的稳定燃烧

　　从压气机出来的空气流速在100m/s以上，而燃烧室内最大截面的气流平均速度一般

为 20~30m/s,可见燃烧是在高速气流中进行的。所以必须想法降低空气的流速,提高火焰的传播速度,以保证能达到稳定燃烧的条件。

燃烧室前部的通道是扩散形的,亚音速气流在扩散形的管道内速度下降,这样就可以将速度由 100m/s 以上降到 40~60m/s。旋流器是由若干旋流片按一定角度沿周向排列成的,安装在火焰筒的前部。当空气流过旋流器时,产生旋转运动,气流被惯性离心力甩向四周,使燃烧室中心部分空气稀薄,形成一个低压区。于是火焰筒四周的空气及后部一部分高温燃气便向火焰筒前部中心的低压区倒流,形成回流,如图 3-52 所示。在燃烧室中有回流的地方叫回流区,回流区的外边叫主流区。由于气流在火焰筒内形成回流,加之主流区与回流区之间的黏性作用,使火焰筒内同一个截面上的气流速度是不相等的,如图 3-53 所示。轴向速度等于零的地方,叫回流边界。主流区靠近回流边界的地方,气流轴向速度比较小,为形成点火源提供了有利条件。

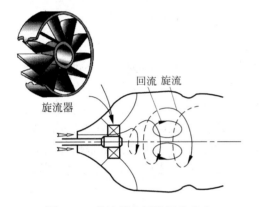

图 3-52 旋流器和回流区的产生

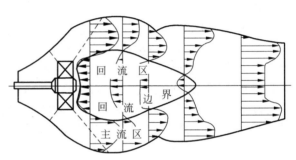

图 3-53 火焰筒内气流速度分布

3. 限制燃烧温度,确保燃烧室和涡轮的安全工作

由压气机来的空气分成两股进入燃烧室:第一股由燃烧室的头部经过旋流器进入,占总进气量的 25% 左右。其功用是与燃油混合,组成余气系数稍小于 1 的混合气进行燃烧。第二股气流由火焰筒侧壁上开的小孔及缝隙进入燃烧室,占总进气量的 75% 左右。其功用是用于降低空气速度,补充燃烧,与燃气掺混,稀释并降低燃气温度,控制燃烧室出口处的温度分布,满足涡轮对温度的限制要求;冷却火焰筒的外壁,同时冷空气在火焰筒的内壁形成一个气膜,将高温燃气与火焰筒的内壁分开而不直接接触,来冷却保护火焰筒(如图 3-54 所示)。

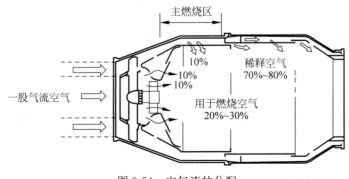

图 3-54 空气流的分配

采用现有的最好的耐热材料、耐高温涂层,以及空气冷却火焰筒的内壁作为它与火焰的隔离层,这样可以使燃烧室承受主燃烧区很高的燃气温度。

燃烧室的设计和加入燃油的方式可有很大变化,但是,用来影响和维持燃烧的空气流分布却总是与上面所述极其类似。

燃油用两类不同方式喷嘴之一供入空气流中。一类喷嘴是将雾化良好的燃油喷入;另一类喷嘴是让燃油预先汽化,再进入燃烧区。燃油喷嘴将在燃油系统中说明。

燃烧室的常见故障有局部过热和熄火。局部过热会造成火焰筒各处的温差过大,引起火焰筒变形和裂纹。其原因有燃油分布不均匀和空气流动遭到破坏。熄火分为贫油熄火和富油熄火,其根本原因是油气比超出稳定燃烧的范围。

燃烧室还必须承受由燃烧产物造成的腐蚀,以及温度梯度产生的蠕变失效和由振动力产生的疲劳。

3.4 涡轮

涡轮的作用是使高温、高压燃气膨胀,将部分热能转变成涡轮的机械功,带动压气机和一些附件工作。在涡桨和涡轴发动机中,还用来带动螺旋桨或旋翼及尾桨。涡轮和压气机同是和气流进行能量交换的叶轮机械,但是涡轮和压气机与气流间的能量交换在顺序上恰恰相反。气流流过压气机时从叶轮获得机械能,因而提高了压力和温度;而在涡轮中,气流则将部分热能转换为涡轮机械功,气流温度、压力降低。由于涡轮叶片在高温条件下高速旋转,工作环境极其恶劣。所以,飞行使用中,保证涡轮的安全工作是确保发动机的使用寿命和飞行安全的重要任务。

3.4.1 涡轮的类型和组成

1. 类型

按气流流动方向是否和涡轮旋转轴轴线方向大体一致,涡轮可分为轴流式和径流式两类,如图 3-55 所示。径流式涡轮总是单级,常用于小型涡轮发动机如 APU 上。同轴流式涡轮比较,它的优点是设计简单,容易制造;缺点是通过的气体流量小和效率低,这是因为气动损失高和气体通过涡轮流动必须要克服离心力。轴流式涡轮可以有不同数量的涡轮级,满足压气机、附件和风扇的要求;允许通过的气体流量高,满足产生高推力的要求。现代燃气涡轮发动机主要使用轴流式涡轮。

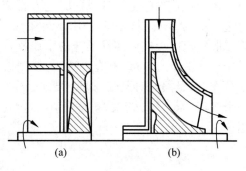

图 3-55　轴流式和径流式
(a) 轴流式;(b) 径流式

轴流式涡轮分为三种形式,即冲击式(恒压式)、反力式和这两种的组合——冲击-反力式。

冲击式涡轮中,推动涡轮旋转的扭矩是由于气流方向的改变而产生的。涡轮导向器内叶片间的流动通道是收敛形的,燃气在导向器内速度增加,压力下降;而在工作叶片通道内,相对速度的大小不变,只改变气流的流动方向。冲击式涡轮的工作叶片的特征是前缘和后缘较薄,中间较厚,如图 3-56(a) 所示。

在反力式涡轮中,推动涡轮旋转的扭矩是由于气流速度大小和方向的改变而产生的。燃气在涡轮导向器中只改变流动方向,涡轮工作叶片间的通道是收敛形的,承受燃气膨胀和加速产生的反作用力。燃气的相对速度增加,流动方向改变,压力下降。反力式涡轮工作叶片的前缘较厚,后缘较薄,如图3-56(b)所示。

燃气涡轮发动机多采用冲击-反力式涡轮,即涡轮工作叶片间的通道和导向器内叶片间的流动通道都是收敛形的,如图3-56(c)所示。

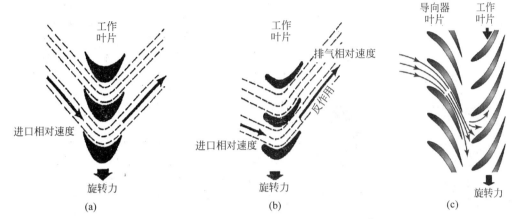

图 3-56 冲击式、反力式和冲击-反力式涡轮
(a) 冲击式;(b) 反力式;(c) 冲击-反力式

2. 组成

为了产生驱动扭矩,涡轮可以有若干级,如图3-57所示。每一级都由导向器(又叫喷嘴

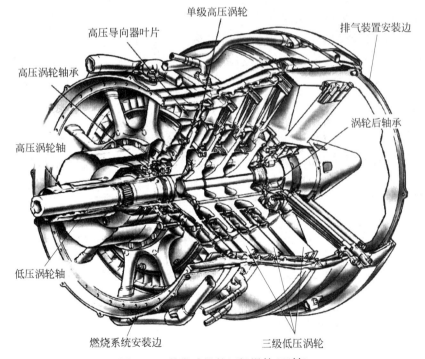

图 3-57 某发动机的四级涡轮(双轴)

环)和工作叶轮组成,如图 3-58 所示。导向器安装在工作叶轮的前面,固定不动,由在外环和内环之间安装若干个导向叶片所构成。两个相邻的导向叶片之间的通道是收敛形的,燃气在其中膨胀加速并使气流拐弯,将燃气的一部分热能转变为动能,引导气流的流动以合适的方向流入工作叶轮。工作叶轮是由在涡轮盘上安装若干个工作叶片构成,两个相邻的工作叶片之间的通道也是收敛形的,如图 3-59 所示。当受到燃气的冲击以及燃气在其中膨胀,便使其转动输出功,去带动压气机和附件。

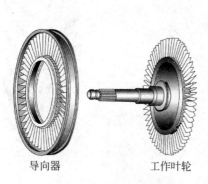

导向器　　　　工作叶轮

图 3-58　涡轮的组成

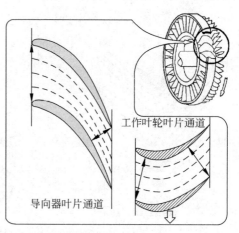

工作叶轮叶片通道

导向器叶片通道

图 3-59　导向器叶片和工作叶轮叶片的通道

3.4.2　燃气在涡轮中的流动

同分析气体在压气机中的流动情形类似,我们只分析气体在一个基本的涡轮级(一级导向器和工作叶轮)某叶栅通道中的流动情形。

高温、高压燃气流经涡轮导向器的情形如图 3-60 所示。由于导向器通道形状呈收敛型,燃气在导向器中膨胀加速,压力、温度降低,气流速度增加。燃气温度的降低,使涡轮叶片的工作负荷降低;气流速度的增加,使气流对涡轮叶片的作用力加大,有助于对涡轮做功;同时气流在导向器的导引下可顺利进入叶轮。

高温、高压燃气流经涡轮工作叶轮的情形如图 3-61 所示,由于叶轮高速旋转,所以气体在叶轮中既向后流动,也随叶轮旋转运动,相对于叶轮而言,气体进口相对速度 w 由气流绝对速度 c 与叶轮的圆周速度 u 合成。由于叶轮通道形状呈收敛型,燃气在叶轮中膨胀加速,压力、温度降低,相对速度增加,但由于燃气对叶轮做功,所以其气流的绝对速度减小。气流流过涡轮导向器和叶轮的参数变化情况如图 3-62 所示。

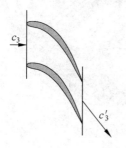

图 3-60　燃气流经涡轮导向器的情形

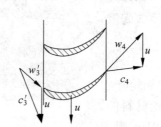

图 3-61　燃气流经涡轮工作叶轮的情形

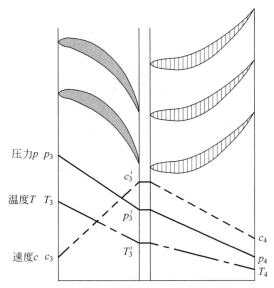

图 3-62　在导向器和工作叶轮内燃气参数的变化

3.4.3　涡轮的结构

1. 基本结构

导向器叶片具有翼型截面,通常是空心结构,可以由压气机的出口空气在其内部流过进行冷却,以减轻热应力和气动负荷的影响,参看空气系统。导向器叶片采用的连接方案通常有两端自由支承,一端固定、一端自由支承,以及由两片或更多片导向叶片固接在一起的叶片组。导向器叶片和内、外冠铸成一体,靠前后两螺钉固定在外环上,从而连接在涡轮外机匣上。

涡轮工作叶片设计成翼型截面,高压涡轮的工作叶片也做成空心的,由压气机引气进行冷却。

涡轮盘通常由机械加工的锻件制成。它可以和轴制成一个整体,也可以带安装边由螺栓连接涡轮轴。轮盘的外缘还有涡轮工作叶片安装用的榫槽。为降低高温的工作叶片将热量传递给轮盘引起的温升,每一级轮盘的两面都通冷却空气对轮盘进行冷却。

工作叶片安装在涡轮盘上的方法极为重要,因为在固定部位或叶片根部周围涡轮盘的应力对于限制轮缘速度具有很重要的意义。枞树形榫头是目前大多数燃气涡轮发动机所使用的工作叶片安装方法(见图 3-63)。为保证载荷能由所有齿分担,这种榫头要作非常精密的机械加工。当涡轮处于静止状态时,叶片在齿上是活动的;当涡轮旋转时,在离心载荷作用下根部才变成刚性结合。

2. 涡轮径向间隙

涡轮机匣与工作叶片叶尖之间的距离叫涡轮径向间隙。由于材料、尺寸的不同,状态变化时收缩膨胀率的不同,间隙是变化的。发动机工作期间,间隙太大将减少涡轮效率,因为大量燃气通过涡轮叶片和机匣间隙流走没有做功。如果间隙太小,转子叶片同涡轮机匣摩擦,会引起涡轮材料的磨损或涡轮损坏。例如 CFM56-5 发动机试验说明,如果间隙大于0.25cm 或 0.01in,燃油消耗将增加 1%。

材料受热会膨胀,材料伸长量主要取决于受热的温度差和材料的尺寸。材料膨胀需要

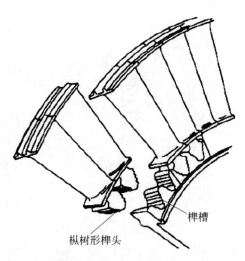

榫槽

枞树形榫头

图 3-63　枞树形榫头和榫槽

的时间取决于材料的厚度。薄的材料比厚的材料膨胀得快。发动机启动时高温燃气作用在涡轮材料上,涡轮机匣膨胀得比涡轮转子快,这是因为机匣比转子薄,接触较高的温度,且它的直径比转子大。然而,当转子转速加快时,在转子上的离心力增加,转子盘和叶片伸长,间隙减少。由离心力引起的材料膨胀大于由热引起的膨胀,这意味着发动机在低转速比高转速时叶尖间隙大。如果发动机减速或停车,涡轮间隙的变化是开始时由于离心力减小转子比机匣收缩快,后来因为机匣材料薄,涡轮机匣收缩快。

为了减少燃气漏过叶片顶部时的效率损失,采用带有叶冠的工作叶片。叶冠增加了重量,但可将叶型做得更薄而抵消,同时带冠叶片还可以减少振动。带冠叶片主要用在低转速的低压涡轮,高转速的涡轮工作叶片是不带冠的,现代燃气涡轮发动机通常采用涡轮间隙主动控制系统保持最佳间隙。一些发动机用风扇后空气冷却涡轮机匣,一些发动机使用压气机不同级的引气通到涡轮机匣,见空气系统部分。

3. 涡轮冷却

涡轮是发动机中承受热负荷和机械负荷最大的部件,要保证涡轮在高温下可靠地工作,除了采用热强度高的耐热合金或合金钢来制造涡轮零件外,还必须采用先进的冷却技术,针对零件温度分布情况,有效地组织冷却系统,以改善零件的工作条件,增加它的使用寿命,提高涡轮效率。对高压涡轮喷嘴导向叶片和工作叶片,采用来自发动机高压压气机的空气冷却。这些叶片的内部设计成复杂的冷却通道(见空气系统部分),采用不同的冷却方法,如对流冷却、冲击式冷却、气膜冷却等。

对流冷却是最简单的冷却方法,冷却空气流通过空心的叶片(见图 3-64)。冷却空气从叶片底部和顶部的孔进入,流经叶片的内部通路,通过与壁面的热交换,将热量带走,再从叶片前后缘流出,同热的燃气流汇合。

冲击式冷却(喷射式冷却)对于涡轮喷嘴导向叶片和转子叶片是较好的冷却方法。冷却空气首先流入叶型内空心的导流片(插件),导流片管上有许多小孔或缝隙作为喷嘴,冷却空气通过这些喷嘴冲击叶型内壁。这样强化了局部的换热能力,增强了冷却效果。随后冷却空气顺着叶片内壁面进行对流冷却,最后从叶片后缘流出同热燃气流汇合,如图 3-65 所示。

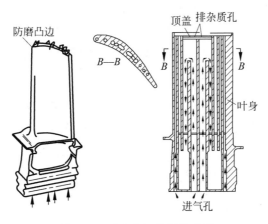

图 3-64　对流冷却的涡轮叶片

气膜冷却方法可进一步改善冷却效果。冷却空气由叶片端部进入叶片内腔,通过叶片壁面上开的大量小孔流出,在叶片表面形成一层气膜,将叶片与高温燃气分隔开,达到冷却叶片的目的,如图 3-65(b)所示。但这种叶片表面开的小孔太多,制造工艺复杂,叶片强度受到一定的影响。为了加强冷却效果,在大多数现代燃气涡轮发动机上往往同时采用对流、冲击及气膜冷却三种组合的冷却方法,如图 3-66 所示。第一级喷嘴导向叶片首先接触从燃烧室来的高温燃气,采用对流、冲击和气膜冷却。同样,第一级转子叶片用对流、冲击和气膜冷却。第二级喷嘴导向叶片正常情况下用对流和冲击冷却。第二级转子叶片正常情况下仅用对流冷却,因为温度已经降低了。这些冷却方法组合使用可以得到制造成本、涡轮效率和使用寿命的较好平衡。

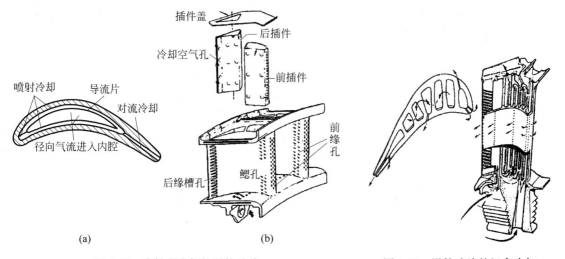

(a)　　　　　　　　　　　　(b)

图 3-65　喷射式冷却的涡轮叶片　　　　　图 3-66　涡轮叶片的组合冷却

4. 涡轮框架

涡轮框架是发动机的主要结构件,位于低压涡轮后面,将低压涡轮后端的轴承负荷传递到涡轮框架上发动机后安装节,并支持发动机排气部件,比如喷管和排气锥。典型的涡轮框架由框架毂同轴承支撑、外框架机匣和一组连接毂同外机匣的支柱组成。支柱具有气动外型,可减少排气阻力。其内部是空心的,为滑油供油管、回油管等提供空间并承受弯曲和扭转负荷。在燃气涡轮发动机上框架支柱有两种不同的布局,一是径向的,一是切向的(见图 3-67)。径向支柱通常设计的尽可能短,支柱的膨胀最小,保持框架毂上的低应力。切向支柱由热膨胀引起的应力最小,因为如果膨胀将使毂轻微转动。

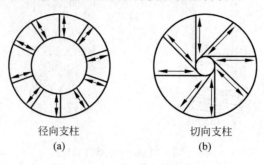

径向支柱　　　　　　　　切向支柱
(a)　　　　　　　　　　(b)

图 3-67　涡轮框架支柱

3.4.4　涡轮的材料

涡轮工作在极端的条件下,这是因为:由于转速高,涡轮材料承受非常高的离心力;提高涡轮前燃气温度是提高发动机性能的重要技术途径,因此涡轮材料承受非常高的燃气温度;同时,涡轮部件还承受多次功率循环引起的材料疲劳及硫化物引起的腐蚀。所以涡轮的制造需要采用先进的材料和制造工艺。

导向器叶片处于静止状态,不像工作叶片承受旋转应力,因此,耐热是最主要的性能要求。虽然采用冷却技术,仍使用耐高温的镍合金和加强热阻特性的热障涂层。

涡轮盘承受很大的旋转应力,影响轮盘使用寿命的限制因素是其抗疲劳裂纹的能力。目前,涡轮盘用镍基合金制造。增加合金中镍元素的含量可增大抗疲劳特性,延长轮盘寿命。另一途径是采用粉末冶金盘,它可提高强度,允许更高的转速。

除了离心应力,涡轮叶片处于高温燃气区中工作,在各种工作状态下,叶片温度分布又极不均匀,因而叶片局部热膨胀受到限制时会造成极大的热应力。

涡轮工作叶片超过一定工作期间,叶片在长期的应力作用下,特别是材料经受高的温度,叶片会慢慢地伸长,这种现象称为"蠕变"。这类变形当载荷去掉以后不能回到原始形状,伸长后的叶片会改变叶轮刚性,造成转子临界转速的变化,可能出现大的振动应力,过量的伸长将与机匣刮磨,造成转子卡滞或叶片断裂。蠕变是离心力、材料温度和时间的函数。

工作叶片材料采用铸造镍基合金,它具有更好的抗蠕变和疲劳特性。研究发现,通过将晶粒沿叶片长度方向排成柱状即"定向凝固"比普通铸造的等轴晶体结构可以改善使用寿命。进一步改进是用单晶体叶片,使用温度可以大大提高。

涡轮的平衡是装配中极端重要的工作。考虑到高的旋转速度及材料的质量,任何不平衡都会严重影响旋转组件的轴承和发动机的工作。平衡在专用的平衡机上进行。

3.4.5　涡轮参数

常见的涡轮参数有:涡轮前总温、涡轮落压比、涡轮功、涡轮效率和涡轮功率。

1. 涡轮前总温 T_3^*

T_3^* 越高,燃气所具有的膨胀能力越强,同时涡轮叶片所承受的热负荷越大。所以,T_3^*

描述了燃气的膨胀能力,对涡轮的安全工作具有直接影响。

实际的燃气涡轮发动机,由于 T_3^* 较高,直接测量较为困难。通常通过测量高低压涡轮级间燃气温度(用 EGT 表示,某些发动机也叫 ITT)来间接反映 T_3^* 的大小,如图3-68 所示。因为 T_3^* 与 EGT 存在一定的对应关系,所以限制了 EGT 温度,也就限制了 T_3^* 的大小。

2. 涡轮落压比

涡轮落压比 π_T^* 是涡轮前气体总压 p_3^* 与涡轮后气体总压 p_4^* 的比值,即

$$\pi_T^* = \frac{p_3^*}{p_4^*} \qquad (3\text{-}22)$$

它的大小描述了燃气在涡轮中实际的膨胀程度。

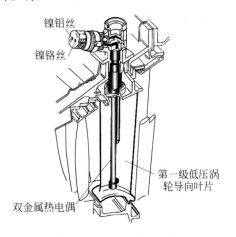

镍铝丝

镍铬丝

第一级低压涡轮导向叶片

双金属热电偶

图 3-68　EGT 的测量

3. 涡轮功

涡轮功分为理想涡轮功和实际涡轮功。

1) 理想涡轮功

1kg 燃气通过理想的过程(绝热、无流动损失和漏气损失情况下)从 p_3^* 膨胀到 p_4^* 所输出的功称为理想涡轮功。用 W_{ST} 表示。

当涡轮落压比 π_T^* 保持一定时,涡轮前燃气总温 T_3^* 越高,则理想涡轮功越大;但涡轮前总温受到涡轮叶片材料的限制,而不能任意提高。当涡轮前燃气总温 T_3^* 保持一定时,涡轮落压比 π_T^* 越大,则理想涡轮功越大。

2) 实际涡轮功

1kg 燃气从 p_3^* 膨胀到 p_4^* 实际所输出的功称为实际涡轮功,用 W_T 表示。实际涡轮功 W_T 小于理想涡轮功 W_{ST}。

4. 涡轮效率

涡轮效率是在相同的条件下,1kg 燃气在涡轮中膨胀同样的落压比,实际涡轮功与理想涡轮功之比,用符号 η_T^* 表示:

$$\eta_T^* = \frac{W_T}{W_{ST}} \qquad (3\text{-}23)$$

涡轮效率为 0.91~0.94。

5. 涡轮功率

涡轮功率是指单位时间内涡轮轴实际输出的功,用符号 N_T 表示。

影响涡轮功率的因素有:涡轮前燃气总温 T_3^*、涡轮落压比 π_T^*、涡轮效率 η_T^* 和燃气流量 $\dot{m}_g$。当涡轮前燃气总温 T_3^* 保持一定时,随着转速的增大,涡轮输出的功率也增大。当转速保持一定时,随着 T_3^* 上升,涡轮输出的功率也上升,如图3-69 所示。

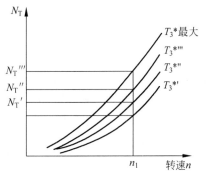

图 3-69　涡轮前燃气总温和转速对涡轮功率的影响

3.5 喷管

喷管安装在涡轮的后面,其主要功用是使从涡轮流出的燃气膨胀、加速,以一定的速度和要求的方向排入大气,得到需要的推力;其次是通过反推装置改变喷气方向,即变向后的喷气为向斜前方的喷气,产生反推力,以迅速降低飞机落地后的滑跑速度,缩短飞机的滑跑距离;第三是降低发动机的排气噪声;第四是矢量喷管能使排气流在一定范围内变化,使推力方向改变以用来操纵飞机。最后是通过调节喷管的临界面积来改变发动机的工作状态。

喷管分为亚音速喷管和超音速喷管两种类型。

亚音速喷管是收敛形的管道,而超音速喷管是先收敛后扩张形的管道。目前,大型民航机的飞行速度都为高亚音速,所以其动力装置都采用固定收敛形亚音速喷管。

3.5.1 亚音速喷管

1. 亚音速喷管的结构和工作原理

亚音速喷管由排气管(中介管)和喷口组成。排气管包括壳体、后整流锥和支板三个部分,如图 3-70 所示。

中介管安装在涡轮的后面,其作用是为燃气提供一个扩张的流动通道并使燃气减速,以减小摩擦损失。后整流锥使气流通道自环形逐渐变为圆形,以减小燃气的涡流。支板是迫使方向偏斜的气流变为轴向流动,以减小流动损失。喷口是收敛形的管道,使燃气加速,以获得较大的推力。

现代高涵道比涡扇发动机由于涡轮框架(即涡轮排气机匣)上已安装有支板(见图 3-71),因此其后的排气系统不再安装支板,排气管和排气尾锥都是通过螺栓分别安装于涡轮框架内、外机匣的后安装边上。

在中介管内燃气减速增压;在喷口内燃气加速降压。

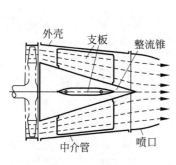

图 3-70　亚音速喷管

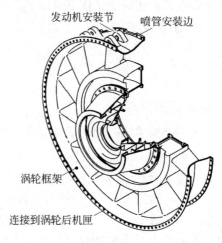

图 3-71　涡轮框架

2. 喷管的性能参数

1）可用落压比 π_b^*

喷管进口处的总压 p_4^* 与喷管出口处大气压（反压）p_b 的比值称为可用落压比，即

$$\pi_b^* = \frac{p_4^*}{p_b} \tag{3-24}$$

2）实际落压比 π_e^*

喷管进口处的总压 p_4^* 与喷管出口处静压 p_5 的比值称为实际落压比，即

$$\pi_e^* = \frac{p_4^*}{p_5} \tag{3-25}$$

实际落压比小于或等于可用落压比，但实际落压比不会大于可用落压比。

3）喷管的总压恢复系数 σ_e

喷管出口处的总压 p_5^* 与喷管进口处的总压 p_4^* 的比值称为喷管的总压恢复系数，用符号 σ_e 表示：

$$\sigma_e = \frac{p_5^*}{p_4^*} \tag{3-26}$$

喷管的总压恢复系数是小于1的一个数字。这是由于燃气流过喷管时存在着流动损失，使总压下降的结果。目前喷管的总压恢复系数 σ_e 约为 0.96。

4）喷气速度 c_5

影响喷气速度的因素有：喷管进口总温 T_4^*、喷管实际落压比 π_e^* 和流动损失。

当喷管落压比 π_e^* 保持不变时，T_4^* 越高，则喷气速度 c_5 越高；当喷管进口总温 T_4^* 保持不变时，π_e^* 越高，则喷气速度 c_5 越高；流动损失越小，则喷气速度 c_5 越高。

3. 收缩喷管的三种工作状态

收缩喷管有三种工作状态：亚临界工作状态、临界工作状态和超临界工作状态。

当可用落压比小于 1.85 时，喷管处于亚临界状态。这时喷管出口气流马赫数小于1，出口静压等于反压，实际落压比等于可用落压比，是完全膨胀。

当可用落压比等于 1.85 时，喷管处于临界状态。这时喷管出口气流马赫数等于1，出口静压等于反压，实际落压比等于可用落压比，都等于临界压比，是完全膨胀。

当可用落压比大于 1.85 时，喷管处于超临界状态。这时出口静压等于临界压力而大于反压，实际落压比小于可用落压比，是不完全膨胀。

双转子涡喷发动机，喷管处于临界或超临界工作状态时，涡轮落压比保持不变。

3.5.2 超音速喷管

1. 超音速喷管的结构和工作原理

超音速喷管是一个先收敛后扩张形的管道（见图 3-72）。收敛段的出口现在已成为喉部，而出口则在喇叭形扩散段的末端。当燃气进入喷管的收敛段时，燃气速度增加，静压相应降低。在可用落压比足够大的情况下，燃气到达喉部时速度可增加至当地音速，燃气离开喉部流入扩散段时，速度仍不断增加，加速到超音速。

2. 收敛-扩张形喷管气流流动状态

要建立一定马赫数的超音速流动，就必须有一定的管道面积比。但这仅仅是一个必要

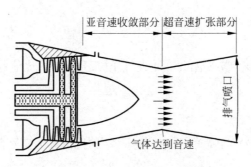

图 3-72　流过收敛-扩散喷管的燃气流

条件,具备该条件后,能否实现超音速流动,还要由气流本身的总压和一定的反压条件来决定。如果总压保持不变,看反压的变化对收敛-扩张形喷管流动的影响有以下几种情况:

反压等于总压时,各截面上的压力均相等,喷管的气体没有流动。

反压小于总压时,在上下游压差的作用下,喷管内气体流动,但流速较低,质量流量较小。

反压不断下降,到喷管喉部的压比达到临界压比时,喉部气流达到音速,由于反压值大于喉部压力,气流在扩散段压力重新回升。到出口截面,气流压力等于反压,扩张段仍为亚音速流动。

继续降低反压,喉部以后,气流到超音速,在扩张段的某个截面形成一道正激波。

继续降低反压,扩张段内激波位置后移,正激波到喷管出口处时,喷管扩张段全部为超音速流动。

反压继续降低,激波移出喷口变成斜激波系,喷管内流动不再随反压变化。

反压降到某一数值时,出口截面气流压力恰好等于反压,出口不产生激波。

再降低反压,出口截面处气流压力大于反压,喷管外产生膨胀波。

因此,收敛-扩张形喷管气流流动状态可划为 4 种类型:

(1) 亚音速流态;

(2) 管内产生激波的流态;

(3) 管外产生斜激波的流态;

(4) 管外产生膨胀波的流态。

3.5.3　消声

喷气发动机工作时所产生的噪声主要来源于以下几处:风扇、压气机、涡轮和排气系统。纯喷气发动机和低涵道比发动机中,噪声的主要来源是尾喷气流。在高涵道比发动机中,决定整个噪声水平的主要噪声源是风扇和涡轮。不同噪声源有不同的规律和噪声产生机理,但随着相对速度的增大,所有噪声源所产生的噪声都有不同程度的增加。涡扇发动机的噪声源如图 3-73 所示。

降低喷气发动机噪声的方法有:降低喷气速度、利用吸声材料、改变振动的频率和改进发动机内部设计。

(1) 降低喷气速度。

因为噪声的能级与喷气速度的八次方成正比,所以降低喷气速度就可以大大地降低噪声。对于涡轮喷气发动机和低涵道比的涡轮风扇发动机,采用一波纹形或花瓣形的消声器

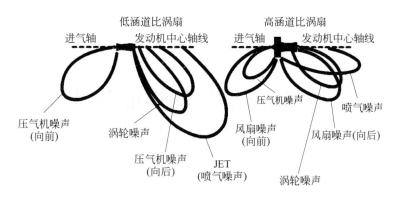

图 3-73 涡扇发动机的噪声源

以增大排气流与大气的接触面积来达到降低喷气速度、降低噪声的目的,如图 3-74 所示,但这种减小噪声的方法会使发动机重量增加,推力减小,只在早期的喷气发动机上使用。对涡扇发动机,涵道比越大,喷气速度越低,从而降低喷气噪声。

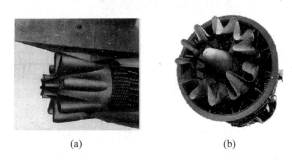

(a)　　　　　　　(b)

图 3-74 两种消声喷管

(a) 瓣形的消声器;(b) 波纹形的消声器

(2) 利用吸声材料。

通过减少发动机内部向外传播的噪声能量,可以降低外部感受到的发动机噪声水平。现代民用涡扇发动机通常在发动机内壁面中的进气整流罩内壁面、风扇机匣内壁面和尾喷管内壁面安装吸声材料,将声能转变成热,来有效地降低发动机噪声。

(3) 改变振动的频率。

因为噪声的传播与振动的频率有关,高频振动很容易被大气所吸收,所以高频振动传播的距离不远;而低频振动不容易被大气所吸收,传播的距离较远。利用这个原理,变低频振动为高频振动,来缩小噪声的影响范围。

(4) 改进发动机内部设计。

对于降低发动机的内部噪声,可以应用声学处理对发动机内部进行设计。主要措施有:采用无进口导流叶片的单级风扇;加大风扇转子叶片与出口整流叶片之间的距离;合理选择转子叶片与静子叶片数目。

通过以上措施,目前民用喷气发动机的噪声的总体水平已经从早期的 120dB 逐步地降低到 100dB 以下。

第4章

燃气涡轮发动机的性能和特性

本章将燃气涡轮发动机作为一个整体,分析发动机稳定工作状态和过渡工作状态的性能及特性,并在此基础上分析民用机常用发动机——涡轮风扇发动机、涡轮螺旋桨发动机、涡轮轴发动机的工作特点。

4.1 涡喷和涡扇发动机的性能参数

发动机的推力和经济性是涡喷发动机和涡扇发动机主要的性能参数。本节将介绍表征发动机推力和经济性的参数。

4.1.1 表征推力的参数

对涡喷和涡扇发动机而言,发动机推力是发动机的最主要性能参数。发动机的推力只能在地面发动机试车台架上准确测出,对于给定的发动机实际使用时可以通过发动机的工作参数来间接表征发动机推力大小。一般用来表征发动机推力的基本参数有转速 n 和压力比 EPR。

1. 转速 n

当油门前推时,进入燃烧室的燃油量增加,涡轮前温度增加,涡轮功增加,发动机转速增加,压气机增压比增加,进入发动机的空气流量增加;同时,燃气的膨胀能力增加,有更多的能量在喷管中转换成气体的动能,从而排气速度增加。所以,发动机推力随着发动机转速的增加而增大,发动机转速是影响发动机推力的最主要参数。这样,就可以通过测量发动机转速的大小来反映此时推力的大小。

由于发动机转速容易测量,测量精度也较高;同时,发动机转速不仅是影响发动机推力的最主要参数,而且还可以较全面地反映发动机承受的机械负荷的大小,反映发动机的强度和发动机状态,所以,发动机转速可表征发动机推力大小,并作为推力设置的最基本参数。

高涵道比涡扇发动机,由于发动机推力主要由外涵风扇产生,所以常用发动机低压转子转速 N1(即风扇转速)来表征发动机推力大小。

如 GE90 和 CFM56 涡扇发动机都是用风扇转速 N1 来表征发动机推力大小的。

2. 发动机压力比 EPR

发动机压力比 EPR 是指涡轮出口总压 p_4^* 与压气机进口总压 p_1^* 之比,即

$$EPR = \frac{p_4^*}{p_1^*} \qquad (4-1)$$

对于高涵道比涡扇发动机,上式所定义的压力比也称为内涵 EPR。由于高涵道比涡扇发动机的推力主要由外涵风扇产生,所以,一些发动机压力比测量的是风扇出口气体总压与风扇进口气体总压之比,也称为外涵 EPR,即

$$EPR = \frac{p_{5\mathrm{II}}^*}{p_1^*} \qquad (4-2)$$

EPR 描述了气体在发动机内获得的总压增量。EPR 越高,气体在发动机内获得的机械能增量越大,气体在喷管内膨胀能力越强,排气速度越高,发动机推力越大。所以,发动机 EPR 值可以反映发动机推力的大小,并且当发动机转速一定时,其他因素的变化对推力的影响也可以通过 EPR 值反映出来(如当压气机叶片积污,叶片增压效率降低,发动机推力减小时,在同样的发动机转速下 EPR 将减小)。因而发动机压力比 EPR 可以更为准确地反映发动机推力的变化。目前,部分涡扇发动机采用 EPR 来表征发动机推力大小,并作为推力设置的最基本参数。如 PW4000、V2500 涡扇发动机通过内涵 EPR(p_4^*/p_1^*)来表征发动机推力的大小,RB211 涡扇发动机通过外涵道 EPR($p_{5\mathrm{II}}^*/p_1^*$)来表征发动机推力的大小。

发动机压力比 EPR 虽然较之发动机转速 n 可以更为准确地反映发动机推力的变化,但是,测量 EPR 对传感器要求高,测量精度及可靠性也不及测量转速高;而且,EPR 值不能全面反映发动机的强度,所以,用 EPR 表征发动机推力时,必须同时监控发动机转速(涡扇发动机主要为风扇转速 N1),从而进一步确认发动机的推力。

4.1.2 表征经济性的参数

发动机工作时,燃料燃烧后所放出的热能并不能全部用来对飞机做功,推动飞机前进,还有很大一部分能量在转换成推进功的过程中损失掉了。能量损失的大小可通过发动机的效率来描述,所以发动机效率的高低可以准确反映出发动机经济性的好坏。

1. 热效率

从发动机的推力产生可以看出,燃料燃烧释放出的热能,通过发动机各部件的工作,部分能量转换成气体的动能,使气体在发动机中获得速度增量,从而产生推力。

发动机工作时,设燃料加给 1kg 气体的理论放热量为 q_1,流过发动机 1kg 气体的动能增量为 $\frac{c_5^2 - c_0^2}{2}$。

热效率定义为流过发动机 1kg 气体的动能增量与加给这部分气体的燃料的理论放热量之比,用 η_e 表示,公式如下:

$$\eta_e = \frac{(c_5^2 - c_0^2)/2}{q_1} \qquad (4-3)$$

燃料的理论放热量不可能全部转换成气体的动能增量,其中损失的能量有:

(1) 高温燃气自喷管喷出时所带走的热量;

(2) 发动机表面的散热损失和滑油所带走的热量;

(3) 燃烧室中不完全燃烧和燃烧产物的离解损失,因未释放出热能的燃料及中间燃烧产物的热量最终也随燃气排出发动机。

气体流动过程中的流动损失和机件的摩擦损失都将变成热能散失到大气中，应计入前两项。由于燃气排气温度很高(一般在300℃以上)，所以高温燃气自喷管喷出时所带走的热量是发动机最主要的一部分能量损失，减小这部分能量损失的主要方法是通过提高发动机增压比，提高燃气的膨胀能力，将更多的热能转换成气体的动能增量，使热能的利用率提高，从而提高发动机的热效率。

热效率描述了发动机由热能转换成气体动能增量过程中的能量损失大小，评定了燃气涡轮发动机作为热机的经济性。目前燃气涡轮发动机的热效率为25%～40%。

2. 推进效率

飞机在飞行中，若发动机推力为F，发动机的空气流量为$\dot{m}_a$，飞机飞行速度为V_{fly}(与发动机零站位的进气速度c_0大小相等，方向相反)，则单位时间内发动机对飞机所做的推进功为Fc_0；单位时间内，流过发动机的气体动能增量为$\dot{m}_a\dfrac{c_5^2-c_0^2}{2}$。

推进效率定义为发动机对飞机所做的推进功与流过发动机的气体的动能增量之比，用η_p表示，公式为

$$\eta_p=\frac{Fc_0}{\dot{m}_a\dfrac{c_5^2-c_0^2}{2}} \tag{4-4}$$

气体流过发动机时所获得的动能增量，只有一部分转换成飞机的推进功，其余的部分随喷出的气体散失到大气中，损失的这部分能量叫做动能损失或离速损失。单位时间内，流过发动机气体的离速损失经推导为$\dot{m}_a\dfrac{(c_5-c_0)^2}{2}$，对1kg的气体为$\dfrac{(c_5-c_0)^2}{2}$。

推进效率描述了发动机由气体动能增量转变成飞机推进功过程中的能量损失大小，评定了燃气涡轮发动机作为推进器的经济性。

推进效率与飞行速度c_0和喷气速度c_5有密切关系。当喷气速度与飞行速度越接近时，气体动能损失越小，发动机推进效率越高。将发动机净推力计算公式代入式(4-4)中，推进效率的计算可进一步简化为

$$\eta_p=\frac{2}{1+\dfrac{c_5}{c_0}} \tag{4-5}$$

由此可见，发动机推进效率只取决于飞行速度与喷气速度的比值，图4-1通过曲线表示了推进效率随c_0/c_5变化的情形。通过此曲线，我们可以得出以下结论。

(1) 当飞行速度为零时，即发动机在地面工作，$c_0=0$，此时发动机的推进功为零，推进效率也为零，气体动能增量没有对飞机产生推进效果。

(2) 当c_0/c_5逐渐增大，喷气速度c_5与飞行速度越接近，气体动能损失越小，发动机推进效率越高。当c_0/c_5接近于1时，气体离速损失接近为零，发动机推进效率也接近于1。

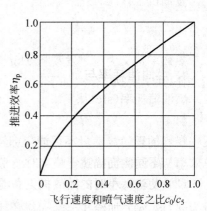

图4-1　η_p随c_0/c_5变化的情形

从发动机经济性角度讲,推进效率越高越好。但是,推进效率趋近于1时,飞行速度趋近于喷气速度,气体速度增量接近为零。此时,因需要确保一定的发动机推力,发动机的空气流量势必很大,带来发动机迎风面积过大,飞行阻力很大。所以,要使飞行速度等于喷气速度是不可能的,发动机推进效率也不可能为1。目前燃气涡轮发动机的推进效率一般为$50\%\sim75\%$。

3. 发动机总效率

总效率定义为发动机对飞机所做的推进功与此时燃料的理论放热量之比,用 η_{oe} 表示。公式为

$$\eta_{oe} = \frac{Fc_0}{\dot{m}_a q_1} \tag{4-6}$$

将上式稍作变换,可以得出

$$\eta_{oe} = \eta_e \eta_p \tag{4-7}$$

所以,发动机总效率等于其热效率与推进效率的乘积。

总效率描述了发动机由热能转变成推进功过程中的能量损失大小,评定了燃气涡轮发动机作为产生推力的动力装置的经济性。目前,燃气涡轮发动机总效率为$20\%\sim32\%$。

若将燃料的理论放热量定义为100%,则各部分的能量大致分配比例如图 4-2 所示。

当飞行速度一定时,影响发动机总效率的主要性能参数有:

(1) 发动机总压比。总压比增加,热能的利用率提高,发动机热效率增加,总效率增加。

(2) 涡轮前温度。涡轮前温度 T_3^* 对发动机总效率的影响较为复杂。T_3^* 增加时,一方面气体动能增量增加,发动机热效率增加;另一方面喷气速度增加使离速损失增加,发动机推进效率降低。所以,T_3^* 对发动机总效率的影响随不同的发动机类型而不同。

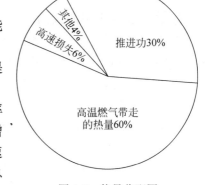

图 4-2　能量分配图

(3) 压气机效率和涡轮效率。压气机效率和涡轮效率增加,气流损失减小,发动机热效率增加,总效率增加。

(4) 燃烧效率。燃烧效率越高,燃料燃烧越完全,燃料热量损失越小,发动机热效率越高,总效率越高。

4. 燃油消耗率与发动机总效率的关系

燃油消耗率(sfc)从实际的燃料消耗与发动机推力输出角度来衡量发动机的经济性;而燃气涡轮发动机是将燃料的热能转换成飞机推进功的动力装置,发动机总效率正好描述了这一转换过程的能量损失,所以,总效率可以准确衡量发动机的经济性。由于燃油消耗率和总效率从不同侧面描述了发动机的经济性,所以两者间必然存在一定的联系。

设发动机每小时的燃油消耗量为$\dot{m}_{f,hour}$(kg/h);发动机推力为 F(daN);发动机空气流量为$\dot{m}_a$(kg/s);加给$1kg$气体的热量为q_1(J/kg);飞行速度为c_0(m/s);燃料低热值为H_{LOW}(J/kg)。

由发动机燃油消耗率的定义

$$\text{sfc} = \frac{\dot{m}_{f,hour}}{F} \tag{4-8}$$

可进一步推导出

$$\text{sfc} = \frac{3600}{H_{LOW}} \cdot \frac{c_0}{\eta_{oe}} \tag{4-9}$$

　　由此可见,只有当飞行速度一定时,sfc(燃油消耗率)大小才能反映出发动机的经济性,并与总效率成反比。因此当发动机输出的推力一定时,发动机总效率越高,说明能量损失越小,发动机的燃油消耗必然较小。

4.2　单、双、三转子发动机的特点和共同工作

4.2.1　单转子发动机的共同工作

　　单转子涡喷发动机是最简单的燃气涡轮发动机,其他类型发动机都是在此基础上演变而来的。所以,理解单转子涡喷发动机的性能是分析其他类型发动机的基础。本节将分析单转子涡喷发动机的稳态、过渡态性能特点及总的工作特征。

1. 发动机稳态下的共同工作

　　发动机工作时,压气机与涡轮组成的转子是在不停地转动着,按照转子转动的具体情况,可以把发动机的工作分为稳定和过渡两种状态。稳定工作状态是指发动机在某一转速连续工作,即转速恒定不变的状态。

　　1) 稳定工作条件

　　单转子涡喷发动机稳态下的共同工作条件有以下几方面。

　　(1) 转速一致

　　单转子涡喷发动机,压气机和涡轮的转速是同一的:

$$n_c = n_T \tag{4-10}$$

　　(2) 流量连续

　　当压气机中间级放气装置关闭时,流经压气机的空气流量$\dot{m}_a$,扣除从压气机引气用于飞机空调、增压及涡轮冷却的空气量$\dot{m}_{a,bleed}$,再加上喷入燃烧室的燃油量$\dot{m}_f$,应该等于流经涡轮的燃气流量$\dot{m}_g$,所以

$$\dot{m}_a - \dot{m}_{a,bleed} + \dot{m}_f = \dot{m}_g \tag{4-11}$$

上式中,$(-\dot{m}_{a,bleed} + \dot{m}_f)$项随飞行条件不断变化,其值可能为正、负、零,但与$\dot{m}_a$、$\dot{m}_g$相比很小,可以忽略不计,将上式简化为

$$\dot{m}_a = \dot{m}_g \tag{4-12}$$

所以,流经压气机的空气流量$\dot{m}_a$和流经涡轮的燃气流量$\dot{m}_g$相等,即流量连续。

　　(3) 压力平衡

　　涡轮进口燃气总压等于压气机出口总压乘以燃烧室的总压恢复系数:

$$p_3^* = \sigma_b^* \, p_2^* \tag{4-13}$$

（4）功率平衡

燃气涡轮发动机工作时,涡轮发出的功率用来带动压气机和发动机必要的附件(如滑油泵、燃油泵、液压泵、发电机等)。由于发动机附件消耗的功率很小(仅为压气机功率的1.5%～2.0%),可以忽略不计,所以,发动机转速取决于涡轮功率和压气机功率。要保持发动机转速不变,必须保证发动机转子功率的供需平衡,使涡轮功率 N_T 等于压气机功率 N_c,即

$$N_T = N_c \tag{4-14}$$

由于功率等于气体流量与1kg气体功的乘积,上式可以写成

$$\dot{m}_g l_T = \dot{m}_a l_c \tag{4-15}$$

式中:$\dot{m}_a$——流经压气机的空气流量;

$\dot{m}_g$——流经涡轮的燃气流量。

当发动机流量连续时,功率相等条件可简化为

$$l_T = l_c \tag{4-16}$$

如果考虑涡轮带动附件所消耗的功率以及机械损失,可以认为

$$N_c = N_T \eta_m \tag{4-17}$$

式中:η_m——机械效率。

2) 稳定工作状态的保持

在实际飞行中,影响发动机压气机功率和涡轮功率的因素较多,所以,发动机很容易偏离稳定工作状态,引起发动机转速变化,最终引起发动机推力变化较大,造成飞行操纵困难。例如:当飞机爬升时,此时发动机油门位置一定,随着飞行高度的增加,进入发动机的空气流量减少,火焰筒主燃区内混合气变富油,引起涡轮前温度升高,涡轮功增加,涡轮功大于压气机功,发动机转速将增加。所以,此时要保持发动机的稳定工作状态,必须随飞行高度的增加相应减少供油量,以维持功率的平衡。实际上,发动机通过燃油调节器感受飞行条件和发动机转速等参数的变化,自动调节供油量,保持发动机的稳定工作状态。

2. 发动机过渡态下的共同工作

在实际飞行中,不但需要发动机保持某一稳定工作状态,而且根据使用的需要,还要求发动机从一个稳定工作状态迅速、安全地过渡到另一个稳定工作状态。发动机转速随时间变化的状态叫做过渡工作状态。其中,转速增大的工作状态叫做**加速状态**;转速减小的工作状态叫做**减速状态**。另外,由于发动机起动过程的特殊性,在有的教材中发动机起动过程也是一种过渡工作状态。

1) 影响过渡状态的因素

通常以过渡过程的时间来衡量发动机在过渡状态的性能好坏,时间越短过渡状态性能越好。影响过渡状态的因素通常有转子的转动惯量和发动机的剩余功率。

转子越轻,转动惯量越小,发动机过渡过程的时间就越短,过渡状态性能越好,反之过渡过程的时间就越长。

发动机的剩余功率用 ΔN 表示,定义为

$$\Delta N = N_T - N_c \tag{4-18}$$

当 $N_T = N_c$ 时,$\Delta N = 0$,转速 n 不变,发动机保持稳态;$N_T > N_c$ 时,$\Delta N > 0$,转速 n 增

加,发动机为加速状态；$N_T < N_c$ 时,$\Delta N < 0$,转速 n 减小,发动机为减速状态。剩余功率越大,发动机过渡状态的时间越短。

当发动机流量连续时,剩余功率可展开为

$$\Delta N = \dot{m}_a(l_T - l_c) \tag{4-19}$$

2）加速过程

发动机从状态 A 加速时,随着油门杆前推,进入燃烧室的供油量增加,混合气变富油；涡轮前温度增加,涡轮功率增加,涡轮功率大于压气机功率,出现了剩余功率；发动机转速增加。随着发动机转速不断增加,压气机功率逐渐增加,同时进入发动机的空气流量也不断增加,混合气逐渐向贫油方向发展；涡轮前温度逐渐回落,涡轮功率也逐渐回落,发动机剩余功率逐渐减小,最终当发动机加速到状态 B 时,剩余功率为零。发动机在新的转速状态稳定连续工作。

发动机加速过程如图 4-3 所示。可以通过压气机特性曲线描述（如曲线 1 所示）。

加速时,如果供油量增加得多,则涡轮前温度升高会更快,涡轮功率增加得更多,此时剩余功率更大,转速增加就更快（如曲线 2 所示）；但如果加速时供油量增加过多,混合气过富油,涡轮前温度升高过快,发动机将容易出现压气机喘振、涡轮超温和燃烧室富油熄火（如曲线 3 所示）。

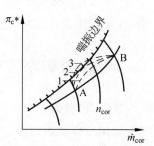

图 4-3　单转子发动机加速过程
实线—发动机稳态工作线；
虚线—1、2、3 为发动机加速工作线

所以,加速时供油量的增加要适度,在发动机不发生喘振、超温和富油熄火的情况下,尽可能增加供油量,以使发动机加速时间最短,保持发动机最佳加速性能,此时的发动机加速曲线叫做最佳加速曲线（如曲线 2 所示）。在实际发动机中,发动机最佳加速曲线是通过发动机燃油调节器中的加速控制器实现的。

另外,发动机在大转速加速时,要防止出现超转。

从影响发动机过渡过程时间的因素中,可以进一步得出,影响发动机加速性的因素主要有：

（1）发动机转子的转动惯量。转子越轻,发动机转动惯量越小,加速时间越短,加速性越好。

（2）发动机加速燃油量增加的快慢。在发动机安全工作前提下,加速时燃油量增加越多,涡轮前温度越高,发动机剩余功率越大,加速时间越短,加速性越好。

（3）空气流量。空气流量越大,发动机剩余功率越大,加速时间越短,加速性越好。所以随着飞行高度增加,发动机加速性将变差；夏季飞行时或高湿度大气条件下,发动机加速性也将变差。

3）减速过程

发动机从状态 A 减速时,随着油门杆后拉,进入燃烧室的供油量减小,混合气变贫油；涡轮前温度降低,涡轮功率减小,涡轮功率小于压气机功率,发动机转速降低。随着发动机转速不断降低,压气机功率逐渐减小,同时进入发动机的空气流量也不断减少,混合气逐渐向富油方向发展；涡轮前温度逐渐回升,涡轮功率也逐渐回升,最终当发动机减速到状态 B 时,涡轮功率等于压气机功率。发动机在新的转速状态下稳定连续工作。

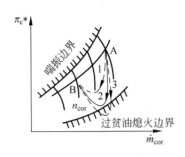

图 4-4　单转子发动机减速过程

实线—发动机稳态工作线；

虚线—1、2、3 为发动机减速工作线

发动机减速过程如图 4-4 所示,可以通过压气机特性曲线描述(如曲线 1 所示)。

减速时,如果供油量减小越多,则涡轮前温度降低会更快,涡轮功率减小得更多,转速降低就更快(如曲线 2 所示);但如果减速时供油量减小过多,混合气过贫油,发动机将容易出现过贫油熄火(如曲线 3 所示)。

所以,减速时与发动机加速时类似,供油量的减小要适度。在发动机不熄火情况下,尽可能减小供油量,以使发动机减速时间最短,保持发动机最佳减速性能,此时的发动机减速曲线叫做最佳减速曲线(如曲线 2 所示)。

在实际发动机中,发动机最佳减速曲线是通过发动机燃油调节器中的减速控制器实现的。

3. 单转子发动机的工作特点

单转子发动机因其构造的特点,决定了在工作性能上具有以下特点:

(1) 小转速(慢车转速左右)状态工作时,涡轮前温度较高;中转速状态工作时,涡轮前温度较低。由于在小转速状态工作时,发动机工作状态偏离发动机设计状态较远,压气机效率、涡轮效率、涡轮落压比都比较小,所以,必须维持较高的涡轮前温度,才能确保所需的涡轮功率,从而保持发动机的稳定工作。

(2) 发动机在小转速状态工作的稳定性较差,压气机增压比较低。

(3) 发动机加速时,要注意防止压气机喘振(尤其是从中、小转速段加速时)、涡轮叶片失效(主要是大转速段加速时,防止涡轮前温度超温、涡轮超转)和燃烧室过富油熄火(主要是在高空加速时)。

(4) 发动机减速时,要特别注意防止燃烧室过贫油熄火(尤其是在高空减速时)。

由于单转子发动机构造简单,便于制造,在早期的燃气涡轮发动机中应用较为广泛,但因其性能存在明显缺陷,现基本上被双转子发动机所取代。

4. 单转子涡喷发动机的特性

发动机推力和燃油消耗率随着发动机的转速、飞行速度、飞行高度的变化规律称为发动机特性,分为转速特性、速度特性和高度特性。

1) 转速特性

保持飞行高度和飞行速度不变的情况下,发动机推力和燃油消耗率随发动机转速的变化规律叫发动机转速特性,又叫做节流特性,如图 4-5 所示。从图中可以看出:推力随转速的增大一直增大,而且转速越大,推力随转速增大而增长得越快。燃油消耗率随转速的增大而减小,到接近最大转速时,又略有增大。

大气温度上升,空气密度减小,在同样的转速下,流过发动机的空气流量减小,压气机增压比下降,使发动机推力减小,使燃油消耗率增加。大气压力上升,使总压上升,造成流量和沿流程各截面上的总压增加,推力增加,但燃油消耗率不受影响,如图 4-6 所示。

大气湿度上升,空气密度下降,空气流量下降,发动机推力将下降。大气湿度上升,空气的比定压热容增大,要达到原来的燃烧室出口温度就必须多喷油,所以使发动机的燃油消耗率上升。

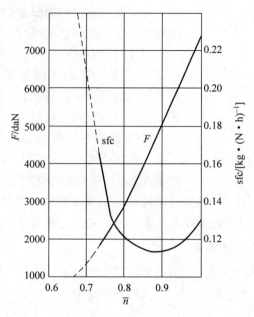

图 4-5　转速特性

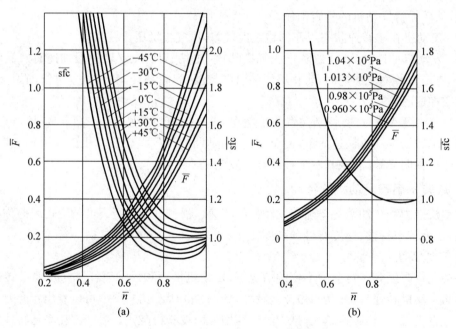

(a)　　　　　　　　　　　(b)

图 4-6　大气条件对转速特性的影响

(a) 不同大气温度；(b) 不同大气压力

2) 高度特性

在给定的调节规律下,保持发动机的转速和飞行速度不变时,发动机的推力和燃油消耗率随飞行高度的变化规律叫高度特性,如图 4-7 所示。

给定的调节规律是：$n=$ 常数,$T_3^* =$ 常数,气流在喷管中完全膨胀。

飞行高度改变时,大气压力、大气温度和密度都随之变化。在 11 000m 以下,随着高度

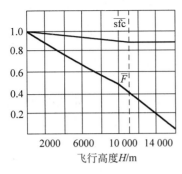

图 4-7 高度特性

的增加,大气压力 p_0、大气温度 T_0 和密度 ρ_0 都下降;在 11 000m 以上的同温层,大气温度 T_0 不随高度而变化,大气压力 p_0 和密度 ρ_0 随高度的增加而继续下降。

图 4-7 所示为一台地面设计增压比为 6 的燃气涡轮喷气发动机在飞行 Ma 数为 0.9 时的高度特性。由图 4-7 可以看出:在 $H \leqslant 11\,000$m 时,随着飞行高度的增加,发动机推力下降,燃油消耗率下降。在 $H > 11\,000$m 的同温层,随着飞行高度的增加,发动机的推力随高度的增加而继续下降,而且下降得更快一些,而燃油消耗率保持不变。

3) 速度特性

在给定的调节规律下,保持发动机的转速和飞行高度不变时,发动机的推力和燃油消耗率随飞行速度(或马赫数)的变化规律叫速度特性,如图 4-8 所示。

给定的调节规律是: $n =$ 常数, $T_3^* =$ 常数,气流在喷管中完全膨胀。

图 4-8 所示为不同燃气温度下,设计增压比为 6 的单转子涡喷发动机的单位推力、燃油消耗率、空气流量和推力随飞行马赫数的变化规律。从图 4-8(b) 可以看出:随着飞行马赫数的增大,发动机的推力开始缓慢地增加,而在超过音速后推力增加较快,当马赫数继续增加时,推力转为下降,直至推力为零。从图 4-8(a) 可以看出,燃油消耗率随着马赫数的增大而增大,且在高马赫数范围增加得更为急剧。

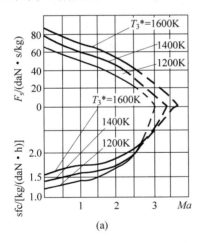

(a)

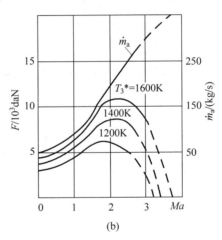

(b)

图 4-8 速度特性

4.2.2 双转子发动机简介

为了改善航空燃气涡轮发动机的经济性能,需提高压气机增压比。但是,压气机增压比增加到一定值以后,再进一步提高就会使发动机的稳定工作范围急剧减小,发动机稳定工作性能急剧变差。采用双转子发动机后,在一定程度上可以解决这个问题。所以,目前航空燃气涡轮发动机广泛采用双转子发动机。

1. 双转子发动机的特点

双转子发动机的基本工作与单转子发动机类似,本节主要介绍双转子发动机固有的特点及与单转子发动机在性能上的区别。

1) 双转子发动机的构造特点

双转子燃气涡轮发动机的燃气发生器与单转子发动机一样,也包含压气机、燃烧室和涡轮。所不同的是,双转子发动机有两个转子,如图 4-9 所示。

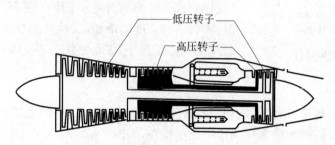

低压转子
高压转子

图 4-9　双转子发动机

从图 4-9 可以看出,整个压气机被分成前后两个部分,前面的叫做低压压气机,后面的叫做高压压气机;整个涡轮也被分成前后两个部分,前面的叫做高压涡轮,后面的叫做低压涡轮。低压压气机与低压涡轮的转子相连,组成低压转子,其转速常用 N1 表示;高压压气机与高压涡轮的转子相连,组成高压转子,其转速常用 N2 表示。

很明显,对双转子发动机的低压转子:$N_{TL} = N_{CL}$(低压涡轮功率＝低压压气机功率)时,N1 不变;$N_{TL} > N_{CL}$时,低压转子加速;$N_{TL} < N_{CL}$时,低压转子减速。

对高压转子:$N_{TH} = N_{CH}$(高压涡轮功率＝高压压气机功率)时,N2 不变;$N_{TH} > N_{CH}$时,高压转子加速;$N_{TH} < N_{CH}$,高压转子减速。

两转子之间没有任何机械联系,只有气动联系。这里所说的气动联系是指空气首先经过低压压气机压缩,再经过高压压气机增压;膨胀时,高温、高压燃气首先在高压涡轮中膨胀,然后进一步在低压涡轮中膨胀。两转子的转速可以不同,一般来说,为了确保压气机的增压效率和降低压气机级数,高压转子转速比低压转子转速高。

2) 双转子发动机的性能特点

(1) 大大提高压气机的稳定性,压气机防喘裕度有效提高。

双转子发动机将一个高增压比的压气机分为两个低增压比的压气机。由于两个低增压比压气机工作稳定性较好,在非设计状态下,双转子发动机具有一定的自动协调两转子转速而达到自动防喘的作用,从而保证了高增压比的双转子发动机在非设计状态下压气机工作的稳定性。下面以换算转速下降为例,说明双转子发动机的防喘机理。

单转子发动机,当换算转速低于设计值过多时,最终将引起压气机前级流量系数小于设计值,诱发压气机进入喘振状态;后级流量系数大于设计值,引起压气机进入涡轮状态。即:引起压气机前"喘"后"涡",叶轮功前"重"后"轻"状态,如图 4-10 所示。

双转子发动机,当换算转速减小时,随着压气机增压比的减小,叶轮功将出现前"重"后"轻"状态。即:在总的压气机功中,低压压气机功所占比例增加,高压压气机功所占比例减小;而涡轮功,当发动机处在大转速范围时,由于高、低压涡轮落压比和涡轮效率基本不变,随着压气机增压比的减小,在总的涡轮功中,高、低压涡轮功所占比例基本不变;当发动机处在小转速范围时,此时由于低压涡轮落压比和涡轮效率降低较多(较之高压涡轮),随着压气机增压比的减小,在总的涡轮功中,低压涡轮功所占比例减小,高压涡轮功所占比例增加。所以,随着换算转速的减小,最终都会引起高压转子转速自动回升,低压转子转速进一步回落,从而使高压压气机的流量系数回落,低压压气机流量系数回升,有效减轻压气机前"喘"后"涡"现象,如图 4-11 所示。

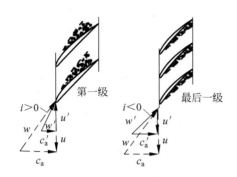

图 4-10　单转子轴流式压气机在转速低于
设计值时叶轮进口速度三角形

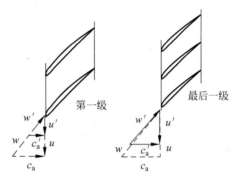

图 4-11　前后两级压气机的叶轮圆周速度与
空气轴向分速互相协调的示意图

如图 4-12 所示为压气机设计增压比为 9 时,单转子和双转子发动机的压气机稳定工作范围的比较。可以看出,双转子发动机压气机的稳定工作范围,无论是低压压气机,还是高压压气机,都比单转子发动机的压气机稳定工作范围宽。其中高压压气机的稳定工作范围还随换算转速降低变宽,这是由于换算转速降低时,高压压气机增压比减小,气流逆压差作用弱;同时因低压压气机变"重",高压压气机后部气流回冲阻力大。所以,随着换算转速降低,高压压气机的稳定工作范围变宽。

所以,对于双转子发动机,当发动机转速或飞行条件变化时,两转子能自动协调各自的转速,从而使发动机能够在一个较为宽广的工作范围内保证压气机稳定工作。

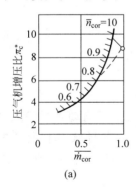

(a)

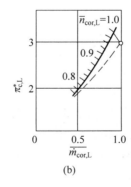

(b)

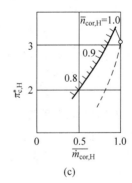

(c)

图 4-12　单转子和双转子涡喷发动机压气机稳定工作范围的比较
(a)单转子涡喷发动机的压气机;(b)双转子涡喷发动机的低压压气机;(c)双转子涡喷发动机的高压压气机

(2)有效提高压气机效率、增压比,改善发动机经济性。

当双转子发动机状态偏离设计状态时,由于两转子能自动协调各自的转速,使气流在压气机各级叶轮和整流环内,气流分离大大减弱。由此,双转子发动机在非设计状态工作时,压气机效率的变化很小,如图 4-13 所示。

由于双转子发动机的压气机稳定工作范围较宽,压气机增压比得以较大提高,保证了发动机循环的热效率较高;同时,压气机中气流损失降低,压气机效率提高。所以,大大改善了发动机的经济性。

（3）在低转速工作时,涡轮前温度较低。

由于双转子发动机在低转速工作时,压气机效率较高,所以,可有效降低涡轮前温度。双转子发动机涡轮前温度 T_3^* 随发动机转速的变化如图 4-14 所示。

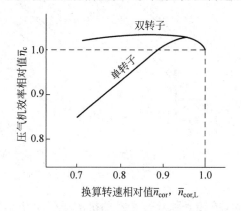

图 4-13　单转子和双转子涡喷发动机的压气机　　　图 4-14　双转子发动机 T_3^* 与 N2 的关系
　　　　　效率随换算转速变化的情形

事实上,双转子发动机通常都采用慢车状态(最小转速状态)进行发动机冷机、暖机。而且,用在大型、重型民航机上的双转子涡轮风扇发动机,在低转速工作时,压气机可调静子叶片工作,还可进一步提高压气机效率,降低涡轮前温度。所以,这种发动机由于在低转速状态时,压气机的稳定工作范围较宽,涡轮前温度也较低,发动机的慢车转速可以选择较低的值,发动机在慢车状态下的推力更小,可大大改善飞机的着陆性能,减轻主轮的磨损。

（4）发动机便于启动。

双转子发动机启动时,只需通过启动机带动一个转子(一般为高压转子),与同参数的单转子发动机比较,转子的转动惯量大大减轻,可以采用功率较小的启动机,发动机便于启动。

（5）发动机加速性好。

首先双转子发动机由于压气机稳定工作范围较宽,低转速时涡轮前温度较低,所以加速时,加速供油量可以更多,剩余功率更大,加速时间缩短。其次,双转子发动机转子的转动惯量大大减轻,也有助于改善加速性能;同时,双转子发动机加速时,高温、高压燃气首先冲击高压涡轮,高压转子迅速加速,高压转子的抽吸作用使低压转子转速也很快上升,最终使整个发动机的加速性改善。

例如:单转子发动机的加速时间一般为 $10\sim15\mathrm{s}$;双转子发动机的加速时间一般为 $5\sim10\mathrm{s}$。

良好的发动机加速性将直接改善飞机的起飞、复飞性能。

双转子发动机用在涡桨、涡轴及桨扇发动机上,除同样具有上述优点外,还会进一步改善发动机性能。但双转子发动机结构复杂,制造工艺要求高。尽管如此,双转子发动机以其优越的性能,占据了各类型民航飞机动力装置的统治地位。

2. 双转子发动机的过渡过程特性

1) 加速过程

双转子发动机的高、低压转子间虽然没有任何机械联系,但却有密切的气动联系,正是这种气动联系决定了双转子发动机加速时的特点。与单转子发动机不同的是,双转子发动机加速时,高温、高压燃气首先冲击高压涡轮,高压转子加速快。

对高压转子而言,加速过程与单转子发动机类似,如图 4-15 所示。发动机从状态 A 开始加速时,由于涡轮前温度急剧升高,燃气迅速膨胀、比容变大,对高压涡轮导向器产生限流作用;同时,由于低压转子转速上升相对较慢,对高压压气机空气流量的增加产生节流作用;最终,在开始加速时,使高压压气机进口空气流量减小,发动机工作线沿喘振边界方向移动;随着高压转子转速迅速增加,空气流量增加,剩余功率减小;当高压转子加速到状态 B 时,高压涡轮功等于高压压气机功,发动机在状态 B 稳定、连续工作。

对低压转子而言,加速过程较为复杂,如图 4-16 所示。发动机从状态 A 开始加速时,由于高压转子转速迅速增加,高压压气机产生较强的抽吸作用,使发动机进口空气流量增加,低压压气机工作线很快沿远离喘振边界方向移动;随着低压转子转速增加,空气流量进一步增加,随着涡轮前温度的回落,剩余功率减小;当低压转子加速到状态 B 时,低压涡轮功等于低压压气机功,发动机在状态 B 稳定、连续工作。

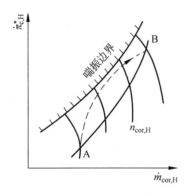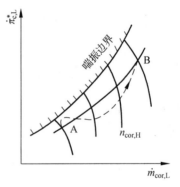

图 4-15　高压转子加速过程　　　　　图 4-16　低压转子加速过程

所以,双转子发动机加速时,加速供油量主要受到以下限制:①压气机喘振限制(尤其是高压压气机喘振限制);②涡轮叶片失效限制(加速时涡轮前温度超温或发动机超转,引起涡轮叶片失效);③燃烧室过富油熄火限制。

实际发动机加速程序是由燃油调节器中加速装置自动实现的,以保证发动机的最佳加速过程。

2) 减速过程

对高压转子而言,减速过程也与单转子发动机类似,如图 4-17 所示。发动机从状态 A 开始减速时,随着涡轮前温度降低,高压涡轮功率减小,高压涡轮功率小于高压压气机功率,高压转子转速便降低;随着高压转子转速不断降低,进入燃烧室的空气流量也不断减小,涡轮前温度逐渐回升,涡轮功率也逐渐回升;最终当发动机减速到状态 B 时,高压涡轮功率等于高压压气机功率,发动机在新的转速状态下稳定、连续工作。

对于低压转子而言,减速过程也较为复杂,如图 4-18 所示。发动机从状态 A 开始减速时,由于高压转子转速迅速降低,高压压气机将产生较强的流动阻力,对低压压气机出口通道形成节流作用,使发动机进口空气流量进一步减小,低压压气机工作线将沿靠近喘振边界方向移动;随着低压转子转速降低,涡轮前温度回升,剩余功率减小;当低压转子减速到状态 B 时,低压涡轮功等于低压压气机功,发动机在状态 B 稳定、连续工作。

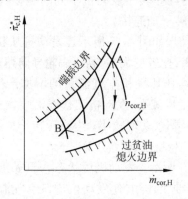

图 4-17　高压转子减速过程

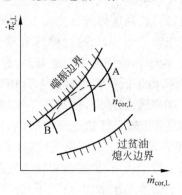

图 4-18　低压转子减速过程

所以,双转子发动机减速时,减速供油量受到以下限制:①低压压气机喘振限制;②燃烧室过贫油熄火限制。

实际发动机减速程序是由燃油调节器中减速装置自动实现的,以保证发动机的最佳减速过程。

4.2.3　三转子发动机简介

三转子发动机是在双转子发动机基础上发展而来的,它由低、中、高三个转子组成,如图 4-19 所示。从图中可以看出,整个压气机被分成前、中、后三个部分,前面的叫做低压压气机,中间的叫做中压压气机,后面的叫做高压压气机;整个涡轮也被分成前、中、后三个部分,前面的叫做高压涡轮,中间的叫做中压涡轮,后面的叫做低压涡轮。低压压气机与低压涡轮的转子相连,组成低压转子,其转速常用 N1 表示;中压压气机与中压涡轮相连,组成中压转子,其转速常用 N2 表示;高压压气机与高压涡轮相连,组成高压转子,其转速常用 N3 表示。

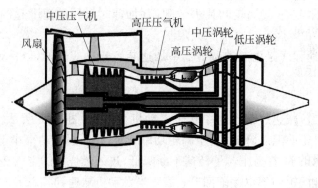

图 4-19　某三转子发动机的结构

同样地,三转子之间没有任何机械联系,只有气动联系。三转子的转速可以不同,一般说来,为了确保压气机的增压效率,降低压气机级数,高压转子的转速最高,其次是中压转子,低压转子转速最低。

三转子发动机的基本性能与双转子发动机类似。但是,三转子发动机较之双转子发动机,其特点主要有:

(1)三转子发动机压气机的稳定工作范围更宽。

由于压气机总增压比等于低、中、高压压气机增压比的乘积,当压气机总增压比相同时,三转子发动机各单个压气机的增压比更低,各单个压气机的稳定工作范围更宽,压气机总的工作范围也更宽。

(2)发动机工作效率更高,经济性更好。

三转子发动机,当发动机状态偏离设计状态时,由于三转子自动协调各自的转速,其性能更好,使气流在压气机各级叶轮和整流环内,气流分离更小。因此,三转子发动机在非设计状态下工作时,压气机效率更高。同时,由于三转子发动机压气机稳定工作范围更宽,一方面,压气机总的增压比可以更高,发动机循环的热效率更高;另一方面,在压气机非设计状态时,压气机防喘放气量可以有效减小,发动机损失减小,发动机工作效率提高。所以,三转子发动机经济性更好。

(3)发动机抗外来物能力增强。

用在涡扇发动机上的三转子发动机,风扇与低压涡轮构成低压转子,由于低压转子转速很低,风扇直径得以加大,一方面可以使发动机涵道比增加;另一方面使外来物对发动机的破坏力被削弱,发动机抗外来物的能力大大增强。

三转子发动机较之双转子发动机,虽具有上述优点,但缺点也较为明显:①三转子发动机结构复杂,重量加大。由于三转子发动机转子间没有任何机械联系,发动机转子结构极其复杂,制造工艺要求更高,发动机成本较高。②发动机加速性稍逊色于双转子发动机,主要是由于三转子发动机转子较多,发动机在过渡过程中,多重转子惯性滞后所带来的。

所以,在民用机动力装置中,三转子发动机目前并不普遍,其中英国罗罗公司生产的著名的RB211系列高涵道涡扇发动机采用了三转子结构。

4.3　涡轮风扇发动机

涡轮风扇发动机自20世纪60年代初期问世以来,由于在性能上具有独特的优越性,因此得到了迅速的发展和广泛应用,发展前景也极为广阔。目前,高涵道涡轮风扇发动机常用在高亚音速的大型民航机、军用运输机上;低涵道比的加力涡扇发动机则用在超音速战斗机上。

4.3.1　涡扇发动机的特点

1. 涡扇发动机的构造特点

目前在民航飞机上广泛使用的是高涵道比涡扇发动机,其性能参数主要有涵道比、总压比、风扇直径等,比如,用于B777的三种涡扇发动机的主要参数见表4-1。

表 4-1　B777 三种涡扇发动机的主要参数

型号	起飞推力/daN	涵道比	总压比	涡轮前温度/℃	风扇直径/m
GE90	38 660～44 500	9	45	1362	3.12
PW4080	37 200～40 000	7	36	1295	2.884
遄达 800	37 580	6	39.3	1325	2.749

其中，涡扇发动机外涵空气流量 $\dot{m}_{a,\text{II}}$ 与内涵空气流量 $\dot{m}_{a,\text{I}}$ 之比叫涵道比(也称流量比)，用 B 表示，即

$$B = \frac{\dot{m}_{a,\text{II}}}{\dot{m}_{a,\text{I}}} \tag{4-20}$$

高涵道比涡扇发动机的风扇构造具有以下特点。

(1) 取消风扇进口的导向器。

相较于传统的涡喷和低涵道比涡扇发动机，目前高涵道比涡扇发动机取消了风扇进口的导向器，虽使风扇效率稍有所降低，但减小了发动机质量，简化了结构，减小了发动机噪声，发动机的整体性能得以优化。

(2) 普遍采用高强度宽弦叶片，叶片数目也相应减少。

为提高发动机涵道比，需提高外涵空气流量和风扇增压比，风扇叶片直径和弦长需增大。所以，目前的高涵道比涡扇发动机普遍采用了高强度的宽弦叶片，叶片数目也相应减少。有的发动机为了减轻叶片重量和提高可靠性，采用了蜂窝夹心结构的风扇叶片，或者三维编织成型的碳纤维树脂基复合材料风扇叶片。

2. 涡扇发动机的工作特点

涡扇发动机工作时，进气道的空气分内、外两路流过发动机。流入内涵的空气同涡喷发动机一样，也要经过压缩、燃烧和膨胀过程，从喷口高速喷出，产生内涵推力。但是，由于涡扇发动机的涡轮不仅要带动压气机，还要带动外涵的风扇，所以同涡喷发动机相比，燃气在涡扇发动机的涡轮中将膨胀得更多一些，以便将更多的燃气热能转换成涡轮功，从而带动压气机和风扇；同时燃气必然在喷管内将膨胀得少一些，使涡扇发动机的内路喷气速度较涡喷发动机小。

流入外涵的空气，经风扇叶片加压，气体压力、温度升高，在外涵喷管中膨胀加速，最后喷出发动机(一般比内涵喷气速度小)，从而产生外涵推力。

所以，涡扇发动机是通过将部分燃气热能转换成涡轮功并传递给风扇，提高内、外涵空气动能，使更多的空气参与产生推力。

经理论推导和试验表明：当涵道比一定时，传递给外涵风扇的能量多少对发动机性能有直接影响。对分路排气的涡扇发动机，若传递的能量过少，则内涵喷气速度过高，内涵气体动能损失增大，发动机总的推进效率将减小；若传递的能量过多，则外涵喷气速度过高，外涵气体动能损失增大，发动机总的推进效率也将减小；只有当传递的能量使内、外涵喷气速度相等时(考虑传递能量的机械损失外涵喷气速度略小于内涵喷气速度)，发动机总的推进效率最高。对混合排气的涡扇发动机，只有当传递给外涵风扇的能量使内、外涵的气体在混合处总压相等时，发动机的总压损失最小，发动机推进效率最高。

需要特别指出的是：对高涵道涡扇发动机而言，由于外涵空气流量很大和涡轮前温度

限制,要使内、外涵喷气速度相等或使内、外涵气体总压相等较难实现。所以,当涡轮前温度提高,将使更多的燃气热能转换成涡轮功并传递给风扇。一方面使发动机热效率增加,另一方面由于风扇加功量增加,使外涵喷气速度(气体总压)接近于内涵喷气速度(气体总压),使发动机推进效率提高。所以随着涡轮前温度的提高,高涵道涡扇发动机的推力和经济性越好。

总体上讲,涡扇发动机主要有以下特点:

(1) 参与产生推力的空气流量大,推力由内、外涵推力组成。

涡轮风扇发动机,由于内、外涵空气速度增加,都可产生推力。所以,参与产生推力的空气量较多,随着涵道比的增加,参与产生推力的空气量更多。

例:JT8D-9 涡扇发动机,涵道比为 1.05,地面起飞时,外涵空气流量为 74.11kg/s,内涵流量为 70.58kg/s;CF6-6D 涡扇发动机,涵道比为 5.88,地面起飞时,外涵空气流量为 499.72kg/s,内涵流量为 85.00kg/s。

因此,涡轮风扇发动机的推力为内、外涵气体产生推力之和。

对混合排气的涡扇发动机

$$F = \dot{m}_a (c_5 - c_0) \tag{4-21}$$

对分路排气的涡扇发动机

$$F = F_{\mathrm{I}} + F_{\mathrm{II}} = \dot{m}_{a,\mathrm{I}} (c_{5,\mathrm{I}} - c_0) + \dot{m}_{a,\mathrm{II}} (c_{5,\mathrm{II}} - c_0) \tag{4-22}$$

随着涵道比的增加,外涵空气流量所占的比例增加。燃气将更多的可用能量传递给风扇,发动机总推力中外涵空气产生的推力比例增大,见表 4-2。

表 4-2　不同涵道比发动机外涵推力占总推力的比例

类型 状态	JT8D($B=1.05$)	JT5D($B=2.6$)	RB211-22B($B=5.0$)	CFM56($B=6.0$)
地面起飞	39%	61%	76.2%	80%
高空巡航	30%	44.4%	60%	67.4%

对高涵道涡扇发动机而言,风扇是发动机产生正推力的主要部件,风扇的工作性能将直接影响到发动机的推力输出。

(2) 发动机热效率高。

涡扇发动机,尤其是混合排气的涡扇发动机的热效率较高。第一,由于涡扇发动机一般为双或三转子发动机,压气机防喘性能较好,所以压气机增压比设计较高,使热能的利用率提高,发动机热效率较高;第二,涡扇发动机由于压气机中间级防喘放气工作时,内涵高压空气可释放到发动机外涵,可继续产生推力,可部分补偿推力损失;第三,外涵空气可吸收内涵部件散热热量,提高了外涵空气温度,有助于提高外涵推力,减小了推力损失。

(3) 发动机推进效率较高。

涡扇发动机的部分燃气热能通过高效率的涡轮传递给风扇,由于风扇的工作效率高,有助于提高发动机推进效率;同时,内涵喷气速度降低,发动机离速损失减小,也有助于提高发动机推进效率。

高涵道涡扇发动机适宜作高亚音速飞机动力装置;对加力的低涵道涡扇发动机而言,不仅可明显提高亚音速飞行时发动机的推进效率,改善亚音速飞行时的经济性,而且在超音速段($Ma=2$ 左右)涡扇发动机的性能与涡喷发动机相当。所以,超音速战斗机也广泛采用带加力装置的低涵道涡扇发动机。

（4）起飞、复飞推力大。

涡扇发动机，尤其是高涵道涡扇，涡轮前温度设计较高，可有效提高发动机推力；同时由于发动机主要是通过提高外涵空气流量来提高发动机推力的，当低速飞行时，气体动能增量因飞行速度的减小而增加，所以发动机起飞推力较大。这正满足了大型、重型民航机起飞、复飞时对发动机高推力的需求，可有效缩短起飞滑跑距离及提高飞机中断/继续起飞性能，改善了飞机飞行性能及安全性。

（5）喷气噪声低。

涡扇发动机，尤其是混合排气的高涵道涡扇，由于发动机内、外涵的喷气速度大大降低，而发动机喷气噪声强度与喷气速度的 8 次方成正比，所以发动机喷气噪声较低，发动机总的噪声水平也较低，减小了对环境的噪声污染。

涡扇发动机在具有上述优点的同时也有一些缺点，如结构较为复杂；随着涵道比的增加，发动机的迎面阻力也相应增大等。总之，涡扇发动机无论在民航机还是在军用机上都得到广泛应用，是目前燃气涡轮发动机中最具发展潜力的类型之一。

4.3.2 质量附加原理

1. 质量附加原理的定义和证明

质量附加原理是指：在一定的飞行速度下，当工质获得的可用能量（即可转变成气体动能增量的能量）一定时，如果工质的质量越大，即参加产生推力的质量越多，则发动机的经济性越好，推力越大。

为了更好地说明质量附加原理，下面我们在"同参数"条件下，比较涡喷和涡扇发动机的推力和经济性（如图 4-20 所示的两种发动机）。

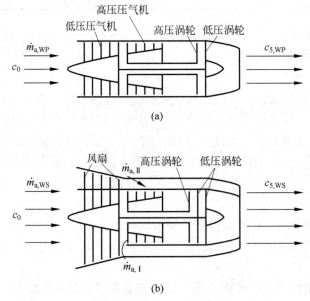

图 4-20 "同参数"的涡扇发动机和涡喷发动机

(a) 双转子涡喷发动机；(b) 双转子混合排气涡扇发动机

"同参数"条件是指：在一定的飞行速度下，两台发动机具有相同的压气机增压比、涡轮前温度、发动机供油量，即两台发动机气体获得的可用能量一样（为便于理解，可认为此涡扇发动机是在该涡喷发动机基础上演变而来的）。

涡扇发动机的总空气流量

$$\dot{m}_{a,WS} = \dot{m}_{a,I} + \dot{m}_{a,II} \tag{4-23}$$

涡喷发动机的空气流量（$\dot{m}_{a,WP}$）：

在"同参数"条件下，可认为涡扇发动机的内涵空气流量与涡喷发动机的空气流量相同，即

$$\dot{m}_{a,I} = \dot{m}_{a,WP} \tag{4-24}$$

$$\dot{m}_{a,WS} = \dot{m}_{a,WP}(1+B) \tag{4-25}$$

涡喷发动机总的气体动能增量为

$$\Delta E_{k,WP} = \frac{1}{2} \dot{m}_{a,WP}(c_{5,WP}^2 - c_0^2) \tag{4-26}$$

涡扇发动机总的气体动能增量为

$$\Delta E_{k,WS} = \frac{1}{2} \dot{m}_{a,WS}(c_{5,WS}^2 - c_0^2) \tag{4-27}$$

式中：$c_{5,WS}$——涡扇发动机内、外涵气体混合后总的喷气速度。

在"同参数"条件下，有

$$\Delta E_{k,WP} = \Delta E_{k,WS} \tag{4-28}$$

经整理得

$$\frac{1}{2}(1+B) \cdot (c_{5,WS}^2 - c_0^2) = \frac{1}{2}(c_{5,WP}^2 - c_0^2) \tag{4-29}$$

所以，涡扇发动机的喷气速度 $c_{5,WS}$ 小于涡喷发动机的喷气速度 $c_{5,WP}$，并且随着涵道比的增加，涡扇发动机喷气速度将进一步减小。

下面比较两台发动机的推进效率和推力。

根据发动机推进效率的定义，有

$$\eta_p = \frac{F \cdot c_0}{\Delta E_k} = \frac{2c_0}{c_5 + c_0} \tag{4-30}$$

涡喷发动机的推进效率为

$$\eta_{p,WP} = \frac{F_{WP} \cdot c_0}{\Delta E_{k,WP}} = \frac{2c_0}{c_{5,WP} + c_0} \tag{4-31}$$

混合排气涡扇发动机的推进效率为

$$\eta_{p,WS} = \frac{F_{WS} \cdot c_0}{\Delta E_{k,WS}} = \frac{2c_0}{c_{5,WS} + c_0} \tag{4-32}$$

即

$$\frac{\eta_{p,WS}}{\eta_{p,WP}} = \frac{c_{5,WP} + c_0}{c_{5,WS} + c_0} \tag{4-33}$$

因由式(4-29)可得 $c_{5,WS} < c_{5,WP}$，可推出

$$\frac{\eta_{p,WS}}{\eta_{p,WP}} > 1, \quad 即 \quad \eta_{p,WS} > \eta_{p,WP} \tag{4-34}$$

所以,涡扇发动机的推进效率高于涡喷发动机。由于在"同参数"条件下,可认为发动机热效率相同,因而涡扇发动机的总效率比涡喷高,发动机经济性比涡喷好。

因

$$\Delta E_{k,WP} = \Delta E_{k,WS}$$

由式(4-31)、式(4-32)可得

$$\frac{F_{WS}}{F_{WP}} = \frac{\eta_{p,WS}}{\eta_{p,WP}} \tag{4-35}$$

由 $\eta_{p,WS} > \eta_{p,WP}$,可得 $\dfrac{F_{WS}}{F_{WP}} > 1$,即 $F_{WS} > F_{WP}$。所以,涡扇发动机的推力大于涡喷发动机推力。

当发动机在地面工作,$c_0 = 0$ 时,由式(4-29)有

$$c_{5,WS} = \frac{1}{\sqrt{1+B}} \cdot c_{5,WP} \tag{4-36}$$

将式(4-25)、式(4-36)代入发动机推力公式,有

$$\frac{F_{WS}}{F_{WP}} = \frac{\dot{m}_{a,WS} \cdot c_{5,WS}}{\dot{m}_{a,WP} \cdot c_{5,WP}} = (1+B)\frac{1}{\sqrt{1+B}} = \sqrt{1+B} \tag{4-37}$$

由此可见,在"同参数"条件下,涡扇发动机的经济性和推力都比涡喷发动机优越;并且随着涵道比的增加,涡扇发动机喷气速度进一步减小,气体离速损失减小,发动机推进效率升高,发动机经济性更好,推力更大。但随着涵道比的增加,涡扇发动机的迎风面积将增加,发动机的外部阻力将增加,进而影响发动机的速度性能。

需要说明的是,质量附加原理是在一定的飞行速度下比较"同参数"涡喷和涡扇发动机的推力和经济性。事实上,当 $Ma > 1$ 时,发动机进气道将产生激波,激波阻力将使发动机有效推力减小。所以,不同涵道比的涡扇发动机作超音速飞行时,随着涵道比的增加,发动机推力和经济性将变差。因而涡扇发动机主要是改善了亚音速飞行时发动机的推力和经济性。高涵道涡扇发动机不适宜作超音速飞行,只有涡喷和低涵道涡扇发动机适宜作超音速飞行。

2. 涵道比对发动机性能的影响

涡扇发动机的涵道比是外涵空气流量与内涵空气流量的比值,是涡扇发动机主要的性能参数。在亚音速飞行条件下,当涵道比增加时,若内涵空气流量不变,则外涵空气流量增加,风扇传递给外涵空气总的能量增加。对于混合排气的涡扇发动机,根据质量附加原理,发动机总的喷气速度将进一步降低,推进效率提高,发动机的推力和经济性变好;对于分路排气的涡扇发动机,随着涵道比升高,外涵流量增加,内涵喷气速度降低,发动机总的推进效率增加,发动机的推力和经济性变好。

同时,随着涵道比的增加,发动机外阻将增加,发动机速度性能将变差。所以,对于涡扇发动机,随着压气机增压比和涡轮前温度的不断提高,涵道比应相应增加,可改善亚音速飞行时发动机的推力和经济性。

对使用中的涡扇发动机,涵道比并不是一固定值,将随着飞行条件及发动机的性能衰减而变化。例如:当发动机转速或飞行马赫数变化时,由于内、外涵空气流量的变化不完全一致,发动机涵道比将随之变化,从而对发动机性能产生一定影响。当发动机转速增加时,内

涵压气机增压比较外涵风扇增压比增加得快,所以,内涵空气流量的增加较外涵空气流量增加得多,涵道比减小(见图4-21);当飞行马赫数增加时,因高压压气机增压比减小,因而,内涵空气流量增加得较外缓慢,涵道比增加(见图4-22)。

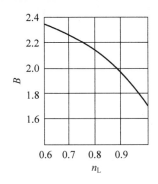

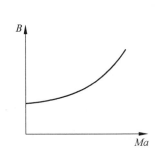

图4-21 涡扇发动机涵道比随转速的变化　　图4-22 涵道比随飞行速度的变化

4.3.3 涡扇发动机的特性

涡扇发动机的推力和燃油消耗率随发动机转速、飞行速度和飞行高度的变化规律,称为涡扇发动机的特性。和涡喷发动机一样,它也分为转速特性、高度特性和速度特性。

1. 转速特性

在飞行速度和飞行高度保持不变的条件下,涡扇发动机的推力和燃油消耗率随发动机转速的变化规律,称为涡扇发动机的转速特性。

1) 转速特性曲线

双转子涡扇发动机有高、低两个转子,根据供油量是按照哪个转子的需要进行调节,就以该转子的转速作为研究转速特性的基础。我国民航所用涡扇发动机的供油量都是按照高压转子的转速进行调节,故这里所说的发动机转速是高压转子的转速。

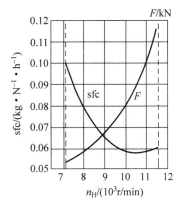

图4-23 涡扇发动机的转速特性

图4-23所示为涡扇发动机的推力和燃油消耗率随高压转子转速的变化规律。可以看出:同涡喷发动机一样,推力随转速的增大而一直增大;燃油消耗率起初随转速的增大降低得较快,后来下降缓慢,到接近最大转速时有所增加,其增加的程度比涡喷发动机稍大一些。

2) 大气条件对转速特性的影响

(1) 大气温度对转速特性的影响

大气温度降低时,一方面空气密度增加,空气流量增加。同时,低温空气易于压缩,发动机增压比增加,空气流量进一步增加。另一方面当涡轮前温度一定时,发动机加热量增加,有更多的热能转换成气体动能,气体速度增量增加。所以,大气温度降低时,发动机推力增加。大气温度降低,由于发动机增压比增加,总效率增加,燃油消耗率降低。

在发动机其他参数保持不变时,根据实验结论,发动机推力与大气温度(绝对温度)的平方成反比；发动机燃油消耗率与大气温度(绝对温度)的平方根成正比。

例 由夏季转入冬季时，假设大气温度由＋30℃变为－30℃，在同样的发动机转速下，发动机推力相差可达45％左右。由于大气温度变化对发动机推力影响显著，所以在炎热的夏季(尤其在高原机场)，发动机推力性能变差，进而会影响飞机的飞行性能(如起飞滑跑距离、复飞性能等)。

(2) 大气压力对转速特性的影响

大气压力增加时，空气密度增加，空气流量增加；同时，大气压力增加时，发动机各截面气体压力成比例增加，喷管中气体的膨胀能力不变。所以，发动机推力随着大气压力的增加成正比增加。由于大气压力变化时，发动机增压比、涡轮前温度、压气机和涡轮效率均不变，所以发动机燃油消耗率不变。

例 在其他条件不变的情况下，某高原机场的标高为4334m，在相同的发动机转速下，与另一标高为495m的某平原机场比较，发动机推力相差近40％。实际飞行中，大气压力变化较大，对发动机推力影响显著。在高原机场(尤其在炎热的夏季)，发动机推力性能将变差，进而影响飞机的飞行性能。

(3) 大气湿度对转速特性的影响

大气湿度对发动机推力也有影响，当气体湿度较大时，气体中水的成分增加，气体密度减小，进入发动机的空气流量减小；同时大气湿度增加，燃烧速度减慢，涡轮前温度降低，燃气膨胀能力降低，排气速度减小；最终发动机推力减小。

大气湿度除对发动机推力有影响外，更主要的是对飞机及发动机部件的腐蚀作用，尤其在沿海地区，高湿度大气中含卤族成分的物质将严重影响飞机及发动机部件的使用寿命，如将引起风扇及压气机叶片腐蚀，进而影响增压效率。所以，长期在这些地区执行飞行任务时，需要对飞机及发动机进行特别维护。

2. 高度特性

在飞行速度和发动机转速保持不变的条件下，涡扇发动机的推力和燃油消耗率随飞行高度的变化规律，称为涡扇发动机的高度特性。

图4-24所示为涡扇发动机的高度特性，在图上也表示了相同参数的涡喷发动机的高度特性，两者的变化规律一样，只是快慢略有不同。

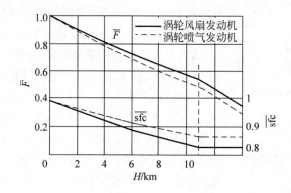

图4-24　涡扇发动机的高度特性

以发动机保持高压转子转速 N2 不变为例,说明飞行高度对发动机推力和燃油消耗率的影响。

当发动机燃油调节器保持 N2 转速不变,飞行高度升高时,大气压力降低,大气温度降低,空气密度降低,进入发动机的空气流量减小。此时,对发动机有以下三方面的影响:

(1) 空气流量的减小将使发动机推力减小。

(2) 大气温度的降低又使发动机推力有所恢复。

(3) 大气温度降低时,发动机换算转速升高,压气机功具有前"轻"后"重"趋势,使高压转子转速 N2 有下降趋势,低压转子转速 N1 有增大趋势。此时,发动机燃油调节器将自动增加供油量,提高涡轮前温度,保持高压转子转速 N2 不变,N1 将增加更多。所以,由于涡轮前温度增加,N1 增加,又使发动机推力得到一定程度的恢复。

根据实验,最终飞行高度对发动机推力的影响如图 4-24 所示,在 11 000m 以下时,由于空气流量的减小是主要因素,所以推力随飞行高度增加而降低;在 11 000m 以上时,随着飞行高度增加,大气温度不再变化,大气压力减小,空气流量减小得更多,发动机推力下降更快。根据试验结论,发动机在 11 000m 工作时,在同样的发动机转速(N2)下,推力只有海平面的 35%～40%。

飞行高度对发动机燃油消耗率的影响:在 11 000m 以下时,由于大气温度降低,燃油消耗率随飞行高度增加而降低;在 11 000m 以上时,随着飞行高度增加,大气温度不再变化,燃油消耗率不变。

通过飞行高度对发动机推力和燃油消耗率的影响,可以看出:在 11 000m 以下,随着飞行高度的增加,因发动机燃油消耗率降低,经济性变好,而推力下降较为缓慢,燃气涡轮发动机在一定的飞行高度范围内具有较好的高空性能。所以,目前当航程较大时,大型民航机巡航高度一般都在此高度左右,以充分发挥发动机的潜力。

3. 速度特性

在飞行高度和发动机转速保持不变的条件下,涡扇发动机的推力和燃油消耗率随飞行速度的变化规律,称为涡扇发动机的速度特性。

同样以发动机保持高压转子转速 N2 不变为例,说明马赫数对发动机推力和燃油消耗率的影响。

当发动机燃油调节器保持 N2 转速不变,飞行马赫数增大时,速度冲压作用增加,压气机进口总温 T_1^* 增加,发动机空气流量增加。总的来说,对发动机推力的影响主要取决于以下三个方面。

(1) 随着飞行马赫数的增加,进入发动机的气流速度增大,虽然速度冲压的作用使喷管内气体的膨胀能力增强,使排气速度增加(或不增加),但气体在发动机内的速度增量仍将减小,使发动机推力降低。

(2) 随着飞行马赫数的增加(尤其当 $Ma > 0.5$ 时),进入发动机的空气流量增加,使发动机推力增加。

(3) 当发动机保持高压转子转速 N2 不变时,随着飞行马赫数的增加,压气机进口总温 T_1^* 增加,发动机换算转速降低,压气机功具有前"重"后"轻"的趋势,使高压转子转速 N2 增加,低压转子转速 N1 有减小趋势。此时,发动机燃油调节器将自动减小供油量,降低涡轮前温度,保持高压转子转速 N2 不变,N1 将减小更多。所以,由于涡轮前温度降低,N1 减小，又使发动机推力进一步降低。

根据试验，飞行马赫数对各种涵道比的发动机推力的影响如图 4-25 所示。由此可以看出：

（1）涡喷发动机（相当于涵道比为零）和低涵道比（涵道比在 0.5 以下）的涡扇发动机在相当大的速度范围内（$Ma=0.5\sim2.0$），发动机推力随飞行马赫数增加而增加，速度性能较好，所以这种发动机适宜作超音速飞行。

（2）涵道比较高的涡扇发动机，随着涵道比的增加，外涵空气流量所占比例更多，由于外涵空气仅经过风扇加压，所以当飞行马赫数增加时，外涵空气速度增量减小更多，发动机推力进一步降低，发动机速度性能逐渐变差。所以，对高涵道比（涵道比在 5 以上）的涡扇发动机，发动机推力随着飞行马赫数的增加而不断下降，因而高涵道涡扇发动机不适宜作超音速飞行。

对燃油消耗率的影响主要取决于以下两个方面。

（1）由于飞行马赫数增加，发动机总压比增加，发动机的热效率增加；同时，因气体的速度增量不断减小，气体动能损失减小，发动机推进效率增加，所以，总效率增加，发动机经济性变好。但对高涵道比涡扇发动机，此因素不明显。

（2）由于飞行马赫数增加（对涡喷，特别是当 $Ma\geqslant3.0$ 时），由于 T_1^* 过高，压气机效率降低，同时气流损失加大，最终使热效率降低，总效率降低。

其中，第二个因素起主导作用。通过燃油消耗率与发动机总效率的关系，可以看出：飞行马赫数增加时，燃油消耗率增加，而此时发动机总效率增加又使燃油消耗率有所回落，特别是涡喷发动机。

经过试验，最终燃油消耗率随飞行马赫数的增加而增加，如图 4-26 所示。

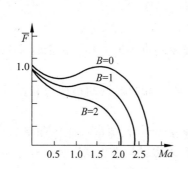

图 4-25   飞行马赫数对推力的影响

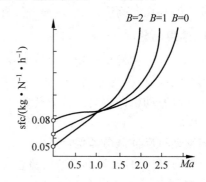

图 4-26   飞行马赫数对燃油消耗率的影响

4. 其他影响发动机性能的因素

1）压气机引气

为了确保飞机各系统和发动机的工作正常，需要从压气机引出部分增压空气，主要用于飞机客舱和驾驶舱的空调、增压、涡轮冷却，飞机和发动机防/除冰以及压气机防喘引气。压气机引气的结果，一方面使部分高压空气未对涡轮做功和在喷管中膨胀产生推力，使燃气流量减少，发动机推力降低；另一方面引气量增加使涡轮功率有所下降，发动机转速将降低；此时发动机燃油调节器将自动增大供油量，使涡轮前温度升高，最终保持转速不变。由于涡轮前温度升高将使燃气排气速度增加，发动机推力得到一定恢复。

总的来说,压气机引气,一方面可以使压气机的稳定工作范围变宽;另一方面也使涡轮前温度升高,燃油消耗量增加,发动机推力减小,燃油消耗率增加,对发动机推力及经济性均造成不利影响,发动机加速性也将变差。所以,在飞机起飞、着陆阶段(尤其在高温、高原机场),应尽量减少压气机引气量,以确保发动机的推力性能及发动机使用寿命。如 CFM56-3 发动机采用无发动机引气(指空调、增压气源)起飞时,发动机 N1 转速可提高 1%,发动机起飞推力可提高 3%~4%,从而改善发动机的推力性能。

2) 发动机维护质量

实际飞行中,空气中的沙尘等将随气流进入发动机,沉积到进气道、压气机叶片和发动机机匣等表面,引起发动机积污。当发动机积污到一定程度时,将引起气流分离加剧,压气机增压效率降低,涡轮前温度升高,空气流量减小,发动机推力和经济性变差,引起发动机性能衰减。如 CF6-6D 发动机,若压气机效率或涡轮效率降低 1%,排气温度上升 10℃,则燃油消耗率上升 0.6%。所以,维护人员应定期用专门的清洗液对发动机进行清洗,以恢复发动机的性能。如 CFM56-5 发动机积污时,用清洗剂和热水对发动机涵道进行清洗,发动机排气温度 EGT 可恢复 15℃,发动机燃油消耗率可降低 0.5%~1%。

实际飞行中,影响发动机推力和经济性的因素还有很多,如在大雨中飞行,发动机推力将减小;风扇和压气机遭外来物击伤,其增压效率降低将引起推力减小,经济性变差,等等。

4.3.4　涡扇发动机的使用性能

1. 发动机的工作状态

飞行中不同的飞行阶段对发动机的推力(功率)有不同要求,因而发动机对应有不同的工作状态。实际飞行中,不同油门位置对应了不同的发动机转速,给定了不同的发动机状态,由发动机推力和燃油消耗率随发动机转速变化曲线,可以得到常见的以下几种发动机状态。

1) 最大状态

发动机在最大转速和最高涡轮前温度时的状态为最大状态,此时发动机可发出最大推力。

飞机在紧急起飞,短跑道起飞,高温、高原机场起飞时,为了尽可能缩短起飞滑跑距离,可使用发动机最大状态。飞机复飞时,为了获得最大上升率,也可使用最大状态。

发动机在最大状态下工作时,由于转速和涡轮前温度最高,发动机各部件承受的负荷最大,因此,发动机在最大状态连续工作时间一般不超过 5min。使用中,应防止发动机超温、超转、超时。

2) 额定状态

这是设计发动机所规定的基准工作状态。相应的发动机参数分别称为额定转速、额定推力(功率)。额定状态时发动机推力一般为最大推力的 90%,转速为最大转速的 95% 左右。

额定状态常用于飞机正常起飞,紧急爬升。发动机在此状态工作时,由于转速和涡轮前温度比最大状态低一些,各部件承受的负荷要小一些,所以发动机连续工作时间可长些,通常限制在 30~60min。

3) 最大连续状态

这是发动机可长时间连续发出最大推力(功率)的工作状态。此时,发动机推力约为最大推力的 80%,发动机转速为最大转速的 90%。

最大连续工作状态常用于飞机爬升和大速度平飞,连续使用时间不受限制。

需要特别指出的是,目前一些美、英制发动机中,没有专门规定发动机额定状态,而只有发动机最大连续工作状态,使用时间也不受限制。

4) 巡航状态

这是飞机作巡航飞行时所使用的发动机状态,此时,为了确保巡航飞行的航程续航时间,发动机转速为最大转速的 85% 左右。

巡航状态用于飞机巡航飞行,连续使用时间不受限制。

5) 慢车状态

这是发动机稳定、连续工作的最小转速工作状态。此时,发动机油门杆位于最后,发动机的推力为最大推力的 5% 左右,发动机转速为最大转速的 20%～35%。

慢车状态用于飞机着陆,快速下降,地面滑行和发动机冷、暖机等,使用时间不受限制。

慢车转速较低,慢车推力较小,可以改善飞机的着陆及滑行性能。但慢车转速过小,会影响在空中飞行的飞机及发动机的一些性能,如大雨中飞行,发动机容易熄火;发动机引气量不足,影响飞机和发动机防(除)冰的可靠性等。所以,有些发动机的慢车状态分为高慢车状态和低慢车状态。当飞机在空中,油门收到最后时,保持高慢车状态;当飞机主轮着地后,自动转换成低慢车状态,从而满足飞机和发动机性能的需要。

需要说明的是,发动机状态及使用特点随具体的飞机和发动机性能而有所不同,实际使用中应根据各具体飞机手册的要求使用。

2. 高涵道比涡扇发动机起飞推力平台温度

目前,大型、重型民航机的高涵道比涡扇发动机的起飞推力设置基本相似。比如 B737-300 装备的 CFM56-3 发动机,由低压转子转速 N1 来表征发动机推力,飞机的飞行性能通过飞行管理计算机系统(FMS)进行管理。

飞机起飞前,机组首先应根据机场标高和塔台提供的当时外界大气温度,根据飞机《飞行手册》中发动机性能图表(见表 4-3),查出发动机的起飞 N1 值;也可在飞行管理计算机 FMC"起飞基准"页面(见图 4-27)"OAT"栏中输入当时的外界大气温度(机场标高无须输入,飞机可自动感受),FMC 将自动计算出发动机的起飞 N1 值。起飞 N1 得出后,起飞时飞行员前推油门将发动机设置到此 N1 转速状态,在飞机起飞过程中,发动机燃油调节器将自动保持发动机转速不变(PMC 接通工作时,将保持 N1 不变)。

表 4-3　B737-300 最大起飞 N1 值　　　　　　　　　　　%

外界大气温度		机场气压高度/ft									
℃	℉	−1000	0	1000	2000	3000	4000	5000	6000	7000	8000
55	131	89.9	90.5								
50	122	90.6	91.1	91.6	92.3	93.1					
45	113	91.2	91.6	92.1	92.6	93.9	94.9	94.7	94.2		

续表

外界大气温度		机场气压高度/ft									
℃	℉	−1000	0	1000	2000	3000	4000	5000	6000	7000	8000
40	104	91.7	92.1	92.6	93.0	94.3	95.3	95.3	95.3	95.0	94.3
35	95	92.0	92.5	93.0	93.4	94.7	95.9	95.8	95.8	95.1	94.5
30	86	91.8	92.8	93.2	93.6	95.0	96.5	96.4	96.4	95.7	95.0
25	77	91.0	92.1	92.9	93.6	94.5	95.9	96.3	96.7	96.2	95.6
20	68	90.3	91.3	92.1	92.8	93.8	95.1	95.5	95.9	95.9	95.9
15	59	89.5	90.5	91.3	92.0	93.0	94.3	94.7	95.1	95.3	95.3
10	50	88.7	89.7	90.5	91.2	92.1	93.4	93.9	94.3	94.4	94.6
5	41	87.9	88.9	89.7	90.4	91.3	92.6	93.0	93.4	93.6	93.7
0	32	87.1	88.1	88.9	89.6	90.5	91.8	92.2	92.6	92.7	92.9
−10	14	85.5	86.5	87.2	87.9	88.8	90.1	90.5	90.9	91.0	91.2
−20	−4	83.9	84.8	85.6	86.2	87.1	88.3	88.8	89.1	89.2	89.4
−30	−22	82.2	83.1	83.9	84.5	85.4	86.6	87.0	87.4	87.5	87.6
−40	−40	80.5	81.4	82.1	82.7	83.6	84.8	85.1	85.5	85.7	85.8
−50	−58	78.8	79.6	80.3	81.0	81.8	82.9	83.3	83.7	83.8	84.0

注：1ft=0.3048m。

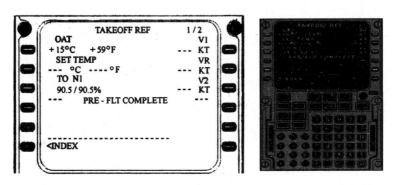

图 4-27　起飞基准页面

例　当飞机在海平面机场起飞，外界大气温度为 0℃时，经查发动机性能图表，此时发动机起飞 N1＝88.1%；当外界大气温度为 15℃时，发动机起飞 N1＝90.5%；当外界大气温度为 30℃时，发动机起飞 N1＝92.8%；当外界大气温度为 40℃时，发动机起飞 N1＝92.1%。

例　当飞机在标高为 2000ft 的机场起飞，外界大气温度为 0℃时，经查发动机性能图表，此时发动机起飞 N1＝89.6%；当外界大气温度为 15℃时，发动机起飞 N1＝92.0%；当外界大气温度为 30℃时，发动机起飞 N1＝93.6%；当外界大气温度为 40℃时，发动机起飞 N1＝93.0%。

由此可以看出：对同一机场，当场压不变，随着外界大气温度升高，发动机推力将减小，为了保持发动机的起飞推力不变，此时发动机的起飞 N1 需要增加，N2、EGT 也随之增加。直到 EGT 温度达到限制值时（此时，对应的外界大气温度为发动机推力平台温度，平台温度是对应给定场压保持发动机起飞推力的最高大气温度），如图 4-28 所示。为了防止发动机超温,EGT 温度将不再增加,此时 N1 将随外界大气温度的增加而减小,发动机推力也将减小。

从发动机性能图表可知,CFM56-3 发动机在海平面机场可以保持发动机起飞推力到30℃(即平台温度为30℃);对不同的机场,随着机场标高的升高,大气压力降低。为了保持发动机的起飞推力不变,同样的发动机起飞 N1 将增加,N2、EGT 也将随之增加。所以,在同样的外界大气温度下,机场标高越高,发动机所需的起飞 N1 越大,发动机保持起飞推力不变的最高外界大气温度相应降低(如当机场标高为 6000ft 时,保持起飞推力不变的最高外界大气温度为 25℃)。

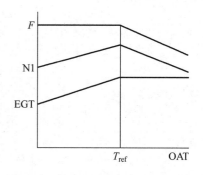

图 4-28　发动机平台温度(OAT 表示外界大气温度)

在场温相同情况下,B737-300 飞机(起飞时发动机最高 EGT 为 930℃)在北京和昆明起飞时,发动机 N1 和 EGT 实测值如表 4-4 所示。

表 4-4　B737-300 起飞数据比较(1990-04-30)

起飞机场	场压/mmHg	场温/℃	N1/%	EGT/℃
昆明	603	14	左 94.2,右 95.2	左 897,右 906
北京	761	14	左 89.3,右 89.2	左 802,右 789

由此可见,在场温相同的情况下,由于昆明机场场压比北京机场低 20% 左右,为确保发动机起飞推力,在昆明起飞时,N1 要比北京起飞时高 5%～7%,EGT 高 95℃～120℃,所以,在高原机场机组更应该注意防止发动机起飞超温。

4.3.5　齿轮传动风扇(GTF)发动机

传统的双转子高涵道比涡扇发动机的风扇直径很大,受叶尖切线速度的限制,风扇转子只能工作于较低转速下。由于风扇由低压涡轮直接驱动,则同轴的低压压气机(或者叫做增压压气机)和低压涡轮的转速大大低于它们的最佳工作转速。为达到发动机总体设计要求,只得增加低压压气机及低压涡轮的级数。而且,目前主流的双转子高涵道比涡扇发动机的低压转子转速通常选为风扇和低压涡轮最佳工作转速之间的一个折中转速,使得风扇和低压涡轮都不能在最佳工作转速下工作。

以 PW 公司的齿轮传动风扇发动机为例,其在双转子涡扇发动机的低压涡轮和风扇之间加入一个齿轮减速器,如图 4-29 所示,以使风扇、低压涡轮和增压压气机都可在各自最有效的转速下工作,从而优化发动机性能。低压涡轮和风扇轴之间的齿轮传动系统必须采用柔性连接。

驱动风扇的减速器由下列主要构件组成:一个由发动机低压涡轮驱动的中心齿轮,5 个星型齿轮,一个与风扇连接的外环齿轮,如图 4-30 所示。

增加涵道比可提高推进效率。增加风扇直径可以提高涵道比,但风扇的转速必须降低,以保持叶尖速度,从而使损失和噪声最小。GTF 发动机的涵道比达到了 10～12,为 CFM56 与 V2500 发动机的两倍左右,涵道比的增大使其油耗比目前涡扇发动机降低 12%。

图 4-29　GTF 发动机及齿轮减速器

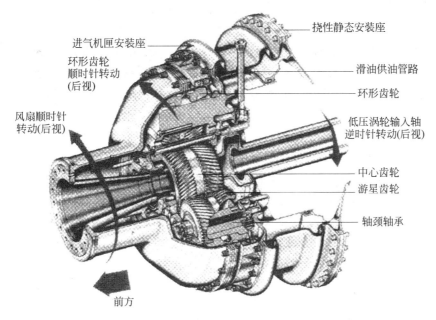

图 4-30　GTF 发动机的减速器构造

　　GTF 发动机采用了较低的叶尖切线速度，$u=324\mathrm{m/s}$，低于目前主流的涡扇发动机（PW4084 发动机，$u=413.3\mathrm{m/s}$；TRENT800 发动机，$u=478.4\mathrm{m/s}$；GE90 发动机，$u=376.3\mathrm{m/s}$），对减小噪声有利。但在叶尖处对空气的做功不利，为此，PW 公司采用先进的计算流体动力学 CFD，对叶尖进行了处理，使其具有较先进的性能。

　　标准型非齿轮传动涡扇发动机有 22～24 片风扇叶片，而 GTF 发动机只有 18 片后掠式风扇叶片，风扇系统的质量减轻了；一般标准的发动机具有 3500 片低压压气机和低压涡轮叶片，而 GTF 发动机仅有约 2000 片，可与增加的减速器的质量相抵消；与相应的非齿轮传动发动机相比,GTF 发动机的维护成本预计可节省 40%。

4.4 涡轮螺旋桨发动机

涡喷发动机自 20 世纪 40 年代初期问世以来,因亚音速推进效率低、经济性差,其应用范围受到一定的局限,尤其在运输机、民航机上。由于螺旋桨在中、低速时工作效率高,所以,人们在涡喷发动机的基础上研制出了涡轮螺旋桨发动机(简称涡桨),广泛用在中、低速的运输机、轰炸机和支线民航机上。

4.4.1 涡桨发动机的特点

1. 涡桨发动机的构造特点

典型涡桨发动机的组成如图 4-31 所示,包括螺旋桨、减速器、进气装置、燃气发生器、动力(自由)涡轮和排气装置。由于涡桨发动机进、排气速度不高,进气道和喷管已退化为进气装置和排气装置。进气装置的主要作用是确保空气顺利进入发动机,有的发动机进气装置中还有防尘、防冰装置;排气装置的目的是使燃气顺利喷出发动机,同时也产生少量推力,有的发动机排气装置中还装有热交换器和消音器。减速器位于螺旋桨与发动机功率输出轴之间,作用是使螺旋桨转速低于涡轮功率输出轴转速,从而确保在发动机输出较大功率的同时,螺旋桨的效率较高;燃气发生器是涡桨发动机的核心部件,作用是产生高温、高压燃气,便于在涡轮中膨胀。为了将燃气绝大部分的可用能量通过涡轮传递给螺旋桨,涡桨发动机的涡轮都为多级涡轮,以确保燃气在涡轮中充分膨胀,最后通过涡轮轴输出扭矩并经减速器减速后带动螺旋桨,产生推进力。

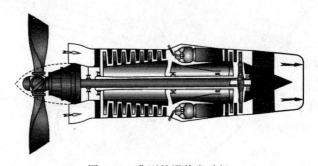

图 4-31 典型的涡桨发动机

涡桨发动机可根据发动机转子的数量分为单轴式和双轴式涡桨发动机,如图 4-32 所示。单轴式涡桨发动机的螺旋桨与发动机共为一个轴,这种发动机结构较为简单,但发动机工作效率低,发动机与螺旋桨工作的协调性不好,性能较差,常用在早期的涡桨发动机上,如 WJ5AI 发动机。双轴式涡桨发动机又可分为自由涡轮式和非自由涡轮式。自由涡轮式涡桨发动机的高压涡轮用来带动压气机,也叫压气机涡轮或燃气发生器涡轮;低压涡轮通过减速器带动螺旋桨,所以也叫动力涡轮或自由涡轮。非自由涡轮式涡桨发动机的低压涡轮除带动低压压气机外,还经减速器带动螺旋桨。双轴式涡桨发动机除具有双转子发动机通用的优点外,还可减轻减速器负荷,这是由于低压转子转速较低,减速比减小的缘故;同时双轴式涡桨发动机便于调节,便于启动。目前民航机上的涡桨发动机多为双轴自由涡轮结构。

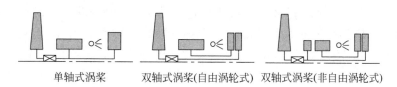

单轴式涡桨　　双轴式涡桨(自由涡轮式)　双轴式涡桨(非自由涡轮式)

图 4-32　涡桨发动机的类型

而且,自由涡轮式涡桨发动机有一种结构形式是空气和燃气的流动方向是从后向前的,这样的结构在设计上有较大的灵活性。加拿大普惠公司的 PT6 发动机就是这种发动机的一个例子。它质量较轻,有两个独立对转的涡轮,一个涡轮驱动压气机,另一个通过减速器驱动螺旋桨,可产生 600～1000 轴马力。其燃气发生器包括 3 级轴流式压气机和 1 级离心式压气机,回流环形燃烧室,和一个单级的压气机涡轮,如图 4-33 所示。

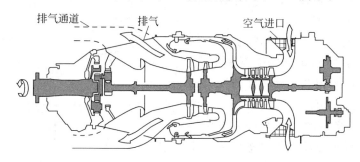

排气通道　　排气　　空气进口

图 4-33　PT6 涡桨发动机结构

涡桨发动机工作系统除一般燃气涡轮发动机的系统外,还必须包括螺旋桨转速调节系统和顺、回桨等螺旋桨负拉力控制装置,确保螺旋桨的工作效率和飞机的飞行性能及飞行安全。涡桨发动机的螺旋桨保持了活塞发动机螺旋桨的基本特征,既可以使用液压机械式调速器,也可以使用电控调速器,差别不大。但应该指出,涡桨发动机中燃油控制器同螺旋桨调速器共同工作,来调节螺旋桨和发动机转速。另外,涡桨发动机的螺旋桨必须有快速变距特性,即活塞发动机螺旋桨在大约 40% 转速变化范围内,桨叶角可在 20°～45° 变化,但涡桨发动机螺旋桨必须在 10% 转速变化范围内,桨叶角要在 5°～45° 变化。

涡桨和涡扇的一个主要差别是:流过涡扇发动机风扇的气流,由设计成扩张形的进气道所控制,相对于风扇叶片的气体流速基本不受飞机空速的影响,这就消除了高飞行速度下风扇叶片工作效率的损失,而高飞行速度能力正是涡桨发动机螺旋桨的使用限制。对同参数的涡扇和涡桨而言,通过风扇的总空气流量比通过涡桨螺旋桨的要少,但随着涡扇发动机涵道比增加,差别将减小。

为什么不用常规的螺旋桨代替风扇?有两个理由,首先,发动机和螺旋桨组合的飞机在巡航高度,空速大于 400n mile/h 时开始迅速损失效率,而涡扇发动机有效地产生推力直到超音速飞行。其次,螺旋桨减速器的复杂性、较大质量以及螺旋桨的繁琐调节在涡扇发动机上完全避免了,同参数的涡扇不仅比涡桨轻,而且从不被螺旋桨和相关系统的故障所困扰。

2. 涡桨发动机的工作特点

涡桨发动机工作时,螺旋桨后的部分空气从进气装置进入发动机,在压气机中受到压缩,压力、温度提高;然后在燃烧室中与燃油混合燃烧,形成高温、高压燃气,燃气在涡轮中充分膨胀,将大部分燃气的可用能量转换成涡轮机械功;涡轮带动压气机和(经减速器)螺旋桨转动,通过螺旋桨产生推进力,最后燃气从排气装置中排出,产生少量推力。

　　涡桨发动机将涡喷发动机的优点和螺旋桨较高推进效率结合在了一起。涡喷发动机通过迅速加速相对小的空气质量产生推力,涡桨发动机对相对大的空气质量施加较少的加速度产生拉力。涡桨发动机的涡轮设计成从膨胀的燃气中吸收大量的能量,不仅提供满足压气机和其他附件需要的功率,而且输出最大可能的扭矩到螺旋桨轴。整个发动机的推力是由在前面的螺旋桨和在后面的喷管组合作用产生的。在标准日、海平面、静态条件下,典型的涡桨发动机的螺旋桨担负总推力的约90%。这个百分数随空速、排气喷管面积、且在较小程度上随温度、压力和发动机功率变化。

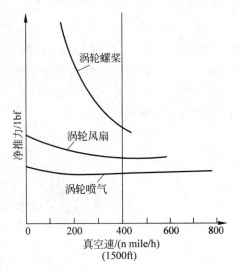

图4-34　涡喷、涡扇、涡桨推力比较

　　相比于同参数条件下的涡喷和涡扇发动机,涡桨发动机在直到中高亚音速飞行速度范围内,其产生的推力(拉力)相对较高,且其推力(拉力)随空速增加而减小,如图4-34所示。在正常巡航飞行速度范围,涡桨发动机的推进效率保持一定值左右,而涡喷、涡扇发动机的推进效率随空速增加迅速地增加,如图4-35所示。另外,相比于同参数条件的涡喷、涡扇发动机,涡桨发动机的燃油消耗率相对较低,如图4-36所示。

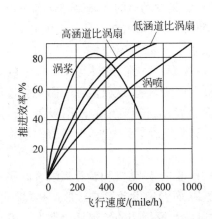

图4-35　飞行速度对发动机推进效率的影响

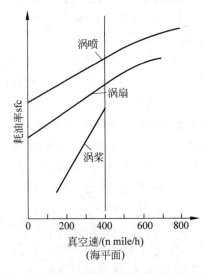

图4-36　涡喷、涡扇、涡桨燃油消耗率比较

　　总结起来,涡桨发动机有如下一些特点:
　　(1)发动机推进力主要来自螺旋桨拉力。
　　涡桨发动机将绝大部分(90%左右)的燃气可用能量转变成涡轮机械功用以带动螺旋

桨,以充分发挥螺旋桨中、低速飞行时推进效率高的优点;只有少量(10%左右)可用能量用来增加气体动能,从而大大降低了喷气速度,降低了离速损失,提高了发动机推进效率。

(2) 发动机起飞推进力大,飞机起飞性能好。

当发动机传递给螺旋桨的功率一定时,随着飞行速度的降低,螺旋桨拉力增大。由于发动机推进力主要来自螺旋桨拉力,所以飞机起飞时涡桨发动机的推进力大,可有效缩短起飞滑跑距离,改善飞机的起飞性能。

(3) 在一定条件下,螺旋桨可产生较大负拉力,改善飞机着陆和中止起飞性能。

当螺旋桨桨叶迎角为负迎角时(可通过减小桨叶角实现),螺旋桨将产生负拉力。所以当飞机着陆(或中止起飞)时,可使螺旋桨桨叶迎角变为负迎角,从而为飞机提供负拉力,有效缩短飞机滑跑距离,改善飞机着陆和中止起飞性能。

(4) 发动机中、低速经济性好。

当飞机中、低速飞行时,由于螺旋桨的工作效率高,同时,喷气速度低,离速损失小,喷气推进效率高,所以涡桨发动机总的推进效率高,经济性好。

当飞行速度过高(>373mile/h)时,螺旋桨将产生较大的激波阻力,导致螺旋桨效率急剧下降,如图 4-35 所示,发动机性能迅速变差。所以涡桨发动机只适宜做中、低速飞行飞机的动力装置。

(5) 发动机功率的输出受到减速器负荷的限制。

涡桨发动机工作时,由于发动机绝大部分的推进力是由动力涡轮经减速器传递给螺旋桨,减速器的减速比可高达 1:15,减速器齿轮承受巨大的扭矩,负荷较重。所以减速器传递的功率将受到减速器重量和尺寸的限制,进而使涡桨发动机的功率输出不可能无限制增加。事实上,目前涡桨发动机减速器的质量已相当于压气机和涡轮的总和,减速器的工作寿命直接影响到发动机的使用寿命。所以,涡桨发动机在使用中,应特别防止发动机超负荷使用(尤其在冬季飞行时)。

由此可见,涡桨发动机不仅中、低速经济性好,而且对起飞、着陆机场的要求不高,最适宜做中、低速支线运输飞机的动力装置。同时,因螺旋桨的噪声较大,对飞机的舒适性具有一定影响。随着螺旋桨性能的改进,涡桨发动机的应用前景将更加广阔。

根据涡桨发动机的工作特点,当涡轮前温度提高时,燃气将更多的可用能量传递给螺旋桨,产生拉力,发动机排气速度不会随之增加,而螺旋桨效率基本不变。所以,随着涡轮前温度的升高,一方面发动机热效率提高,另一方面发动机推进效率不会减小,发动机的总效率升高,发动机经济性变好。所以,不断提高发动机的涡轮前温度,可改善涡桨发动机的性能。

4.4.2　涡桨发动机的主要性能参数

涡桨发动机的主要性能参数较多,这里只介绍当量轴功率和当量燃油消耗率。

1. 当量轴功率(ESHP)N_{equ}

在介绍当量轴功率前,先介绍以下几个基本概念:

1) 发动机有效功率 N_e

它是发动机用来带动螺旋桨的功率。

2) 螺旋桨轴功率 N_s

它是发动机经减速器传递给螺旋桨的功率。它与发动机有效功率的关系为

$$N_s = N_e \eta_m \tag{4-38}$$

式中：η_m——减速器的机械效率，一般为 $0.97 \sim 0.98$。

涡桨发动机螺旋桨轴功率还可以通过下面的公式来计算：

$$N_s = KMn_B \tag{4-39}$$

式中：M——减速器传递的扭矩；

　　　n_B——螺旋桨转速；

　　　K——发动机结构常数。

所以，当螺旋桨轴功率一定时，螺旋桨转速越低，减速器传递的扭矩越高。对具体的发动机，为了防止减速器齿轮的过度磨损，确保发动机使用寿命，必须对发动机扭矩进行限制，飞行中不允许超过扭矩的限制值。如 PT6A-61 发动机，发动机最大扭矩限制在 $2230\text{lb} \cdot \text{ft}$ 以下。

3）螺旋桨的推进功率 N_B

它是指螺旋桨的拉力推动飞机前进所做的功率，即

$$N_B = pV_{fly} \tag{4-40}$$

式中：p——螺旋桨拉力；

　　　V_{fly}——飞行速度（与发动机零站位处的气流速度 c_0 大小相等，方向相反，$V_{fly} = c_0$）。

4）螺旋桨效率 η_B

它是指螺旋桨推进功率与螺旋桨轴功率之比，即

$$\eta_B = \frac{N_B}{N_s} \tag{4-41}$$

所以，发动机提供给螺旋桨的轴功率并不能全部用来产生推进功率，存在的损失有桨叶的摩擦损失、激波损失（一定条件下存在）和离速损失。在飞行使用中，螺旋桨效率主要随桨叶迎角和飞行速度变化。

由于涡桨发动机的推进力来自螺旋桨拉力和少量的喷气推力，为了全面描述涡桨发动机输出的功率，假设喷气的推进功率是由螺旋桨产生的，并且折合为螺旋桨轴功率，此折合轴功率与螺旋桨自身轴功率之和就定义为当量轴功率，用公式表示为

$$N_{equ} = N_s + \frac{FV_{fly}}{75\eta_B}(\text{hp}) \tag{4-42}$$

式中：η_B——螺旋桨效率；

　　　F——喷气推力（daN）；

　　　V_{fly}——飞行速度（m/s）。

例　某涡桨发动机，飞行速度为 300kn，螺旋桨轴功率为 720hp，同时产生 130lb 的推力，若螺旋桨效率为 0.8，求此时发动机的当量轴功率。

解　已知：$V_{fly} = 300\text{kn} = 154.3\text{m/s}$；$N_s = 720\text{hp}$；$F = 130\text{lb} = 59\text{daN}$；$\eta_B = 0.8$。

当量轴功率

$$N_{equ} = N_s + \frac{FV_{fly}}{75\eta_B} = 720 + \frac{59 \times 154.3}{75 \times 0.8} = 872(\text{hp})$$

当发动机在地面工作时，飞行速度为零，发动机推进功率为零，所以，此时无法利用式(4-42)来计算发动机当量轴功率大小。由实验得知，发动机在地面工作时，螺旋桨要产生 1kgf 的拉力，螺旋桨需要 $0.83 \sim 0.91\text{hp}$ 的轴功率，利用此换算系数，就可以得出发动机当

量轴功率,用公式表示为

$$N_{equ,0} = N_{s,0} + KF_0 \qquad (4\text{-}43)$$

式中：$N_{equ,0}$——飞行速度为零时的当量轴功率；

　　　$N_{s,0}$——飞行速度为零时,螺旋桨的轴功率；

　　　F_0——飞行速度为零时,发动机的喷气推力；

　　　K——取值 0.83～0.91,称为马力折合系数,单位为 hp/daN,其值随螺旋桨的型别不同而变化。

例　在试车台上试验某涡桨发动机时,测得螺旋桨轴功率为 2655hp,喷气推力 $F_0 = 271daN$,取马力折合系数为 0.90,求此时发动机当量轴功率。

解　当量轴功率

$$N_{equ,0} = N_{s,0} + KF_0 = 2655 + 0.90 \times 271 = 2899(hp)$$

2. 当量燃油消耗率 sfc$_{equ}$

发动机每产生 1hp 的当量轴功率,在 1h 内所消耗的燃油量,称当量燃油消耗率。它在一定条件下描述了涡桨发动机的经济性。

涡桨发动机起飞当量燃油消耗率为：0.20～0.28kg/(hp·h),可以看出已接近航空活塞发动机的经济性。

4.4.3　涡桨发动机控制

1. 螺旋桨控制基本概念

(1) 反桨和负拉力控制。正常飞行中,螺旋桨产生使飞机前进的拉力,即螺旋桨处在正拉力状态。但在一定条件下,螺旋桨若出现负迎角,将产生负拉力,即反桨,阻碍飞机前进。空中飞行时,若负拉力过大,将给飞行操纵带来很大困难,甚至危及飞行安全。当发动机油门较小时,螺旋桨将自动变小距,保持螺旋桨转速不变,但若螺旋桨桨叶角过小时,将出现负的桨叶迎角,产生负拉力。所以,涡桨发动机螺旋桨调速器都有空中小桨距限制,即最小桨叶角限制。如：WJ5AI 发动机,空中最小桨叶角为 20°,PT6A-61 发动机,空中最小桨叶角为 21°。同时,为了防止空中产生过大负拉力,还应防止空中油门过小。当飞机着陆时,在油门收到慢车的同时,应立即解除螺旋桨小距限制,使螺旋桨桨叶角能够迅速变到最小距(有的发动机还可变到负的桨叶角即反桨位置),从而使螺旋桨迅速产生负拉力,有效缩短飞机的着陆滑跑距离。

(2) 顺桨和回桨。顺桨是指将螺旋桨变大距到最大桨叶角位置。对双发及以上的涡桨发动机,当在空中出现一台发动机停车时,机组应迅速对停车发动机实施顺桨,将螺旋桨桨叶角变到最大桨叶角位置(WJ5AI 发动机为 92.5°,PT6A-61 发动机为 87°),从而使螺旋桨飞行阻力最小,确保飞机的操纵性及飞行安全。回桨是指对已顺桨的发动机螺旋桨变小距,使之退出顺桨位置,便于发动机空中启动。

2. 涡桨发动机控制系统

涡桨发动机的燃油控制器接受驾驶员的操纵信号,并考虑其他一些变量,在不超出发动机转速和涡轮进口温度等安全限制条件下,通过调节进入燃烧室的燃油流量使得发动机产生飞行员要求的功率输出。目前的涡桨发动机结构上多是自由涡轮式,在这一类发动机上,

　　燃气发生器产生燃气驱动自由涡轮(也叫动力涡轮),自由涡轮再通过减速器转动螺旋桨。如果是涡轴发动机,自由涡轮通过减速器驱动直升机旋翼和尾桨。除此之外,涡桨发动机的控制系统还有附加任务,即在控制螺旋桨转速或自由涡轮转速的同时,它还要控制螺旋桨的桨叶角(详见螺旋桨部分)。现代涡桨发动机的螺旋桨多是恒速螺旋桨,保持螺旋桨恒速是由螺旋桨调速器实现的,它感受螺旋桨或自由涡轮转速,通过改变螺旋桨的桨叶角,即变大距或变小距,改变螺旋桨旋转阻力力矩(螺旋桨负荷),从而保持螺旋桨恒速。

　　比如PT6系列涡桨发动机就是由功率控制杆操纵发动机、螺旋桨控制杆操纵螺旋桨控制系统对发动机进行控制的,如图4-37所示。图中的启动控制杆用于选择发动机高低慢车转速范围,或者在发动机停车时切断燃油供给。

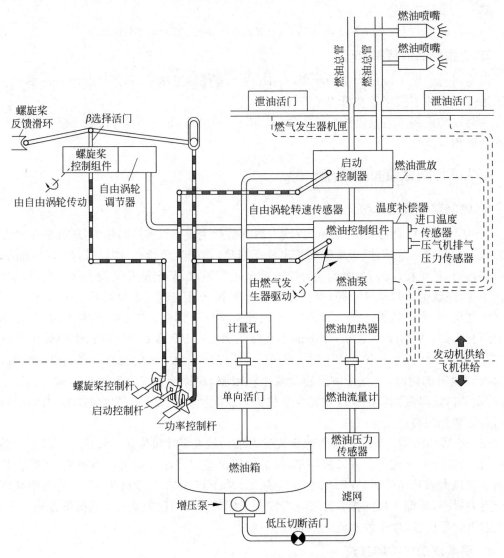

图 4-37　PT6 发动机和螺旋桨控制系统

　　功率控制杆在最大起飞功率至反桨功率之间设置发动机功率输出。在前推力方式,功率控制杆操作燃气发生器调节器,控制燃气发生器转速。当功率控制杆移到 β 控制范围时,直接控制桨叶角,当功率控制杆放在反推位时也是如此。因为在 β 范围和反推方式,功率控制杆和螺旋桨控制组件直接互连,燃气发生器转速按照预定计划随螺旋桨桨叶角逐渐减小而增加。功率控制杆位置高于 β 范围时,螺旋桨控制杆操作螺旋桨控制组件。因此,功率控制杆决定和限制螺旋桨被控的转速范围。另一方面,又因为在发动机中自由涡轮和螺旋桨通过减速器机械相连,这意味着,螺旋桨控制杆也决定和限制自由涡轮的转速调节范围。

在正常飞行状态,螺旋桨控制组件作为恒速调节装置,为响应飞行状况变化,自动改变桨叶角以匹配螺旋桨阻力力矩始终等于发动机动力涡轮驱动力矩,保持螺旋桨转速不变。此外,螺旋桨控制组件能够手动设置要求的桨叶角,主要是在低空速飞行或当飞机在地面时,借助于功率控制杆在 β 范围同螺旋桨控制组件互连实现。

有一些发动机,自由涡轮调节器包含在螺旋桨控制组件中,在自由涡轮超转时,自由涡轮调节器和限制器会减少燃油流量。在很多小型涡桨和涡轴发动机中,如 PT6 发动机,燃油控制器是液压气动系统,功能上可划分成气动计算部分和液压计量部分。计算部分感受压气机出口压力、燃气发生器转速、自由涡轮转速和压气机进口温度,并进行控制计算。

当然,涡桨发动机燃油控制器中有最大转速限制器、排气温度限制器以及扭矩限制器,以保证这些重要的发动机参数不超出安全极限。

4.5　涡轮轴发动机

在 20 世纪 50 年代以前,直升机的动力装置都为航空活塞发动机,燃气涡轮发动机问世以后,为了利用其质量小、功率大的优点,在涡喷和涡桨发动机的基础上,成功研制出涡轮轴发动机,燃气通过动力涡轮(自由涡轮)轴输出功率,带动外界负荷。涡轴发动机在低速飞行时,经济性好,广泛应用在直升机上,也可作为舰船、机车、坦克等的动力装置。

4.5.1　涡轴发动机的基本组成及工作

目前使用中的涡轴发动机通常为自由涡轮式,如图 4-38 所示,包括进气装置、燃气发生器、动力涡轮、排气装置和减速器。进气装置的主要作用是确保清洁的空气顺利进入发动机,其中有防尘、防冰装置;排气装置是使燃气顺利排出发动机,几乎不产生推力,有的发动机排气装置中还装有热交换器和消音器。燃气发生器是涡轴发动机的核心部件,作用是产生高温、高压燃气,便于在动力涡轮中膨胀。为了将燃气的全部可用能量转换成涡轮机械功,涡轴发动机的涡轮级数较多,分为压气机(或燃气发生器)涡轮和动力(或自由)涡轮,以确保燃气在涡轮中充分膨胀,其中压气机涡轮用来带动压气机,动力涡轮(自由涡轮)经减速器用来带动外界负荷;减速器的作用是使涡轮功率输出轴转速降低,便于带动旋翼和尾桨。

为了使涡轴发动机输出较大功率,动力涡轮的转速很高(可达 35 000r/min),而直升机的旋翼转速很低(一般最高只有 400r/min 左右),所以需经多级减速才能实现功率的传递(如艾利森 250-C20B 涡轴发动机总的减速比高达 1:84.5)。通常分为体内减速器(简称体减)和主减速器(简称主减)。其中,体减是发动机内的一部件;主减作为直升机的一部件,与旋翼相连,对多发飞机,则多发动机共用一主减。由此可见,直升机的主减工作负荷很重,是直升机一重要部件,其工作的可靠性和寿命直接影响到直升机的飞行性能和使用寿命。

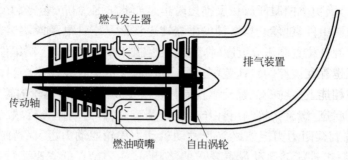

图 4-38　典型的涡轴发动机

涡轴发动机工作时，外界空气从进气装置进入发动机，在压气机中受到压缩，压力、温度提高，然后在燃烧室中与燃油组织燃烧，形成高温、高压燃气；燃气在压气机涡轮和动力涡轮中膨胀，几乎将全部的燃气可用能量转换成动力涡轮机械功输出给外界负载。事实上，燃气在涡轮中过度膨胀，涡轮出口燃气静压已低于大气压力，所以涡轴发动机排气装置的管道通常为扩散状，便于燃气减速扩压，减小排气阻力，在排气装置出口燃气静压等于外界大气压力。燃气以相当低的速度排出发动机，几乎不产生推力，因而涡轴发动机的排气管口可以按照飞机的整体要求确定其位置和排气方向。

应当指出的是，自由涡轮式涡轴发动机与双轴自由涡轮式涡桨发动机工作相似，部件除减速器外有时是通用的。同一型号的发动机，稍加改装后，既可作为一般飞机的动力装置，也可作为直升机的动力装置。

4.5.2　涡轴发动机的工作特点

涡轴发动机的工作特点如下：

(1) 发动机几乎将所有燃气可用能量通过动力涡轮输出。

为了使发动机输出更大的功率，燃气在涡轴发动机涡轮中过度膨胀，将几乎全部的可用能量通过动力涡轮输出，经减速器带动旋翼和尾桨，喷气基本上不产生推力。所以，涡轴发动机基本上已演变成热机。

(2) 发动机经济性好。

由于直升机飞行速度一般都在低速范围($Ma<0.3$)，同时因发动机排气速度较低，气体离速损失很小，所以推进效率高，经济性好。目前大功率的涡轴发动机的经济性已与航空活塞发动机相当。

(3) 发动机的工作环境较为恶劣。

直升机一般执行短程飞行任务，一方面是当直升机在起飞、爬高和悬停时，发动机经常处在大功率状态，且状态多变，使发动机热循环次数增加，机件容易疲劳损伤；另一方面直升机经常在野外频繁起降，而且飞行高度较低，发动机容易受到外来物（如鸟类、海水和砂石等）的侵袭。所以涡轴发动机对机件的耐疲劳性能和压气机的抗侵蚀能力有更高要求，进气装置也有较为完善的防尘、防冰机构，从而确保涡轴发动机工作的可靠性。

(4) 应用广泛。

由于涡轴发动机基本上演变成了热机，通过动力涡轮轴输出的功率可以用来带动许多地面装置。较其他热机（如汽油机、柴油机等），涡轴发动机（尤其是大功率的发动机）在功率质量比、转子振动、启动性和加速性、发动机噪声、使用寿命及维护性能等诸方面有明显的优势。所以除直升机外,涡轴发动机在非航空领域也得到广泛应用,如可作为舰船、坦克、机车的动力装置;可用于发电设备、石油及天然气输送设备等。

涡轴发动机也存在一些缺点,如制造成本较高,小功率的发动机经济性还不高等。但由于涡轴发动机在性能上的明显优势,已占直升机动力装置的统治地位,在非航空领域也得到广泛应用,发展前景广阔。

4.5.3　涡轴发动机控制

1. 功率匹配和总扭矩限制

直升机大多采用多台发动机,它们驱动共同的旋翼(见图 4-39),所以希望每台发动机的输出功率相同即功率匹配,这对直升机的强度是有利的。为此,如果使用两台发动机,将两台发动机的扭矩做比较。输出扭矩大的发动机不做改变,输出扭矩小的发动机将增加燃油流量,增大输出扭矩,直到与扭矩大的发动机相等,这称为匹配最大原理,它可以防止扭矩负载分配回路将好的发动机功率减少去匹配功率受到限制的发动机。

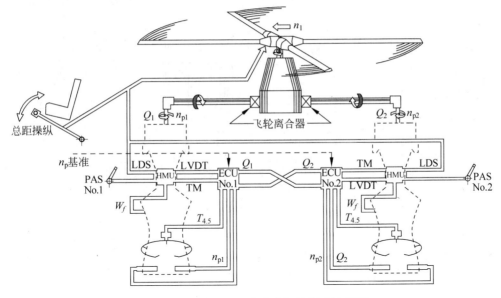

图 4-39　贝尔 214 双发直升机控制系统简图

将为直升机提供动力的多台发动机输出扭矩相加,并且与预定的扭矩限制值比较。如果总扭矩超限,将同时减少各台发动机的燃油流量以减少输出扭矩。此外,还有自由涡轮(动力涡轮)转速调节器,始终保持动力涡轮转速等于驾驶员选定的基准值,用于保持旋翼转速恒定。排气温度限制器保持涡轮温度不超限。

2. 涡轴发动机控制系统

直升机驾驶舱的操纵杆与运输机的有所不同。例如对贝尔 214 直升机来说,它有可用功率轴(PAS)和负载要求轴(LDS),形式上类似于一般发动机的功率杆和停车杆,但功能不同。直升机的可用功率轴或者说功率杆给出燃气发生器可以提供的最大功率,该杆控制启动、停车、燃气发生器转速等。发动机实际发出的功率则由负载要求轴即桨距杆确定,且负载要求轴与总距调节相连,如图 4-39 所示。

而采用电子控制装置的发动机,旋翼恒速、负载分配、基准选择、超温限制、超扭限制等功能易于实现,并能自动精确地调准保证旋翼转速下的功率要求,如图 4-40 所示。

比如,CT7 发动机的电控装置将动力涡轮转速实际值与基准值做比较,转速误差信号用于输出进行计算。总扭矩限制是将两台发动机的扭矩相加在一起,当总扭矩超过固定的基准值时,发出信号减少燃油流量,使总扭矩不超限。按扭矩进行负载分配是将一台发动机的扭矩 Q_1 同另一台发动机的扭矩 Q_2 相比较,如果 Q_1 小于 Q_2,扭矩误差信号输入计算器;如果 Q_1 比 Q_2 大,则没有扭矩误差信号输出。测量的动力涡轮进口温度同固定的限制值比较,当超出时,发出信号减少燃油流量。组合的转速误差信号与负载分配扭矩信号在电子控制装置的选择电路中同超温信号比较,选择电路使燃气发生器转速最低的信号通到液压机械装置中的力矩马达减少燃油流量,按需要调定燃气发生器功率。

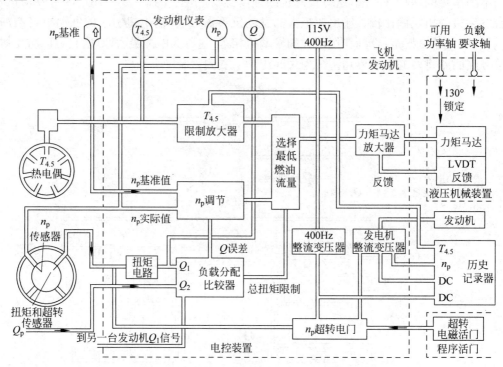

图 4-40　CT7 发动机电子控制装置原理图

第5章

轴承、封严和附件传动

在研究了发动机工作原理以及主要部件的结构和工作原理之后,本章主要分析发动机的总体结构,包括轴承、总体支撑方案、封严以及附件传动等。

5.1 转子支承方案

在燃气涡轮发动机中,压气机(或风扇)、涡轮转子以及连接它们的零件、组件组成发动机转子,根据转子数目,可以分成单转子、双转子(高压转子和低压转子)以及三转子(高压、中压以及低压转子)。转子轴必须得到足够的支承,发动机主轴承完成支承的关键功能,保持转子在位,并使转子旋转。转子通过支承结构支承于发动机机匣上。转子上承受的各种负荷由支承结构承受并传至发动机机匣上,最后由机匣通过安装节传递到飞机构件上。发动机中,必要的轴承数目部分地由转子轴的长度和重量决定。

转子采用几个支承结构(支点),安排于何处,称为转子支承方案。一般地滚珠轴承和滚柱轴承用于支承发动机主转子轴。在研究转子支承方案时,均将复杂的转子简化成能表征其特点的简图,且在简图中用小圆圈表示滚珠轴承,小方块表示滚柱轴承。

作用在转子上的力有很多,例如来自转子的重力,来自燃气流的力,由紊流和冲击载荷引起的冲击力,飞机改变方向期间的陀螺力,转子部件的不平衡力等(见图5-1)。所有作用在轴承上的力是轴向和径向的,径向力传递在任何方向,轴向力在前后方向传递。

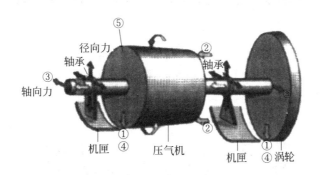

图 5-1 轴承载荷
① 重力;② 燃气力;③ 陀螺力;④ 冲击力;⑤ 不平衡力

对于单转子发动机,为了表示转子支点的数目与位置,常用两条前、后排列的横线分别代表压气机转子和涡轮转子,两条横线前后及中间的数字表示支点数目。例如图 5-2 为发动机的 1-3-0 四支点方案。它是早期发动机中采用的支承方案,表示压气机转子前有一个支点,涡轮转子后无支点,压气机与涡轮转子间有 3 个支点,整个转子共支承于 4 个支点上。

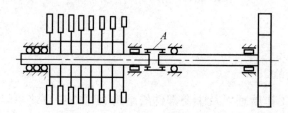

图 5-2   1-3-0 式转子支承方案简图

目前民航发动机多为双转子或三转子发动机,转子数目多,支承数目多,而且低压转子要由高压转子中心穿过,使结构复杂,但原则上可以将发动机的各转子(低、中、高压转子)分割开来,每个转子按单转子分别进行分析,并遵循以下原则:每个转子最少有两个支点,每个转子有且仅有一个止推支点。

图 5-3 为 JT9D 发动机支承方案,低、高压转子分别支承于两个支点上,低压转子为 0-1-1 方案,高压转子为 1-1-0 方案,4 个支点支承于 3 个承力机匣上,结构简单,但是需要很长的低压转子轴,加工困难;另外使用中发现低压转子支点距离太大,转子刚性较差,易变形造成转子与机匣相碰,使发动机性能衰退。因此,在后来发展的 PW2037、PW4000 发动机中,在低压转子上增加了一个支点,即在风扇主轴承后面增加一个滚棒轴承,如图 5-4 所示。在 V2500 发动机上,也采用了这种支承方案。

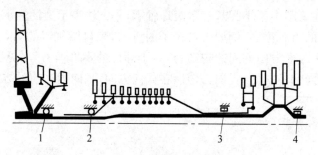

图 5-3   JT9D 发动机的转子支承方案

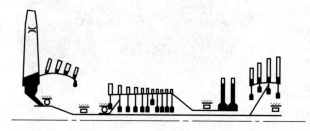

图 5-4   PW4000 发动机转子支承方案

与单转子发动机不同的另外一点是,多转子发动机有些支点不直接安装在承力机匣上,而是装在另外一个转子上,通过另外一个转子的支点将负荷外传。由于这个支点是介于两个转子之间的,所以称为中介支点。中介支点的轴承,则称为中介轴承或轴间轴承。采用中介支点可以减少承力框架、滑油腔数量,使发动机长度缩小,但是轴间轴承的润滑、冷却较为困难,轴承工作条件较差。

CFM56-3 发动机为高涵道比的涡扇发动机,它的两个转子支承于 5 个支点上,通过两个承力构件将轴承负荷外传,它的低压转子的支承方案为 0-2-1,高压转子为 1-0-1 式,高压涡轮后轴通过 4 号中介支点支承于低压涡轮轴上。这种将高压转子支承于低压转子的结构,能够取消高压涡轮前后的承力结构,使发动机结构简单,重量轻,因而为许多发动机采用(见图 5-5)。

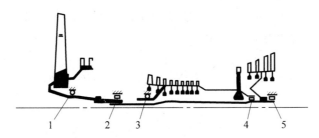

图 5-5　CFM56-3 发动机转子支承结构简图

在三转子发动机中,转子数目又多了一个,因此增加了支承件的复杂程度。图 5-6 所示为 RB211 三转子发动机支承结构简图,它的 3 个转子共有 8 个支点,通过 4 个承力构件外传。低压、中压、高压转子的支承方案分别为 0-2-1、1-2-0、1-0-1 形式,其中低压转子的止推支点(即三号止推轴承)为中介支点,将低压轴支撑于中压压气机后轴内。

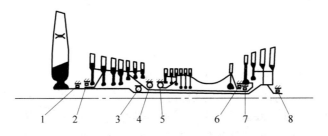

图 5-6　RB211 三转子发动机支承结构简图

转子上的止推支点(固定轴承)除承受转子的轴向负荷、径向负荷外,还决定了转子相对机匣的轴向位置,因此每个转子只能有一个止推支点。由于止推支点的负荷较大,一般应位于温度较低且传力路线较短的地方。例如,在两支点的转子上,止推支点应该是转子的前支点;在三支点的结构中,一般是中间支点,这种安排,不仅轴承温度较低,也使转子相对机匣的膨胀量分配在压气机和涡轮两端,使两端的轴向位移量较小。涡轮盘前后环境温度较高,止推支点最好不设在该处。

发动机转子上的联轴器是连接涡轮转子和压气机转子的组合件。在不同的支点支承方案中联轴器有的仅仅传递扭矩,例如图 5-2 中的套齿联轴器;有的不仅要传递扭矩、轴向力,还要承受径向力(见图 5-7)。如果允许涡轮转子相对压气机转子轴线有一定的偏斜角,则这种联轴器称为柔性联轴器。

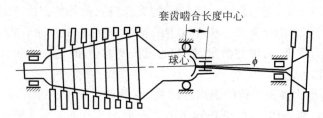

图 5-7　涡喷 8 发动机柔性联轴器

　　在两支点的支承方案中,联轴器仅传递扭矩和轴向力,且将涡轮轴和压气机轴刚性地联成一体,这种联轴器称为刚性联轴器。图 5-8 为 CFM56 发动机高压转子的刚性联轴器结构图。压气机后轴与涡轮轴分别与封严盘的前后端面接触,以轴的外圆柱面与封严盘的突缘配合定心,三者之间用短螺栓进行连接。

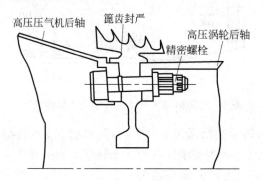

图 5-8　CFM 发动机高压转子刚性联轴器

5.2　支承结构

　　发动机的转子通过支承结构支承于发动机承力构件上,并将转子的各种负荷传递到承力机匣上。支承结构包括轴承、对轴承进行冷却与润滑的滑油供入及回油结构、防止回油漏入气流通道以及防止高温气体漏入轴承腔的封严装置等。

　　航空发动机中使用轴承将发动机转子和静子部件连接到一起。装于发动机转子上的轴承一般称为发动机主轴承,以与附件传动中采用的轴承相区别。

　　根据摩擦力的性质,轴承可以分为滑动轴承和滚动轴承。滑动轴承是在滑动摩擦下工作的轴承,工作平稳、可靠、噪声小,但启动摩擦较大。滑动轴承一般用在低速重载工况条件下,或维护保养及加注润滑油困难的运转部位。滚动轴承摩擦系数小,轴向尺寸小,需要用的滑油量小,低温下易于启动,且能在短时间内无滑油的条件下工作,因此航空燃气涡轮发动机转子轴承广泛使用滚动轴承。

　　滚动轴承是基于滚动接触原理而设计的,一般由内圈、外圈、一组滚动体(滚珠或滚柱)和保持架组成。内圈通常装在轴上与轴紧配合,并与轴一起旋转。内套圈外表面上有供滚珠或滚柱滚动的沟槽,称内沟或内滚道。外圈通常在轴承座或机械壳体上,与轴承座孔成过渡配合,起支撑滚珠和滚珠的作用。有些轴承是外圈旋转,内圈固定起支撑作用。外圈内表面上也有供滚珠或滚珠滚动的沟槽,称外沟或外滚道。滚动体在内圈和外圈的滚道之间滚动,在旋转的过程中允许其发生相对运动,滚动体的大小和数量决定着轴承的承载能力,保持架把轴承的一组滚动体均匀相互隔开,以避免碰撞和摩擦,并使每个滚动体均匀和轮流地承受相等的载荷。

滚动轴承的分类方法很多,按照滚动体种类的不同,可分为滚珠轴承和滚棒轴承;滚棒轴承又可分为圆柱滚棒轴承、圆锥滚棒轴承、滚针轴承等,如图 5-9 所示。

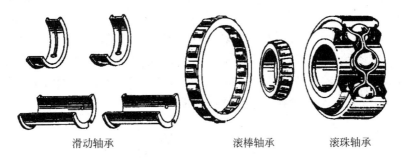

滑动轴承　　　　　　滚棒轴承　　　　　　滚珠轴承

图 5-9　各种轴承

按照承受载荷的方向不同,轴承可分为向心型轴承和推力型轴承两大类,向心轴承只能承受径向载荷,有的向心轴承在承受径向载荷的同时,还能承受不大的轴向载荷;而推力轴承只能用来承受轴向载荷,图 5-10 为向心球轴承(a)和推力球轴承(b)的结构示意图。

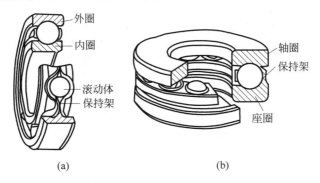

(a)　　　　　　　　　(b)

图 5-10　向心球轴承和推力球轴承

发动机主轴承采用滚棒轴承与径向止推的滚珠轴承,前者仅承受径向载荷,后者可承受径向载荷与轴向载荷。

一般采用 DN(D 表示轴承内径,mm; N 表示轴承转速,r/min)值来代表轴承速度特性。DN 值大于 $(0.8 \sim 1.0) \times 10^6$ 时,为高速轴承。航空燃气涡轮发动机主轴承绝大多数都为高速轴承。

发动机主轴承工作于高转速,高并且是变化的工作温度、变化很大的负荷,工作条件比较恶劣,因此需要进行润滑和冷却。有两种方法供应每个轴承必要的滑油量:直接润滑法和间接润滑法。直接润滑法通过一个标定孔供应一定温度和压力的滑油,孔的尺寸确定在各种工况下的流量。间接润滑是滚道下润滑方法,滑油喷雾在空心转子轴的内壁,由于离心力滑油滞留在壁上,然后滑油通过轴和轴承内滚道上的孔向外流动,在保持架离开轴承。这种方法可比直接润滑带走较多热量。

　　轴承也有应用润滑脂和固体润滑剂的,固体润滑剂用在高温、高速、重载的情况下。

　　润滑、冷却的滑油,不应该漏入气流通道中,因为滑油向气流通道的泄漏不仅会加大滑油消耗量,也会造成滑油蒸气进入客舱带来危害(客舱需引用压气机后面级空气增压)。另一方面,高温气体也应该避免向轴承腔泄漏,从而对轴承加温。因此轴承的工作腔应该与气流通道通过密封装置隔开,被封严装置与气流通道隔开的轴承工作腔一般称为轴承油腔或收油池。为了保证轴承腔的滑油不外泄,轴承腔应通过滑油系统的通气系统与大气相通。

　　在某些发动机上,为了尽量减少从旋转组件传向轴承座的动力负荷的影响,采用了"挤压油膜"结构。在轴承外圈和轴承座之间留有很小的间隙,该间隙中充满了滑油,该油膜阻尼了旋转组件的径向运动及传向轴承座的动力载荷,因此减小了发动机的振动及疲劳损坏的可能性。图 5-11 所示为一种挤压油膜结构的轴承。

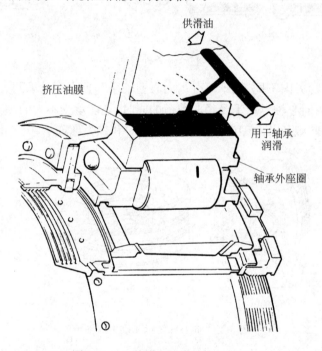

图 5-11　一种挤压油膜结构的轴承

5.3　封严的作用和形式

　　封严装置的作用是防止滑油从发动机轴承腔漏出,控制冷却气流和防止主气流的燃气进入封严腔。

　　在燃气涡轮发动机上使用了多种封严方法,常用的有篦齿式、涨圈式、石墨式(碳封严)、浮动环式等,选择何种封严方法取决于周围的温度和压力、可磨蚀性、发热量、重量、可用的空间,易于制造、安装及拆卸。几种常见的封严设计如图 5-12 所示。

　　(1)篦齿封严件:它属于非接触式的封严装置,这种封严件广泛用来挡住轴承腔中的

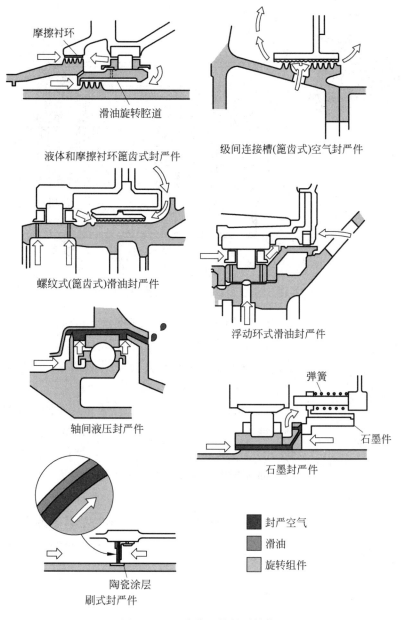

图 5-12　几种典型的封严结构

滑油,它还用作控制内部空气流的限流装置(图 5-13)。篦齿封严件包括一个带篦齿的旋转件和一个静止的座孔,座孔嵌衬有一层柔软的可磨材料衬带或装上一个耐高温的蜂窝结构。在发动机开始运转时,封严齿轻轻地摩擦并切入这个衬带,使它们之间的间隙成为最小。当它用于轴承腔封严时,要求轴承腔的压力低于腔外压力,外腔中压力较高的空气通过篦齿与封严环间的间隙向内逸流,阻止了滑油的外泄。由于篦齿尖端和衬套存在间隙,因而工作不受转速和温度的限制,但是封严效果不如接触式封严,轴向尺寸也较大。

　　(2)浮动环封严装置:它有一个金属环,安置在静止机匣紧密结合的槽中。在油腔的内外压差的作用下,浮动环紧贴在槽座的端面 A 上,形成了径向间隙式和端面接触式的混

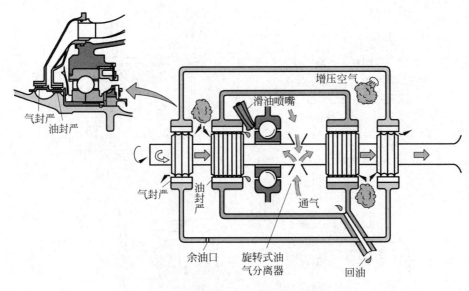

图 5-13　CFM 发动机轴承腔篦齿封严示意图

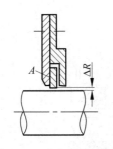

图 5-14　浮动环封严装置

合封严装置(见图 5-14)。该环和旋转轴之间的正常运转间隙比篦齿式封严件所能达到的间隙为小。但这种环形封严件不适用于高温区,由于高温会使滑油结焦,导致环形件卡在机匣中。

(3) 液压封严件:这种方法常常用于两个旋转件之间来封严轴承腔。它与篦齿式或环形封严件的不同之处在于不允许受控的空气流穿过封严件。液压封严件由一个封严齿浸在一个滑油环带中形成,这个滑油环带是由离心力造成的。轴承腔内外的任何空气压差由齿两侧的滑油油面差补偿。

(4) 石墨封严件:它含有一个静止的石墨环构件,不断地与旋转轴的套环相摩擦,利用弹簧的弹性力或者磁铁的磁性力使石墨与套环保持接触。依靠接触的良好程度,不允许任何滑油或空气漏过。

(5) 刷式封严件:它有一个由许多细钢丝制成的刷组成的静止环,不断与旋转轴相接触,与硬的陶瓷涂层相摩擦,其优点是可以承受径向摩擦而不增加渗漏。

5.4　附件传动装置

附件传动装置的组成

在航空燃气涡轮发动机上,不仅有压气机、燃烧室、涡轮、尾喷管等主要部件,而且还有一些保证发动机正常工作的各种附属系统,如启动系统、燃油系统、滑油系统等。在这些系统中,有一些附件如滑油泵、燃油泵、液压泵、发电机等,有一定的转速、转向和功率的要求,需要由发动机来驱动。另外,由于这些附件大部分只能装在发动机机匣外面,因此需要通过

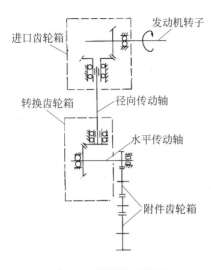

图 5-15　附件传动装置

一些齿轮系和传动轴将发动机的功率按照一定的转速和转向传给各附件，这些齿轮和传动轴就组成了附件传动装置。

附件传动装置一般可分为内部齿轮箱（进口齿轮箱）、转换齿轮箱（角齿轮箱或称中间齿轮箱）和外部齿轮箱（附件齿轮箱）三部分，如图 5-15 所示。

通常附件由发动机的旋转轴经过内部齿轮箱传向外部齿轮箱来驱动。外部齿轮箱上有各个附件的安装座，并根据转速要求分配相应的齿轮传动机构。外部齿轮箱上安装的起动机为发动机提供输入扭矩，从而带动发动机转子旋转。

内部齿轮箱处在发动机的核心位置，其位置安排有许多困难，既要让一根径向传动轴能径向外伸，又要在发动机核心里面取得可用空间。在多轴发动机上，由哪个轴传动内部齿轮箱主要取决于发动机是否易于启动。实际上，高压压气机转动后才能使空气流过发动机，高压转子相对较轻。因此，选定启动机带动高压转子，高压压气机与内部齿轮箱相接。

径向传动轴可以分为短轴传动和直接传动两种形式，如图 5-16 所示。

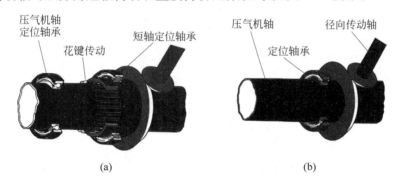

（a）　　　　　　　　　　　　（b）

图 5-16　内部齿轮箱传动示意图
（a）短轴传动；（b）直接传动

径向传动轴的作用是将传动从内部齿轮箱传到外部的外部齿轮箱，在不可能将径向传动轴与附件齿轮箱连接的时候，就要使用转换齿轮箱，通过伞齿轮将径向传动改变成通向外部齿轮箱的方向，如转换齿轮箱的输出经水平传动轴连到外部齿轮箱（见图 5-17）。

外部齿轮箱包括各附件的传动装置，为各个附件提供安装座。在它的前面和后面装有燃油泵、滑油泵、起动机、液压泵、整体驱动发电机、专用发电机以及孔探检查用的手摇传动座等，如图 5-18 所示。

由于发动机的许多附件（如燃油滤、滑油滤、磁堵以及各种管路接头等）要定期或不定期地拆卸和检查，因此要求附件方便拆装，并具有良好的可达性。有三种途径将附件安装在附件齿轮箱：用螺栓连接、通过 V 形夹或快卸环（QAD）连到附件齿轮箱上。使用 V 形夹和快卸环可以方便和快速地拆卸和安装附件。

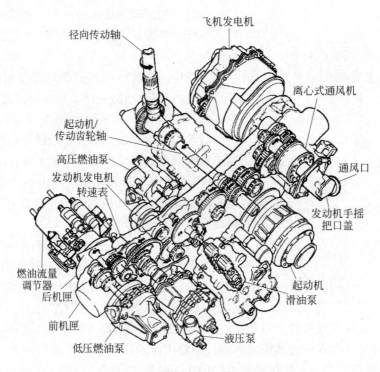

图 5-17　转换齿轮箱与外部齿轮箱

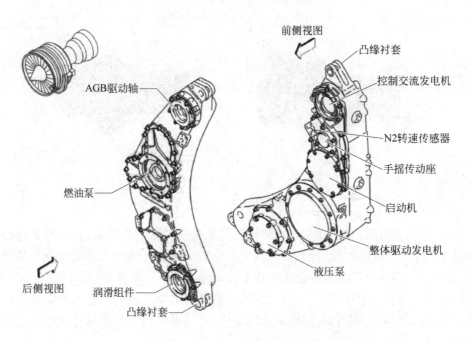

图 5-18　CFM56-3 发动机附件传动装置

　　良好的可达性,即要求打开发动机短舱罩后能触及它们并能进行操作,所以在新型高
涵道比发动机中,附件齿轮箱一般都处于发动机下部或者下侧。它沿发动机轴线的位置如
下:在 CFM56、RB211-535E4、PW2037 等风扇直径较小的发动机中,装在风扇机匣上;在

CF6-80C2、PW4000 等大风扇发动机中,装在核心机部位。前一种情况,附件处于温度较低的工作环境,但是发动机短舱的外廓尺寸有所增大;后一种情况附件将在较高温度的环境下工作,因而在发动机机匣和附件机匣之间装有隔热防护套,并有冷却空气进行冷却。

有的机型上有两个附件齿轮箱,一个称为高速齿轮箱,连接到高压压气机转子,所有发动机附件如启动机、滑油泵、燃油泵和燃油控制组件装在这个齿轮箱;另外一个称为低速齿轮箱,连接到低压压气机,所有飞机附件装在这个齿轮箱。两个齿轮箱可以改善发动机启动能力,但是增加了发动机重量,所以不常见。

各齿轮箱的轴承、齿轮需要滑油润滑。附件驱动系统的封严主要在于防止滑油流失。

第6章

燃油及控制系统

　　燃油及控制系统的功能是以适合于燃烧的形式向发动机供应燃油,保证发动机在启动、加减速等过渡工作状态和发动机所有稳定工作状态下能够获得所需要的燃油流量,使发动机的启动和加减速过程达到既快速又安全稳定地工作,同时通过稳态燃油控制使发动机为飞机及其附件提供必要的动力。除此之外,某些发动机的燃油及控制系统还提供一些特殊功能,如冷却发动机滑油和飞机整体驱动交流发电机滑油,提供操纵发动机附件所需的动力等。为此,通过飞机油箱增压泵和发动机油泵向燃油喷嘴供油,燃油喷嘴将燃油雾化后与适量空气混合注入燃烧系统进行燃烧。为了使发动机获得设定的转速、压力比(推力)、扭矩或者保持特定的涡轮前温度,燃油流量必须根据不同的外界条件和发动机负载情况进行调节。除发动机转速、发动机压力比(推力)或扭矩等可通过油门杆或功率杆进行人工设定之外,燃油流量的大小均由控制装置自动进行调节。

　　燃油及控制系统包括燃油分配系统和燃油控制系统,燃油分配系统从飞机供油系统获得燃油并对其再增压后供给燃烧室,随后燃油与空气混合后进行燃烧;同时向发动机附件系统提供伺服燃油压力操纵发动机附件。燃油控制系统控制发动机稳态及过渡态的燃油流量,从而保证发动机在所有工作状态下都能够安全、稳定、经济地运行。

6.1　燃油分配系统

6.1.1　燃油的规格、添加剂及安全措施

　　燃气涡轮发动机使用的燃油称为航空煤油,燃油需要有较高的热值,要求 18 400Btu/lb(英制热量单位/磅),密度为 6.4～6.8lb/gal,硫的质量分数必须低,凝固点在 −40～−53°F。除此之外,由于发动机燃油系统的部件润滑是采用燃油来实现的,因此燃油还需具有一定的润滑性。尽管单位质量的航空汽油热值稍高于同等质量的航空煤油的热值,但煤油比重大,因此燃气涡轮发动机所使用的每加仑航空煤油比同等体积的航空汽油具有更多的热能。燃气涡轮发动机燃料燃烧所形成的氧化物大多数是气体,气体流过涡轮叶片时对涡轮叶片造成的物理损伤较小,但固体颗粒物在流过导向器和涡轮转子叶片时会造成物理损伤或导致涡轮叶片冷却孔堵塞,进而造成因冷却不足导致叶片或导向器烧坏。因此,保持燃烧后的气流中固体颗粒物含量最低是选择燃料的另一个要求。

在商用和通用航空中最常用的燃气涡轮发动机所使用的燃料有：

(1) Jet-A：重煤油基燃料，闪点 38℃，凝固点－40℃，18 600Btu/lb；类似于海军 JP-5 燃油。

(2) Jet-A1：除了凝固点－47℃外其余参数同 Jet-A 一样；类似于北约带添加剂的 JP-8 燃油。

(3) Jet-B：重汽油基燃料，闪点－18℃，凝固点－50℃，18 400Btu/lb；类似于军用 JP-4 燃油。大约 30%煤油和 70%汽油混合。

(4) Jet-A、Jet-A1 和 Jet-B 是主要的商用燃油，对于大多数燃气涡轮发动机使用时是可互换的。军用 JP-4 和 JP-5 常适于作备用燃料。

对于批准的用于燃气涡轮发动机的燃油和燃油添加剂，技术人员应检查飞机维护手册或型号证书资料等文件。燃油添加剂是加入到燃油中的一种化合物，其含量虽少，但它能大大改进和提高燃油品质。在各种等级燃油中允许加入燃油添加剂类型和多少是依据适当的规范进行严格控制的。表 6-1 所示为常见的燃油规格及用法。

表 6-1　燃油规格及用法

规　　格	用　　法
Jet-A1	航空煤油喷气燃油，凝固点－47℃
Jet-A	航空煤油喷气燃油，凝固点－40℃
JP-1	高闪点的喷气燃油
JP-5	高闪点的喷气燃油
JP-8	喷气燃油
RT	无限制
TS-1	有约束的使用

航空煤油的黏度比较高，因此其对污染更敏感。由于航空煤油黏度大的特点，使水或其他污染物更容易悬于燃油中，不易沉入油箱沉淀槽里，水中含有的微生物以燃油中碳水化合物为食，产生油渣，并腐蚀油箱。另外，当温度下降至冰点以下时油液中含有的水可能会出现结冰进而堵塞油滤，影响发动机的供油。

很多飞机和发动机制造商建议使用防冰和防微生物燃油添加剂。防微生物添加剂可杀死在燃油箱中趋于形成黏状物或废物的微生物、真菌、细菌，这些微生物体能够累积并堵塞油滤和燃油管并腐蚀部件；防冰添加剂可阻止燃油中夹带的水结冰。燃油添加剂常由分配器预混在燃油中或者在飞机加油时由勤务人员适量添加。PRIST_TM是通常使用的包含除冰和除微生物的添加剂。

为了更好地预防发动机燃油中的水分结冰，通常在油箱中设有温度传感器来监控油液的温度。在有些发动机(如 CFM56 系列发动机)上安装有热交换器对燃油进行加温，阻止燃油中的水分结冰。热交换器形式有：从发动机压气机引出热空气进行加温(即气/油式热交换器)，也可采用燃油-滑油热交换器或燃油-液压油热交换器，有的发动机还将一部分经过热交换器加热后的燃油送回飞机油箱中以提高油箱燃油温度(如 CFM56-5B 发动机)。另外，也可掺和汽油减少煤油燃料在高空太黏的趋势。

6.1.2　燃油分配系统的工作

燃油分配系统的作用因发动机制造厂商和型号不同存在一定差异,大致包含以下作用:向燃烧室提供燃油用于燃烧;对发动机滑油进行冷却;向发动机附件提供伺服作动所需的动力;冷却整体驱动发电机(IDG)的滑油。

燃油分配系统通常包括燃油泵、燃油滤、燃油加热器、燃油调节与计量装置、燃油流量计、燃油总管、燃油喷嘴等部件。

图 6-1 所示为 CFM56-7B 发动机燃油分配系统,该燃油分配系统中,燃油从飞机供油系统供给发动机燃油泵组件,燃油泵组件包含一级低压离心叶轮泵、一个燃油滤和一级高压齿轮泵。燃油首先经低压离心叶轮泵增压后流出燃油泵,然后流经整体驱动发电机的燃油/滑油冷却器,从而对整体驱动发电机的滑油进行冷却;再流经发动机燃油/滑油热交换器,实现对收油池返回滑油的冷却;而后燃油重新流回燃油泵组件,进入燃油滤,过滤后的燃油经齿轮泵进行高增压比的增压,使燃油压力达到所需的工作压力;齿轮泵流出的燃油根据其不同用途被分为两路,其中大部分燃油直接流至液压机械装置(又称 HMU)的燃油计量系统,燃油经计量后流经燃油流量传感器,燃油流量传感器将燃油流量信号提供给驾驶舱仪表进行显示;随后燃油通过燃油总管分配给燃油喷嘴,经雾化后喷入燃烧室并与空气混合后进行燃烧。从齿轮泵流出的另一路燃油被称为伺服燃油,为防止结冰,流过备用油滤的伺服燃油流向另一个被称为伺服燃油加热器的热交换器,经加热后流向液压机械装置的伺服控制系统,伺服控制系统再将伺服燃油提供给发动机某些附件,从而实现对发动机附件的操纵。由于燃油泵组件提供的燃油量比发动机实际需要的燃油量要大很多,因此液压机械装置将多出的燃油以及附件系统返回的燃油送回到发动机燃油/滑油热交换器进口重新进行利用。

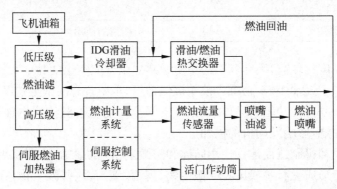

图 6-1　典型发动机燃油分配系统

1. 燃油泵

燃油泵实现对燃油进行增压,壳体内常常包括初级增压级和主增压级,采用多级的主要目的是减小每一级的增压比,防止出现较为严重的气隙现象,延长燃油泵寿命。图 6-2 所示为某型发动机燃油泵组件。

根据供油增压原理,油泵可分为两大类:容积式泵和叶轮式泵。容积式泵是依靠泵的抽吸元件作相对运动,交替改变元件间的自由容积进行吸油、排油的。供油量取决于元件一次循环运动中自由容积变化的大小。在一定的供油量下,油泵根据出口处液体流动阻力来

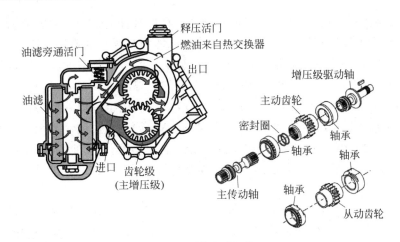

图 6-2　燃油泵组件

建立压力。这类泵在航空发动机上应用最广,如柱塞泵、齿轮泵、旋板泵(叶片泵)。容积式泵出口有释压活门,当泵后压力达到设定值后,释压活门打开,将泵后的部分燃油送回到油泵进口,防止油压力过高损坏下游部件或造成漏油。

叶轮式泵是依靠叶轮作旋转运动,使经过叶轮液体的动能和压力能增加,在叶轮后的扩压器中再将液体的部分动能转化为压力能。这类泵有离心泵、汽心泵、螺旋泵。

目前民航发动机上用得最多的是渐开线直齿外啮合齿轮泵和轴向倾斜式变量柱塞泵以及旋板泵和离心泵。

齿轮泵是定量泵,工作容积不可调,流量随转速的变化而发生改变。当转速不变时,供油量的多少通过改变旁通回油量进行调节,即齿轮泵的供油量始终高于需油量,多余的油量将返回油泵进口。

柱塞泵是变量泵,它的供油量不仅取决于转速还取决于斜盘角度,转速不变时,供油量通过改变斜盘角度容易调节。柱塞泵的调节性好是它的主要优点,不过结构复杂、工艺要求高、寿命短。图 6-3 所示为轴向斜盘柱塞泵的工作原理。

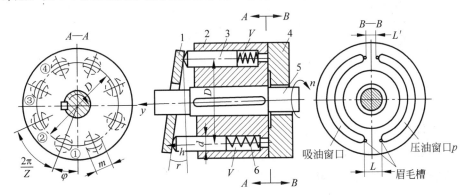

图 6-3　轴向斜盘柱塞泵工作原理
1—斜盘；2—缸体；3—柱塞；4—配流盘；5—轴；6—弹簧

2. 燃油滤

燃油滤对燃油过滤,保证向喷嘴和发动机附件提供清洁的燃油;油路中通常包含多个油滤,如CFM56-7B发动机有主油滤、伺服油滤(又称冲洗油滤,即自洁式油滤)和喷嘴前油滤,有的燃油喷嘴内部还有油滤,越靠前的油滤过滤能力越强。通常情况下,油路中第一个油滤为主要油滤,起到主要的杂质过滤作用,后面油滤则作为备用油滤,其过滤能力稍差。除喷嘴内部油滤之外,每一个油滤均有一个旁通活门,当油滤堵塞到一定程度后,旁通活门打开,保证继续向发动机供给燃油。燃油调节器或液压机械组件内的伺服油路通常较为狭窄,内部的伺服控制机构配合较为精密,当出现主油滤堵塞旁通、油泵轴承失效及部件磨损后产生碎屑等情况后燃油中的杂质可能进入伺服油路,从而导致伺服油路堵塞、机件磨损或卡阻,此时备用油滤对燃油进行大致过滤,从而避免较大的杂物或碎屑造成部件损坏或发动机不能正常工作。

　　燃油滤组件(见图6-4)一般由滤芯和旁通活门组成,某些油滤还包括堵塞指示器或压差电门。燃油在滤芯中由外向里流动,以方便油滤的检查;旁通活门用于燃油滤堵塞后继续向发动机供给燃油;通常在主油滤上安装有油滤堵塞指示器或监视压差电门,向维修人员或驾驶舱提供油滤是否堵塞的警告指示信息。

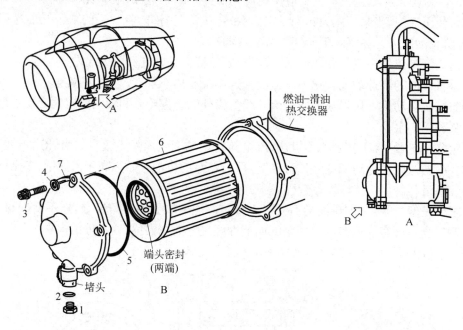

图6-4　某型发动机燃油滤

1—放油口堵头；2—O形密封圈；3—螺栓；4—垫片；5—O形密封圈；6—滤芯；7—油滤盖

3. 燃油加热器

　　燃油加热器的目的是对燃油加温防止结冰进而堵塞油路(见图6-5、图6-6)。加温的方法可用发动机热滑油或从压气机引出的热空气来实现。为了防止发动机出现熄火、超温,燃油加热是有限制的,在起飞、进近、复飞等关键飞行阶段不能使用引气加温燃油。

4. 燃油流量传感器

　　目前测量燃油流量最常采用的装置是涡轮流量传感器(见图6-7),这种流量传感器是通过测量传感器中涡轮转速来间接测量流体流量。当燃油流过传感器时,驱动传感器中的

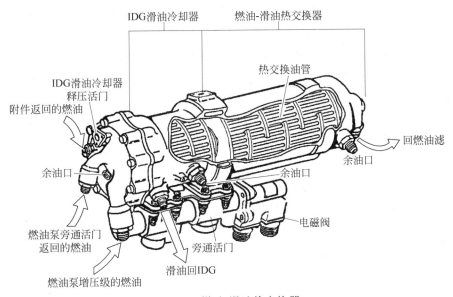

图 6-5　燃油-滑油热交换器

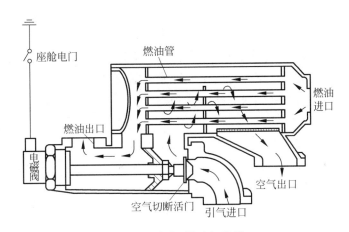

图 6-6　空气-燃油加热器

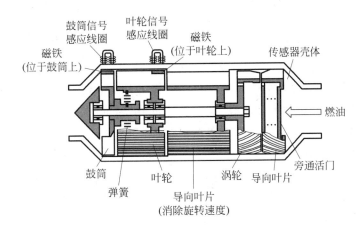

图 6-7　燃油流量传感器

涡轮,涡轮通过传动轴直接驱动一个鼓筒,传感器中的叶轮则通过弹簧与传动轴相连。在鼓筒与叶轮上均安装有磁铁,在传感器壳体上则安装有感应线圈。当磁铁转至感应线圈处时则会在线圈中产生电脉冲信号,由于弹簧的延迟效应,叶轮上的磁铁晚于鼓筒上的磁铁转到线圈处,因此两个感应线圈产生的电脉冲存在相位差,该相位差的大小与涡轮转速成正比,而涡轮转速又与燃油的质量流量成正比,所以通过测量脉冲电信号的相位差则可测量燃油流量。

5. 燃油喷嘴

燃油燃烧过程要经过雾化、蒸发、混合、燃烧。燃油喷嘴可分为雾化型和汽化型(蒸发管)。燃油喷嘴是燃油系统的最终部件,其基本功能是执行燃油雾化或汽化的任务,以保证燃油快速燃烧。当考虑到来自压气机的气流速度以及必须完成燃烧的燃烧室长度较短,这一过程包含的许多困难是显而易见的。

雾化是燃油流被破碎成极细的油珠的过程,液滴越细,蒸发越快(见图 6-8)。燃油雾化的早期方法是将其通过一个旋涡室,这里切向分布的孔或槽通过将压力能转变为动能使燃油产生旋涡。在这种情况下,燃油经过出油孔,旋涡消除,使燃油雾化形成了锥形喷雾。喷雾的形状是雾化程度的重要指示;因此,旋涡的程度和喷嘴燃油的压力是良好雾化的重要因素。雾化型喷嘴已从单油路喷嘴发展到双油路喷嘴和空气雾化式喷嘴。

单油路喷嘴(见图 6-9(a))首先在早期喷气发动机上使用。它有一个内腔,使燃油产生旋涡,还有一个固定面积的雾化孔。这种燃油喷嘴,在较高的燃油流量,即在较高的燃油压力时,能提供良好的雾化质量。但是,在低的发动机转速和特别在高空要求的油压较低,这种喷嘴就很不适合。其原因是这种单油路喷嘴本质上是一种按"平方律"设计的喷嘴,即燃油流过喷嘴的流量与喷嘴前后的压力降的平方根成正比。这就是说,如果有效雾化的最小压力是 30lb/in^2,那么提供最大流量所需的压力将大约为 3000lb/in^2。20 世纪 $50\sim60$ 年代的燃油泵承受不了如此高的压力,因而在克服平方律效应的过程中还发展了可调进口的喷嘴,如图 6-9(b)所示。

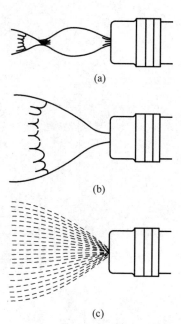

图 6-8　燃油雾化的各个阶段
(a) 在低燃油压力下形成了成为"油泡"的连续油膜;(b) 在中等燃油压力下薄膜在边缘处形成"喇叭口"的形状;(c) 在高燃油压力下"喇叭口"的形状向孔口缩短,形成雾化极好的喷射

双油路喷嘴有中心孔和外圈孔(见图 6-10),中心孔较小。燃油流量较低时仅通过中心孔供油,随着燃油压力的增加,较高的燃油流量则通过较大的外圈孔供给。这种类型喷嘴采用增压活门将燃油分配到不同的油路。随燃油流量和压力增加,增压活门移动,逐渐使燃油进入外圈油路和外圈油孔,两个油路同时供油。以这种方式,与单油路相比,在相同的最大燃油压力下,双油路喷嘴能够在较宽的流量范围内实现有效雾化。而且在高空条件下如果

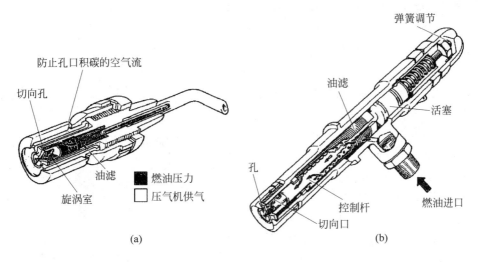

图 6-9 一种单油路喷嘴和可调进口喷嘴

要求低燃油流量时,也可获得有效的雾化。

空气雾化喷嘴使喷射的燃油携带一部分燃烧室空气(见图 6-11)。它用空气的高速代替燃油的高速引起雾化,空气雾化喷嘴使其他种类喷嘴产生的局部富油得以避免,因此减少了积碳的形成和排气冒烟。空气雾化喷嘴的另一个优点是燃油雾化要求的压力低,可以采用重量较轻的齿轮泵。

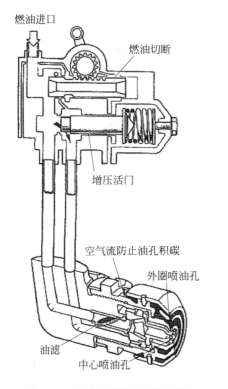

图 6-10 双油路喷嘴和增压活门

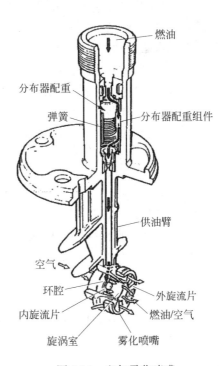

图 6-11 空气雾化喷嘴

蒸发管是指利用燃烧室的热量使燃油在蒸发管内汽化并与空气混合后排出,这使得燃烧稳定,但是使用蒸发管喷嘴在启动时仍然需要雾化型喷嘴(见图 6-12)。

发动机停车后由于燃油总管中的燃油压力较低,如果残留在总管中的燃油因重力继续流入燃烧室,则会因燃油不能雾化的原因造成喷嘴积碳和燃烧室损坏,因此在燃油喷嘴中设有单向活门。当高压关断活门关闭后,燃油总管压力降低,在燃油压力降低到一定程度后单向活门关闭(CFM56-7B 喷嘴单向活门的关闭压力为 15psi),确保发动机停车后没有燃油进入燃烧室。

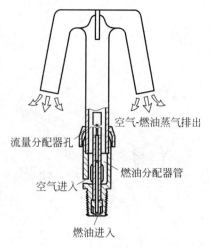

空气-燃油蒸气排出
流量分配器孔
燃油分配器管
空气进入
燃油进入

图 6-12　T 形蒸发式喷嘴

6.2　燃油控制系统

6.2.1　燃油控制系统的工作原理、功用及控制方法分类

发动机燃油控制系统控制发动机运转所需的燃油流量。燃气涡轮发动机的功率或推力的控制是通过调节注入燃烧系统的燃油量来实现的。当需要增大功率或推力时,机组增大油门杆或功率杆角度,燃油控制系统增加进入燃烧室的燃油供油量,使燃烧后的燃气温度增加,增大了通过涡轮的燃气速度,提高气流对涡轮的做功能力,从而提高发动机转速,并相应增大空气流量,而发动机的排气速度也得到了一定程度的提高,从而增大发动机的推力。

典型的燃气涡轮发动机的燃油控制系统基本上由一台油泵(单级或多级)、一个燃油调节器或控制器和多个燃油喷嘴组成。另外,为了对发动机的要求做出反应,其中还有一定数量的传感装置,以便对燃油流量提供自动控制。在涡轮螺桨发动机上,对燃油和螺旋桨系统作了协调,使燃油/转速配合适当。

燃油控制包括稳态控制和过渡态控制。稳态控制是指在外界干扰量发生变化时,保持既定的发动机稳态工作点。稳态工作意味发动机的转速或推力保持不变,例如慢车状态和恒速工作。过渡态控制是指当发动机从一个工作状态改变到另一个工作状态时,能快速响应且又保证稳定可靠地工作,同时又不超出允许的限制,它包括加速、减速、启动和停车。

燃油控制系统保证发动机在所有工作条件下主要参数都不超出安全限制值,例如燃油控制确保发动机转速改变期间没有超温、超转、压气机失速、燃烧室熄火等。

燃油控制系统根据影响因素不同可以分为压力控制、流量控制、组合式加速及转速控制和压力比控制。

燃油控制大致可以分为闭环控制、开环控制和复合控制。闭环控制器(见图 6-13)感受的不是外界的干扰量,而是直接感受发动机的被控参数,当被控参数有了偏离后,才被控制器感受,再进行控制,使被控参数重新恢复到给定值,由于它是按被控参数的偏离信号而工作的,故称闭环控制的工作原理为偏离原理。它的优点是控制比较准确,但控制不及时,滞后。开环控制器(见图 6-14)是感受外界的干扰量,只要干扰量发生变化,控制器就相应地改变可控变量,以补偿干扰量对发动机所引起的被控参数的变化,从而保持被控参数不变,这种控制系统的控制工作原理为补偿原理。开环控制系统控制及时,滞后较小,但由于不能感受所有的干扰量,故控制不太准确。复合控制(见图6-15)是开环和闭环控制的组合控制系统,这种控制系统兼有开环和闭环控制系统的优点,既控制及时又准确,工作稳定,但控制器的结构较复杂。

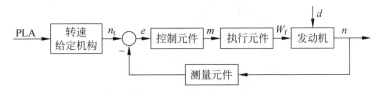

图 6-13　闭环转速控制系统框图

图 6-14　开环转速控制系统框图

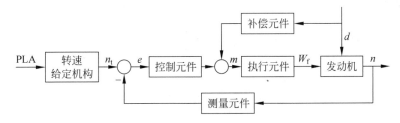

图 6-15　复合转速控制系统框图

6.2.2　液压机械式燃油系统

液压机械式燃油控制器(见图6-16)曾是航空发动机上使用最多的控制器,是从早期飞机上单一的功能发展起来的。它具有良好的使用经验和较高的可靠性。它除控制供往燃烧室的燃油外,还操纵控制发动机可变几何形状,例如可调静子叶片、放气活门、放气带等,保证发动机工作稳定和提高发动机性能。液压机械式控制器的计算是由凸轮、杠杆、滚轮、弹簧、活门等机械元件组合实现的,通常由燃油作为伺服油(控制油)。

液压机械式控制中用的燃油泵通常有齿轮泵(包括增压级和主级)、柱塞泵和叶片泵。柱塞泵可按需油量向燃烧室供油;齿轮泵、叶片泵则要求燃油控制器将超出需要的燃油返回油泵。进入燃油控制器的燃油泵后高压油先经燃油滤过滤。粗油滤过滤后的燃油作为主燃油;另一部分再经细油滤过滤后作为伺服油(控制油)。

控制器一般分为计量部分和计算部分。计量部分按照驾驶员要求的推力(或功率),在发动机工作限制之内,依据计算系统计划的燃油流量供往燃油喷嘴;计算部分感受各种参数,在发动机的所有工作阶段控制计量部分的输出。有些控制器的计算部分又分为调节部分和限制部分,限制部分监视调节部分并确保总是工作在安全限制之内。CFM56-3发动机主控制系统为典型的液压机械式控制系统,图6-17是其MEC控制功能框图。

图 6-16　液压机械式燃油控制器

1—可调静子叶片凸轮随动器；2—调节器球头；3—CDP 分油活门；4—PCR 调节器；5—转速计伺服机构；
6—转速计球头；7—压气机出口伺服机构

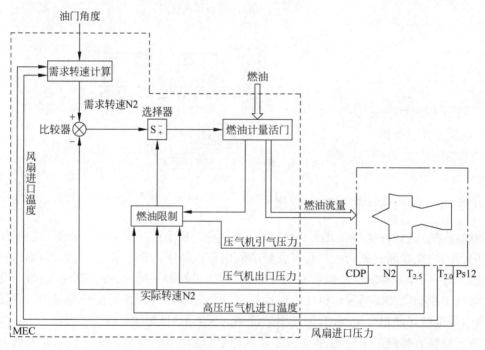

图 6-17　CFM56-3 发动机 MEC 控制框图

从流量公式($q_{\mathrm{m}} = \mu A \sqrt{2\rho\Delta p}$，式中 q_{m} 为燃油质量流量；μ 为流量系数；A 为计量活门流通面积；ρ 为燃油密度；Δp 为计量活门前、后压差)可以看到，要改变燃油流量，一般通过改变计量活门的流通面积和/或计量活门前、后压差实现。相当多的燃油控制器，利用压力调节活门(或称压差活门、压降溢流活门)保持计量活门前、后压差不变，通过改变计量活门的通油面积改变供油量。因为流量和面积是线性关系，面积的改变与燃油流量的改变成正比。为了补偿燃油温度的影响，常在压力调节活门内装有温度补偿器。压差调整钉兼做燃油密度选择器即进行燃油比重调整。

　　燃油控制器中的转速调节器通常是比例式的,采用刚性反馈,实施闭环转速控制。一些燃油控制器采用三维凸轮作为计算元件,由凸轮型面给出加速(或许还有减速、稳态)的供油计划。三维凸轮根据外部参数的变化移动或转动,凸轮型面上每一点即代表该组参数下,不发生喘振、超温、熄火的允许值。

　　为保证燃油控制器内伺服机构工作正常以及燃油良好雾化所需的足够压力,控制器内有最小压力活门或增压活门。通过燃油计量活门的计量燃油压力必须高于能够打开最小压力活门的压力才能供往喷嘴。一些控制器中有风车旁通活门或油泵释压活门,保证启动时允许计量燃油压力打开最小压力活门,停车时关闭活门以切断供油,在发动机处于风转状态下使燃油泵供给控制器的燃油返回供油进口。

　　慢车转速是发动机能够稳定工作的最低转速,慢车转速控制信号来自驾驶舱推力杆。新型干线飞机的发动机设置地面慢车和进近慢车,地面慢车转速低,进近慢车转速较高。以较高的慢车进近着陆,可以保证飞机复飞时迅速加速。飞机成功着陆后再过 4~5s,转为低慢车(地面慢车)。液压机械燃油控制器上有相应的慢车调整钉,可适当调整发动机高、低慢车转速。高、低慢车转换由控制器上慢车电磁活门断电、通电实现。

　　燃油控制器通常装在燃油泵后,燃油泵直接连接到附件齿轮箱。运输机上有两个操纵杆与燃油控制器相连:推力杆(又称油门杆或功率杆)设定发动机工作状态;启动杆(停车杆)控制对发动机供油或停车。

6.2.3　全权限数字式发动机控制系统(FADEC)

1. 特征和优点

　　早期的发动机燃油调节器均为机械式(如斯贝 MK-511)或机械-液压式(如 JT3D)。这种调节器工作稳定、便于实现,但调节的参数较少,控制精度也不高。后来在机械-液压式调节器基础上,增加了模拟电子控制器,即发动机调节机械-液压调节器为主,模拟电子调节器为辅(如 RB211-535E4,CFM56-3)。这种调节器发动机调节参数增加,控制精度得到一定提高,但调节参数有限,无法实现发动机的最优控制。

　　随着电子计算机技术的迅猛发展,计算机的数据处理速度、工作稳定性和可靠性大大提高,使之运用于发动机控制成为可能和现实。FADEC 即全权限数字电子控制(full authority digital electronic control),是基于计算机的发动机控制系统,它通过传感器系统感受飞行员的操纵指令、发动机参数(如转速、温度、压力等)及外界参数等,并将所有信息转换成数字电信号传递给 FADEC 中央处理计算机进行综合和数据处理,然后计算机给出控制指令经数模转换操纵各执行机构进而控制发动机。

　　FADEC 即全功能(全权限)数字电子控制系统,包括发动机电子控制器(EEC)或电子控制组件(ECU)、燃油计量装置(FMU)或液压机械装置(HMU)、传感器、作动器、活门、发电机和互连电缆等。图 6-18 所示为 CFM56-5B 发动机的 FADEC 系统。

　　FADEC 是当今动力装置控制的发展方向,它使航空发动机控制技术、控制精度、控制综合范围、科学维护使用方面达到新的水平。在 FADEC 控制中,发动机电子控制器(EEC)或电子控制装置(ECU)是它的核心,FADEC 系统是管理发动机控制的所有控制装置的总称。所有控制计算由计算机进行,然后通过电液伺服机构输出控制液压机械装置及各个活门、作动器等,因此液压机械装置是它的执行机构。

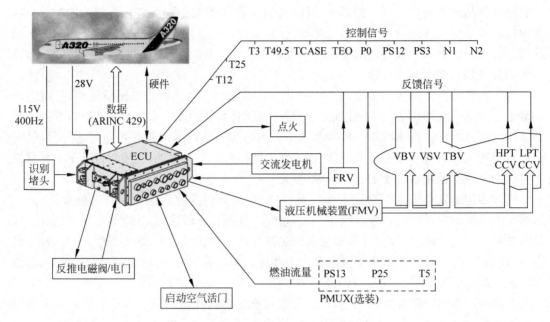

图 6-18　CFM56-5B 发动机 FADEC 系统

监控型 EEC 的许多特点应用在 FADEC 之中。此外,在发动机控制方面,FADEC 的功能包括输出参数(推力或功率)控制,燃油(包括启动、加速、减速、稳态)流量控制,压气机可调静子叶片(VSV)和可调放气活门(VBV)控制,涡轮间隙主动控制(ACC),高压压气机、涡轮冷却空气流量控制,发动机滑油和燃油的温度管理,发动机安全保护以及启动和点火控制,反推控制。所以 FADEC 又称全功能控制。

FADEC 输入信号中有些是控制计算中需要的,有些用于监视发动机工作状态。FADEC 核心计算机 EEC 或 ECU 自动检测系统故障,找出故障源并采取相应纠正措施,记忆存储故障数据,并为机组提供发动机工作状态的监控信息。

在数据通信方面,EEC 一方面从飞机接收信息,如大气数据计算机(ADC)、推力管理计算机(TMC)等有关飞行高度、大气总温、马赫数、推力、自动油门信息以及引气、防冰等接通、断开的离散信号;另一方面也向飞机发送用于计算、操纵、维护、驾驶舱显示等信息。

在 FADEC 系统中,液压机械装置(HMU)已不再具有计算功能,控制计算全部由控制计算机(EEC 或 ECU)完成,但燃油计量功能以及操纵可变几何形状作动器和活门的伺服油、动力油仍由它提供,即成为 EEC 的执行机构。有的机型上液压机械装置被称为燃油计量装置(FMU),保留除计算功能以外的原有功能,FMU 上不再有慢车、部分功率、燃油比重等调整。

FADEC 是一个多余度控制系统,具有较强的容错能力。为了提高 FADEC 系统的可靠性,发动机控制器 EEC 采用双系统模式,两套系统之间可以相互通信,但任何情况下均只有一套系统处于控制状态,另一套系统处于备用状态。EEC 获得传感器及飞机送来的重要信号也是采用多路输入,然后通过比较后依据数据的状态进行选取。当处于控制状态的计算机系统出现故障后,控制器自动切换到备用系统;当控制器两套系统都不能控制发动机某一系统时,该系统的控制自动转换为失效-安全模式,从而保证飞机或发动机处于最安全状态；对于以 EPR 控制推力的高涵道比涡扇发动机，当 EPR 无法计算时，系统可以自动转换到以控制发动机风扇转速来控制推力。

FADEC 系统的使用不仅在提高发动机性能、降低燃油消耗、减轻驾驶员负担、提高可靠性、改善维护性（例如不再需要转速调准）等方面带来好处，也为控制的进一步发展提供了很大的潜力。由于感受的参数不受限制，可以进行复杂的计算，它能够实现各个部件的最佳控制。

2. FADEC 系统的组成

发动机 FADEC 系统由 EEC/ECU、HMU 和外部输入信号三部分组成。EEC 或 ECU 都是双系统设计，这两套系统又分别被称为 A 通道和 B 通道，任何一个通道都能控制发动机的工作。每个通道有它自己的处理机和计时电路、输入/输出转换电路、存储器、力矩马达驱动器、电磁线圈和继电器驱动器和检测电路。两个通道同时完成控制计算，但每个时刻仅仅一个通道输出控制信号。输出控制信号的通道被称为活动通道，另一通道被称为备用通道。如果活动通道出现故障，则备用通道自动转换为活动通道。在两个通道都处于正常状态或具有相同的故障状态时，每次发动机启动时轮流选择两个通道作为活动通道。

从图 6-19 可以看到，EEC 同飞机、发动机有大量接口，它接收飞机控制指令、计算机数据、发动机传感器数据，计算并发出对各个部件、系统的控制指令，接收各个部件、系统的位置反馈数据同指令值比较。外部信号大致分为两类，一类是飞机提供给 FADEC 的输入信号，主要包括油门杆位置、大气数据、驾驶舱电门位置、飞机飞行状态等；另一类是发动机给 FADEC 的输入信号，主要包括：燃油流量反馈信号，发动机各受控部件（放气活门、可调静子、涡轮间隙控制等）的位置反馈、发动机转速、滑油温度及压力发动机各气动站位上的气流参数等。EEC 将输入的模拟量、频率量、离散量及序列数据转变成处理机识别的数字形式，EEC 将输出信号从数字形式转变成相应的模拟量、离散量、序列数据，操纵电液伺服机构、电磁活门以及供驾驶舱显示。

FADEC 系统大多采用 ARINC429 数据总线或由 ARINC629 数据总线经 EDIU（发动机数据接口组件）将飞机数据传输给 EEC（例如 GE-90 发动机）。发动机控制数据、状态、故障信息亦由数据总线传输给飞机。EEC 同 FMC（飞行管理计算机）之间的接口允许机组选择由自动油门计算机控制发动机推力大小。发动机构型盒（GEnx-1B）和识别塞（或额定推力塞）可使 EEC 获取发动机序列号、额定推力对 EPR（或 n_1）实际校准值等，构型盒与识别塞均安装在 EEC 上。构型盒或识别塞与发动机是一一对应的关系，在更换发动机、EEC 或 ECU 时，需保留在原发动机上，不允许拆下。

为了正确控制各个发动机子系统，EEC 或 ECU 采用闭环控制原理。ECU 处理机计算受控对象的需求位置，通过反馈系统获取受控对象的实际位置，然后将二者进行比较，如果实际位置与需求位置不一致，则发出控制信号给液压机械组件继续调节，直至二者趋于一致。

对于发动机超转保护，常常设置多重保护，如果 EEC 或 ECU 中检测到转速超过安全限制时，将通过减少燃油供油量降低发动机转速，有的发动机控制系统还有硬件和软件超转检测电路（如 PW4000 发动机）；除此之外大多数发动机还有液压机械式的超转调节器（如 CF6-80C2、GE-90、CFM56-7 发动机），当发动机超转时，如果 FADEC 不能有效降低发动机转速，则它们会将燃油计量活门前的更多燃油旁通到燃油系统进口，从而减少燃油供油量，使发动机转速回到限制以内。

3. 分系统和 FMU

图 6-20 所示为 CF6-80C2 发动机控制分系统框图。该发动机的 FADEC 系统分成 7 个

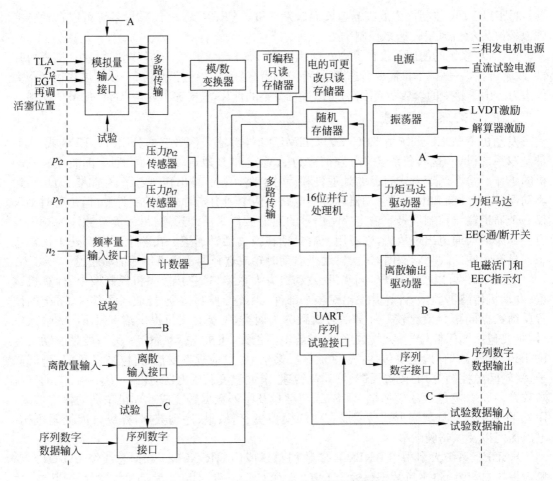

图 6-19　JT9D-7R4 发动机 EEC 框图

分系统,实施两方面基本功能:信息处理和发动机控制。信息处理指 FADEC 输入、处理和输出大量电子数据,也使 FADEC 计算机直接地同飞机其他计算系统通信:发动机指示和机组警告系统(EICAS),中央维护计算机(CMC),大气数据计算机(ADC),自动油门系统(ATS)等。

信息处理有两个子系统:传感子系统和处理子系统。传感子系统由发动机传感器和探头组成,向处理子系统提供发动机环境和工作信息。处理子系统包括:永磁式发电机(PMA),发动机额定推力塞,发动机序列号塞和电子控制装置。发动机控制功能包括:燃油计量子系统,主空气流量控制子系统,主动间隙控制子系统,冷却空气流量控制子系统和发动机启动与点火子系统。

液压机械组件(HMU)是 FADEC 系统中另一个非常重要的部件,它用于把 EEC 输出的电信号转换成液压信号并对其进行液压放大。HMU 由于型号不同,配置的发动机不同,安装位置也略有不同。HMU 执行 EEC 命令计量供给发动机的燃油流量,执行驾驶员指令供应燃油和切断供油,并向发动机相关部件提供伺服油。它有以下功能:计量发动机燃油流量;限制最大、最小燃油流量;保证最低燃油供给压力;停车时切断供油;发动机风转状态下对油泵释压;发动机超转保护;提供高压油、伺服油到发动机控制附件等。

以 GE90 发动机 HMU(见图 6-21)为例,HMU 有下述主要活门用于控制和分配燃油。

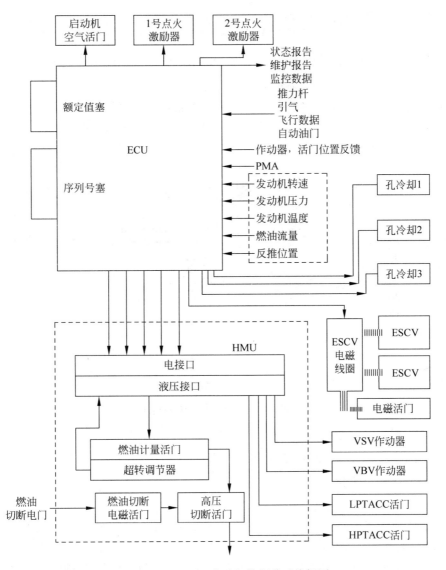

图 6-20　CF6-80C2 发动机控制分系统框图

它们是：燃油计量活门（FMV）；旁通活门（BPV）；关断活门（SOV）；燃烧室分级活门（BSV）；主级活门（MSV）。

EEC 控制 HMU 中力矩马达以决定 FMV 位置，FMV 控制到发动机的燃油流量，多余的燃油通过 BPV 返回到主燃油泵（齿轮泵）进口。HMU 内有一个机械式的超转调节装置（OSG），它由齿轮箱驱动，当发动机超转时，打开旁通活门以减少供油。燃油切断活门（SOV）电磁线圈接收运转或停车指令信号，供给或切断向发动机燃烧室的供油。燃烧室分级活门（BSV）将燃油分别送到先导燃油总管和主级 1 号总管，主级活门（MSV）分配燃油到主级 1 号和主级 2 号燃油总管。

伺服燃油用于下述发动机空气系统作动器：

（1）启动瞬时放气活门（STB）；

（2）高压涡轮主动间隙控制（ACC）活门；

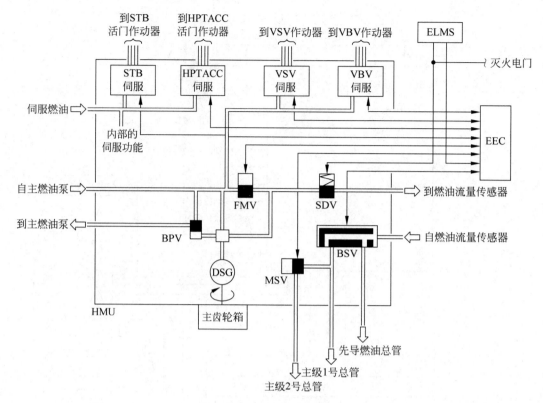

图 6-21　GE90 发动机 HMU

（3）可调静子叶片（VSV）作动器；

（4）可调放气活门（VBV）作动器。

4. FADEC 系统维护

FADEC 维护需要注意以下几点：

（1）安装前需检查 FADEC 软件版本与发动机和飞机硬件是否兼容，有些版本的 FADEC 软件需在同一飞机的多台发动机上同时安装，因为某些特殊原因不能同时安装的，需严格遵守发动机和飞机制造商的软件混装要求，某些版本的软件则不能混装。在完成 FADEC 安装之前禁止对其通电。

（2）为了保证发动机更加安全、稳定、可靠、高效地工作，发动机制造商通常会定期发布新版本的 FADEC 软件，用户获得新版本软件之后，需对该软件进行全面评估，以确定是否需要进行升级。升级时需注意软件的适用对象以及升级的具体要求，有些版本的 FADEC 软件升级时要求一架飞机的不同发动机具有相同版本，此时应对飞机所有发动机的 FADEC 软件进行升级，否则可能对飞行操作及发动机安全造成影响。另外，由于计算机和控制技术的发展，FADEC 系统硬件也在不断地升级，软件升级时需要注意软件与硬件是否兼容，如 CFM56-7B 发动机的二代 FADEC 与三代 FADEC 软件互不兼容。

（3）严格按照发动机制造商制定的软件升级步骤执行，软件升级前需检查 FADEC 控制计算机是否记录有发动机故障，如有则需人工记下故障后再升级软件。

（4）安装后要保证控制器良好接地，完成必要的测试，检查 FADEC 是否正常工作，确认发动机型号、推力、发动机序号、软件版本等信息正确。

（5）保证 FADEC 控制器散热良好，由于控制器工作时要产生大量热量，如散热不好可能会造成控制器因为超温被损坏，因此在地面尽量不要长时间地对 EEC 通电测试。

5. FADEC 发动机的排故

FADEC 系统的核心部件是控制计算机，它除了能够完成对发动机的控制之外，还要监测控制系统的输入、输出及计算机自身的工作状态，当检测到控制系统任何异常后，它会根据具体情况选择最为合适的控制方式，使发动机在最为安全的模式下工作（即失效安全模式），同时将所监测到的异常信息存储到自身的存储器或将信息发送至飞机系统进行告警或存储，机组根据告警信息采取必要的措施。飞机回到地面后，维护人员通过查阅 FADEC 系统可获得相关故障的详细信息，然后根据检查结果进行排故。

FADEC 系统监测到有警告的故障信息包括警告灯和显示屏信息（文字或显示变色）两种形式，不同发动机 FADEC 系统对于所监测到的故障告警方式可能会不同。在有些机型上，FADEC 对所有故障都进行告警；而另一些机型则只对一部分故障提供告警和存储，对其他故障只进行存储（如 CFM56-7 发动机）。对于有的机型，如果在空中 FADEC 检测到需立即排除的故障，为避免对飞行员造成干扰，飞机落地一定时间后才告警，通知维护人员对发动机进行排故；由于某些 FADEC 系统对一些故障不会告警，因此需定期查询 FADEC 系统是否检测到故障，查询方法取决于飞机。图 6-22 所示为波音 737-600/700/800/900 的故障查询方法。

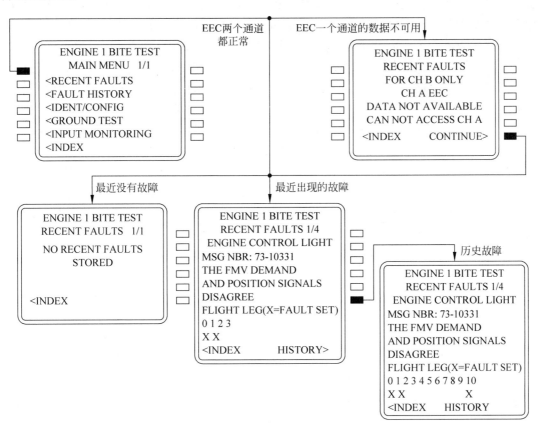

图 6-22　波音 737-600/700/800/900 故障查询方法

第7章

发动机启动和点火系统

7.1 启动系统

7.1.1 启动系统的组成及工作

启动系统主要由以下部件组成：启动机、点火装置、启动供油装置、启动程序机构、启动电门和启动手柄等。启动机的作用是通过外部动力带动发动机转子转动。启动机必须产生高扭矩并传递到发动机旋转组件，以提供一种平缓的方式从静止状态加速转子，供应足够的空气到燃烧室和燃油混合燃烧，直到发动机涡轮能够提供足够的功率取代启动机。

点火装置的作用是在发动机启动时提供高能点火，使混合气着火；同时也可在飞机起飞、进近着陆、发动机防/除冰以及复杂气象条件下提供再点火，防止发动机熄火。燃气涡轮发动机的点火装置都为双点火，即每台发动机有两套独立的点火系统，两个点火电嘴安装在燃烧室内不同位置，目的是确保发动机点火可靠。飞机提供的电源对点火激励器中的储能电容充电，当电容中的能量储存到一定值时，将储存的能量通过点火导线送至点火电嘴，点火电嘴再产生电火花，点燃混合气。点火电嘴产生电火花的频率为 $1 \sim 2$ 次/s，点火能量可高达 $16 \sim 20J$。由于每一次放电将造成点火电嘴电极腐蚀，所以为了确保点火电嘴的使用寿命及工作可靠性，飞行中不能长时间使点火系统处于工作状态，同时需要定期更换点火电嘴。发动机启动时，影响混合气着火的因素主要有点火能量、混合气的余气系数以及气体的初温、初压（影响燃油的雾化和汽化）。

启动供油装置的作用是控制启动供油量，确保发动机启动过程不超温、不喘振、不熄火。启动供油装置通常为发动机燃油调节器的组成部分，发动机启动时，提供给发动机一初始燃油量（通常较为富油，便于混合气着火）。随着转速的增加，通过感受发动机转速和压气机出口压力（反映空气流量）的变化，自动控制燃油流量，确保发动机启动迅速、安全。

启动程序机构的作用是在发动机启动过程中协调启动机、点火装置和启动供油装置的工作，使启动过程平稳、有序可靠。启动程序机构一般通过时间和转速来进行程序控制。

目前，一些大、重型民航机，如 A320/330/340、B777 等发动机启动系统由 FADEC 自动控制启动机、点火装置、启动供油等，可实现发动机自动启动。图 7-1 所示为 V2500 发动机启动系统示意图。

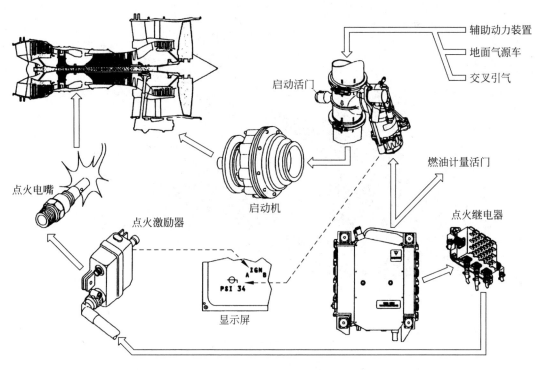

点火电嘴

点火激励器

辅助动力装置

地面气源车

交叉引气

启动活门

启动机

燃油计量活门

点火继电器

显示屏

图 7-1　V2500 发动机启动系统

7.1.2　常见启动方法

发动机的启动程序基本相同,但实施的方法可以是各式各样的。根据发动机和飞机的不同要求,启动机的种类和功率来源也不同。一些采用电功率,一些采用燃气、空气或液压,各种方式都有其自身的优点。民航飞机要求用对乘客干扰最小,而且最经济的手段启动。不管使用何种系统,可靠性是最重要的。

1. 电启动

电启动是由一台电动启动机(见图 7-2)驱动发动机转子实现启动的方法。电动启动机是一台直流电动马达。它通过减速齿轮和棘轮机构或离合器与发动机连接,当发动机达到自持转速后能自动脱机。

电动启动机可以由高压电或低压电供电,通过一个由继电器和电阻构成的系统,允许全部电压随着启动机的加速逐步积累起来。它还为点火系统的工作提供功率。当发动机已良好启动或者启动时间循环已经完成而启动机的负荷减小之后,供电自动停止。

2. 冲击启动

冲击启动是指某些涡轮发动机不装启动机,但使用空气冲击涡轮叶片作为启动发动机的手段(见图 7-3)。空气冲击启动比通常的启动系统方法简单,并可大大节省重量。连接外部的高压空气供给到发动机直接地冲击发动机涡轮以转动它直到自维持转速。

3. 空气启动

空气启动应用于大多数民用和若干军用喷气发动机中。与其他启动系统相比,它有重

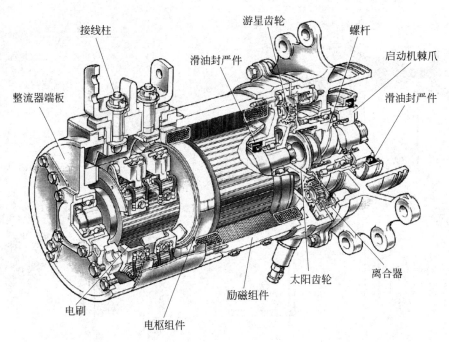

图 7-2 一种电动启动机

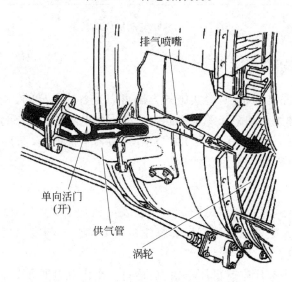

图 7-3 空气冲击式启动

量较轻、简单而且使用经济等许多优点。图 7-4 所示为一种典型的空气启动机。

空气启动机将功率通过减速齿轮箱和离合器传递给启动机输出轴，该轴与发动机相连。

启动机涡轮由来自外部地面气源的空气驱动，也可以用辅助动力装置（APU）提供的空气驱动，或者用正在运转的其他发动机进行交叉供气驱动。是否向启动机供气由启动活门控制，通常是由一个电磁阀控制它的开关，活门上游的压力空气打开或关闭活门。需要启动发动机时该活门打开，当发动机转速达到预定转速时，启动活门关闭，离合器自动脱开，启动机停止转动，发动机在自身涡轮功的作用下转速上升至慢车转速。

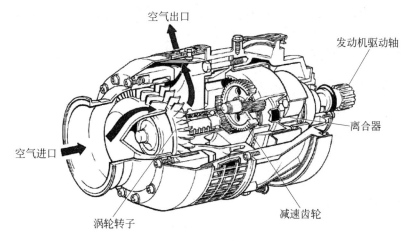

图 7-4 一种空气启动机

4. 燃气涡轮启动机启动

燃气涡轮启动机用于某些喷气发动机中,这种启动方式是完全自立的。它具有自己的燃油和点火系统、启动系统(通常是电的或液压的),以及自备的滑油系统。这种启动机使用经济,而且以比较轻的重量提供高的功率输出。

这种启动机含有一台小而紧凑的燃气涡轮发动机,其一般特点是采用涡轮驱动的离心压气机、回流式燃烧系统和一个机械上独立的自由动力涡轮。自由动力涡轮经由两级游星式减速齿轮、自动离合器和输出轴与主发动机相连。图 7-5 所示为一种典型的燃气涡轮启动机。

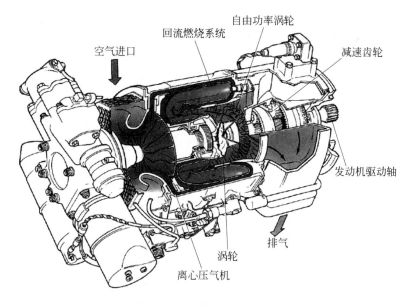

图 7-5 一种燃气涡轮启动机

在启动循环开始时,燃气涡轮启动机由它自带的启动机马达带转,直到它达到自持的转速为止,此时启动和点火系统自动关闭。然后继续加速到大约 60 000r/min 的控制速度。

同时,当燃气涡轮启动发动机加速时,排除的燃气经过导向器叶片导入自由动力涡轮,使其带动主发动机。一旦主发动机到达自持转速后,切断开关工作,将燃气涡轮启动机停机。当启动机停机时,离合器自动脱开输出轴,主发动机依靠它自身的功率加速到慢车转速。

7.1.3 发动机启动过程控制和启动保护

燃气涡轮发动机的启动过程根据发动机转子的加速情况可分为三个阶段,如图 7-6 所示。

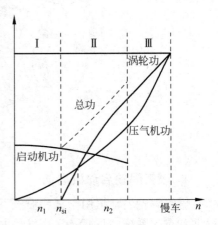

图 7-6 发动机启动的三个阶段

第 I 阶段:在未向燃烧室供油时,启动机功率输出轴带动发动机高压转子旋转到接近点火转速 n_1。第 II 阶段:在燃烧室内点燃燃油,涡轮产生功率。当涡轮的扭矩恰好等于阻力矩时,发动机的转速 n_{si} 称为最小平衡转速。按理,当 $n > n_{si}$ 后,发动机可独自启动。但为了安全可靠地启动,通常在这一阶段启动机继续工作,辅助涡轮将发动机转速带至 $1 \sim 2$ 倍最小平衡转速(接近 n_2 转速)。第 III 阶段:发动机转速达到 n_2 时,涡轮产生的功率已经明显大于压气机所消耗的功率,在控制系统作用下启动机脱开与发动机高压轴的连接。发动机依靠涡轮的剩余扭矩将发动机独自从 n_2 加速到慢车转速 n_3。

发动机启动加速过程时间的长短取决于剩余功率的大小,剩余功率越大,转子的加速度越大,加速时间越短。通过分析发动机转子的加速过程,可以发现启动机退出工作的时机对发动机启动的成功与否具有决定性影响。若启动机退出工作过早,由于发动机转速较低,涡轮产生的功率较小,发动机所获得的剩余功率不大,如果出现一些扰动(如顺风使发动机排气不畅,使涡轮落压比减小)使涡轮功率减小,发动机剩余功率可能为零或出现负的剩余功率,从而使发动机转子加速滞缓、悬挂或减速,引起发动机启动失败。

根据飞机和发动机类型的不同,发动机启动过程包括两种:①自动启动;②人工启动。当飞机和发动机具有自动启动功能时,选择自动启动之后,点火与供油的时机由计算机来完成,不需要人工参与,其中可能包括几次发动机启动,整个过程是完全自动的,但机组仍需监视发动机参数变化以保证不超出安全极限。如有必要,随时可通过将主启动电门或启动手柄置于“停车”位来关闭燃油供油和切断点火电源,终止发动机启动过程;人工启动过程中的供油和点火由机组或试车人员自行确定,但对供油时机有最低发动机转速要求,如果过早供油可能会造成超温、转速悬挂或启动失败等故障。对于发动机在冷天或高原条件下的启动,由于启动机的工作特性和发动机的状态,建议用启动机将发动机转速带至最高(5 秒内发动机转速上升少于 1%)后再供油点火,从而提高启动成功率;对于具有自动启动功能的飞机在上述条件下如出现启动困难,建议改用人工启动模式。在启动发动机之前必须检查启动机的供气压力,保证不低于飞机维护手册规定的最低压力,从而让启动机具有足够能力将发动机转速提升到一个相对较高的数值。另外应迎风启动发动机。

为了在启动过程中更好地保护发动机,现代民航飞机发动机控制系统均具有监控发动机启动过程的能力,一旦出现有可能损坏发动机的迹象,控制系统则会立即终止启动。以 CFM56-7B 为例,其控制系统具有启动过热保护、湿启动保护、失速保护、掉转超温保护等。

启动过热是指启动过程中排气温度超过了预先设定的启动温度限制值,该限制值通常与发动机的冷热状态和发动机转速有关。引起发动机启动过热的因素主要有点火供油过早、启动失速、启动机功率不足、燃烧室存在残余燃油等。湿启动是指启动过程中开始向发动机供油点火后,燃油没有被正常点燃(排气温度不上升或上升太慢),如继续供油点火则可能烧坏发动机。发动机失速是启动过程中的不稳定工作状态,控制器根据发动机转速和燃烧室内的空气压力变化监测是否出现了启动失速。掉转超温指发动机从慢车及其以上转速降至慢车以下(熄火),而排气温度超过启动极限或转速降到很低的转速。针对这些非正常情况,控制器会关断燃油和切断点火电源,终止启动。

7.2 点火系统

7.2.1 发动机点火系统的组成

燃气涡轮发动机通常装备有多套点火系统,每套点火系统包括点火激励器、点火导线、点火电嘴,有些机型还存在冷却系统。点火系统在发动机启动、熄火、飞机穿云、恶劣天气条件以及起飞着陆时提供点火。启动过程中当发动机转速达到一定数值后点火系统开始点火,当发动机转速达到启动机脱开转速后,点火系统停止工作。当外界条件可能导致燃烧室熄火时,机组通过驾驶舱操作提供强制点火。如果发动机出现熄火后,某些发动机的控制系统可自动提供强制点火。发动机点火分为单点火与双点火,正常启动和预防发动机熄火时通常采用单点火;发动机空中启动或发动机熄火后控制系统提供的自动点火都采用双点火。

1. 点火激励器

点火激励器是典型的电容储能式变压器,它将飞机电瓶电源提供给储能电容,当电容器中的电压上升到足已击穿点火电嘴电极之间的空气时,能量通过点火电嘴释放从而在电极间产生电火花。点火激励器中的扼流线圈用于延长放电时间。

目前常用的点火激励器是从飞机电瓶获取交流电,通过变压器和整流电路对电容器充电。除此之外还有低压直流点火激励器和晶体管点火激励器。

图 7-7 所示为一种低压直流系统,它利用 24~28V 直流电压和振荡器电路。当低压系统断电时,永久磁铁保持振荡器电路触点闭合。一旦座舱开关闭合,电流从地通过初级绕组、触点便会直接到电瓶正端。随着在初级绕组电磁力的建立并大于永久磁铁的磁力,触点断开电流停止。这个动作每秒重复大约 200 次,产生脉冲直流电压。重复循环后,当储能电容器建立足够的电荷使放电管击穿,电容能量通过电嘴释放。

晶体管点火装置除了断续装置由晶体管断续器电路取代以外,它的工作与直流断续器控制的装置工作相似。这样的装置与断续器装置相比有很多优点,因为它没有运动零件,因此其寿命长得多。由于晶体管点火装置的重量以及尺寸减小,所以它比断续器控制的装置更轻。

点火激励器分为高能和低能两种,点火能量以焦耳(J)计算,设计中可以按实际需要选择。高能点火激励器输出能量较高(如 12J),它能够保证发动机获得满意的再点火能力。然而,在某些飞行条件下,譬如结冰或在大雨和雪中条件下起飞,需要点火系统连续工作,以预防发动机燃烧室熄火,这时选择低能(如 3~6J)点火激励器较为有利,因为它可以延长点火电嘴和点火激励器的寿命。因此,为了适应发动机所有工作条件,有的发动机上的点火激

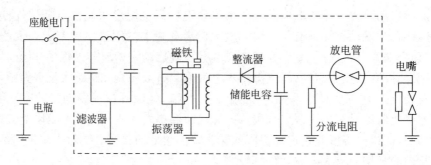

图 7-7　低压直流系统

励器使用高能、低能组合方式。然而某些点火激励器可按需要以预先选定的值提供高能或低能供电。

2. 点火导线

点火导线用于将点火激励器产生的高压脉冲电压送到点火电嘴。有些点火导线从初始端到末端采用同样的结构,而有些点火导线(CFM56发动机)设计时被分为两段:一段位于温度较低的区域(发动机风扇段),被称为冷段;另一段则位于环境温度相对较高的区域(发动机核心机舱),被称为热段。冷段和热段分别具有不同的结构。为延长点火导线的寿命并提高点火可靠性,热段点火导线周围通有冷却空气,用以冷却。冷却点火导线的气流随发动机的不同存在差异。某些发动机点火导线的冷却空气从低压压气机出口引出,然后沿导线内的流道流向点火电嘴,最终从点火导线与点火电嘴连接处流出,从而对点火电嘴也进行了冷却,如图7-8所示。

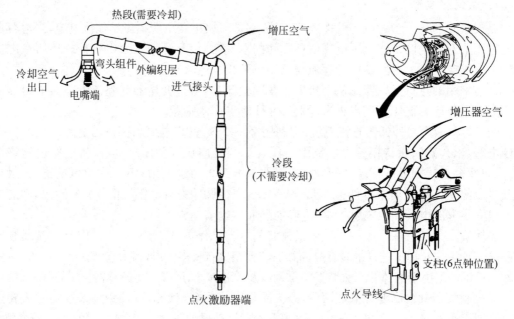

图 7-8　点火导线冷却

3. 电嘴

电嘴有两种基本型,即收缩或约束空气间隙式以及分路表面放电式。空气间隙式与常规活塞式发动机的火花塞相似,但其火花要击穿的电极和壳体之间空气间隙较大。高的电压要求整个线路具有非常好的绝缘。表面放电式电嘴有一个绝缘的端头,它由半导体雷管构成,允许自中央的高压电极向壳体漏电,使得雷管表面电离,为储存在电容器中的电能提供一条低电阻通路。放电采取从电极到壳体高电压跳火的形式。为了减少电嘴头部的温度,有的电嘴采用冷却空气冷却,以增加使用寿命。图7-9所示为典型点火电嘴。

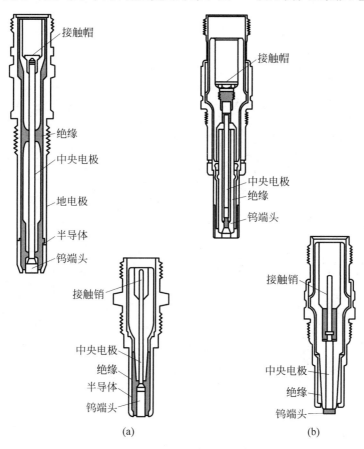

图 7-9　典型点火电嘴

7.2.2　发动机点火控制及熄火保护

每个点火激励器接受来自飞机供电系统的电源,点火激励器的供电由飞机驾驶舱中的电门控制,在有的飞机上电源在进入点火激励器之前还受发动机控制器的控制。电能提供给点火激励器后被储存在储能电容中,电容两端电压不断升高,当电压达到击穿点火电嘴头部电极之间的空气时,点火导线将电能从点火激励器传送到点火电嘴,点火电嘴便以高电压、高电流形式放电,产生电火花。点火系统是否工作取决于驾驶舱中的电门位置,不同飞机点火系统的控制稍有差别,但在正常飞行中点火系统均处于不点火状态,在需要预防发动机熄火时可通过不同的电门位置来强制点火。在大多数采用全权限数字控制技术的发动机上,控制系统可根据实际需要启动或中断点火。图7-10所示为安装在波音737NG飞机上的CFM56-7B发动机点火控制。

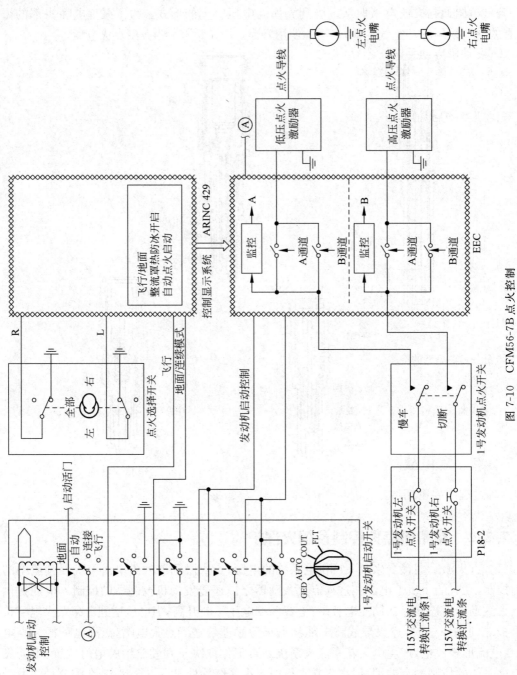

图 7-10　CFM56-7B 点火控制

该型发动机在出现以下情况时,控制系统会自动启动发动机点火系统点火,从而预防发动机熄火或让发动机恢复正常工作:

(1) 发动机启动手柄处于慢车位,启动电门置于"FLT"位,两套系统同时点火;

(2) 发动机启动手柄处于慢车位,启动电门置于"CONT"位,点火选择开关所选择的点火电嘴点火;

(3) 发动机启动手柄处于慢车位,发动机减速过程中转速降低的速率超过正常减速时的速率或者 N2 转速下降至 57% 以下但高于 50%,控制系统控制两套点火系统持续点火 30 秒。

发动机空中启动点火不同于地面启动,空中启动存在空中启动点火包线。倘若飞行中出现发动机熄火,则需要启动点火系统再点火。然而,发动机再点火的能力将依据飞机的高度和飞行速度变化。再点火包线取决于飞机的飞行高度和飞行速度,图 7-11 反映出空中点火包线与高度与空速之间的关系。如果飞机处在空中点火包线范围内,则空气流过发动机后将其转速维持在油气混合气能够被顺利点燃的水平,由于飞机的燃油供给没有被切断,只需给发动机提供点火即可,这时通过驾驶舱中的电门控制即可完成。但如果发动机空中熄火,而发动机所处的状态不满足空中启动包线,则需要启动机辅助,启动程序与地面启动一样。

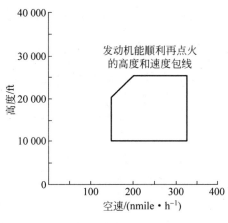

图 7-11　典型的空中点火包线

7.3　常见故障及维护安全要求

7.3.1　常见故障

启动过程中要密切注意防止启动过热或超温、启动转速悬挂、不能正常点火(又称湿启动)、启动机不能自动脱开以及发动机的参数摆动、喘振、振动过大等故障。其中启动过热、启动转速悬挂与不能正常点火是最为常见的故障。

启动过热或超温是启动过程中 EGT 上升过快,即将超温或已经超过红线限制,启动必须中止。启动过热是由于燃油/空气比不当、燃油供给发动机太早或太多、启动机功率不足、外界温度过低、转子所受摩擦力增大以及发动机空气流量控制不当造成的。

启动转速悬挂是启动过程中转速停滞在某一较低转速而不能进一步加速到慢车转速。启动悬挂分为冷悬挂和热悬挂。大气温度较低时,大气密度较高,发动机空气流量增大,压气机消耗功率也较大,同时大气温度低会使滑油变稠,摩擦力矩也随之增大。在启动机功率不变的条件下,启动过程第一、二阶段的剩余功率将会减少,启动的可靠程度变差,有时会出现在启动过程的某个转速下,剩余功率等于零而停止加速从而造成"冷悬挂"。大气温度过高或在高原机场的情况下,空气密度低,发动机空气质量流量较小,启动过程中容易形成混合气富油,涡轮前温度较高,可能引起压气机进入气动不稳定状态,结果出现涡轮前温度高而转速停止增加,该现象则被称为"热悬挂"。

不能正常点火是在向发动机燃烧室供给燃油后,油气混合气没有被正常点燃,直接表现为发动机排气温度上升较为缓慢,出现这种情况后有些发动机控制系统会自动中止启动,而某些发动机则通过冷转清除燃烧室的残留燃油后尝试多次启动,经过几次后如还不能顺利点燃则终止启动。

7.3.2　安全维护与部件保存运输

1. 安全维护

在对启动机维护时必须严格按照飞机维护手册相关程序来进行。在启动活门上下游没有足够气压差的情况下禁止强行超控以避免损坏活门。在安装启动机时,要注意启动机内部的润滑。对于与发动机采用同一润滑系统的启动机,初次安装后需在启动发动机之前向启动机加一定量的滑油,以保证启动发动机时启动机具有良好的润滑。在使用启动机对发动机进行多次冷转时需注意启动机的使用限制,同时还需注意啮合启动机允许的最大发动机转速。

由于发动机点火系统具有较高的电压,为保证安全,对点火系统的维护需在发动机停车一定时间之后才能进行。通常情况下,发动机左右两套点火系统从飞机获得的电源来源不同,因此当有一套系统不能提供正常点火时,对飞机放行影响是不一样的。在安装点火电嘴时必须严格按照安装程序来进行,在安装螺纹上需涂抹一定量的防咬剂,避免下次拆卸困难。需要注意的是与点火导线相连接的螺纹上不能涂抹。在有些发动机上安装完后还要求检查点火电嘴的安装深度,这对于保证可靠点火以及点火电嘴的寿命都是非常重要的。点火电嘴需定期检查,有些厂家还建议定期更换点火电嘴。点火导线安装前应检查导线是否有擦伤,陶瓷绝缘衬套是否有裂纹或其他损伤,同时需检查导线上的硅胶是否封严避免水气进入触点导致短路。为了让电火导线与点火电嘴可靠接触,可采用专门的工具对二者的接触部位进行打磨。

2. 储存与运输

启动机和点火部件应储存在清洁、干燥、温暖和无腐蚀油雾的条件下。温度160℃(610℉)和湿度75%是制造厂常常建议的较理想的储存状态。

点火电嘴的螺纹部分应涂防锈剂并且电嘴用蜡纸或聚乙烯管包裹。包裹后的电嘴可以单独或同其他电嘴一起放在硬纸板盒中,然后将盒子密封。

点火导线应用沾白酒精的湿布擦去任何滑油或油脂,端头堵住。导线应以自然位置存放(即不卷起或弯曲)在平的架子上、并用防尘布盖上。

启动机和点火装置可采用两种包装运输。一种包装是将部件装入聚乙烯袋中并放适量的干燥剂后密封,并将袋子放在加衬垫的木制或硬纸板盒中。而另一种包装是用防油脂纸代替聚乙烯袋。储存期间应保持部件在它们的盒子中,当打开包装使用时,包装材料应保留。包装之前启动机齿轮箱应泄放,外部螺纹和传动轴涂防锈剂。

对于某些部件有专门推荐的储存寿命,但是点火电嘴和导线倘若储存状态良好,一般无储存期限。任何已达到它的储存寿命的部件必须经受规定的检查和试验,以便对下一个储存周期再取证。

第8章

空气系统

8.1 辅助空气系统

发动机冷却系统分成外部空气系统和内部空气系统。内部空气系统涵盖了除用于燃烧的气流之外所有其他发动机内部空气流，任务是内部封严、压力平衡和内部冷却。所有的内部空气流均取自于内涵气流。

当空气逐级流过压气机后，对空气所做功增加，其压力和温度升高，将压气机一部分气体引出会使发动机效率下降。因此，为了减少发动机的性能损失，应当尽可能从压气机的前几级抽取空气满足特定的功能。冷却空气经由通风系统排出发动机外或重新进入发动机的燃气流，尽量减少辅助引气对发动机造成的损失。

压气机冷却空气用于控制压气机轴和盘的温度，既可以对其冷却，也可以对其加热。这样，就保证了温度的均匀分布，并通过控制热膨胀，保持最小的叶尖和封严间隙，改善了发动机效率。典型的冷却和封严空气流如图 8-1 所示。

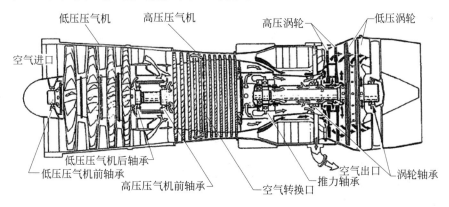

图 8-1 内部空气流

在燃气涡轮发动机设计阶段的一项重要考虑是保证发动机的某些零件以及在有的情况下的某些附件吸收的热达不到危及其安全工作的程度。需要空气冷却的主要区域是燃烧室和涡轮。

1. 燃烧室冷却

燃烧生成的燃气温度为 $1800\sim2000$℃，由于燃气温度太高，直接流经涡轮会烧坏涡轮叶片。因此，进入燃烧室内大约 75% 的空气用于降低燃烧后燃气的温度，其余 25% 的空气通过旋流器与燃油混合后在燃烧区被点燃。用于冷却的气体一部分通过火焰筒上的径向孔进入稀释区，而其余的空气则通过火焰筒壁面的切向孔进入火焰筒，对火焰筒进行冷却，同时可大大降低进入涡轮的燃气温度。由切向孔流入火焰筒的空气沿火焰筒壁内表面流动，从而在燃气与火焰筒之间形成一层隔热空气膜，将火焰筒壁面与高温燃气隔开，这被称为气膜冷却。目前的气膜冷却技术可使冷却壁面的气流量减少50％之多。油气混合气的主要燃烧应当在冷却空气进入火焰筒之前完成，随着冷却空气的流入，可对燃气中还没有燃烧完成的燃油补燃，使燃烧更为完全（见图8-2）。

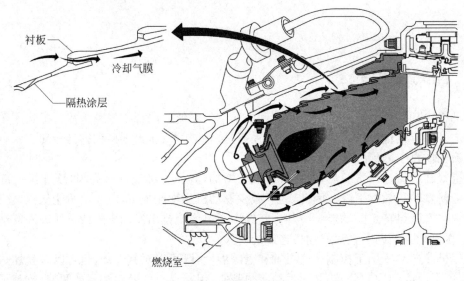

图 8-2　燃烧室冷却

2. 涡轮冷却

在燃气涡轮发动机中，涡轮前燃气温度是一个非常重要的技术指标，它决定了单位质量的空气流过发动机能够产生的推力大小，燃气温度越高则产生的推力越大，在相同推力的情况下，发动机尺寸就可以缩小。因此发动机设计时尽量提高涡轮前温度，但它受涡轮叶片和导向器材料的限制。

在现代飞机发动机前一级或多级涡轮导向器和转子叶片制造过程中采用特殊工艺使其内部做成空腔，而表面有很多小孔与内部空腔相通，在叶片内部的空腔中引入一定的"冷空气"（压气机引气）对这些部件进行连续不断的冷却，同时冷却后的空气由表面的密集小孔排出，在叶片表面形成一层保护气膜，从而将高温燃气与叶片本身分隔开，可以允许推动其工作的燃气温度超过材料的熔点而造成叶片和导向器被烧坏。涡轮后几级由于燃气温度已经降低到材料能够承受的温度，为了降低制造成本通常被做成实心叶片。从涡轮叶片向涡轮盘的热传导要求对轮盘加以冷却。

3. 涡轮盘和轴冷却

冷却涡轮盘的空气进入轮盘内部的空腔，并向外流过轮盘表面，然后沿级间封严与轮盘之间的通道进入涡轮叶片的叶根，对涡轮叶片的根部进行冷却，在完成对涡轮的冷却之后，重新加入到主燃气流中。涡轮轴也需要低压压气机空气冷却，然后排出机外。图8-3所示为高压涡轮盘和涡轮叶片冷却。

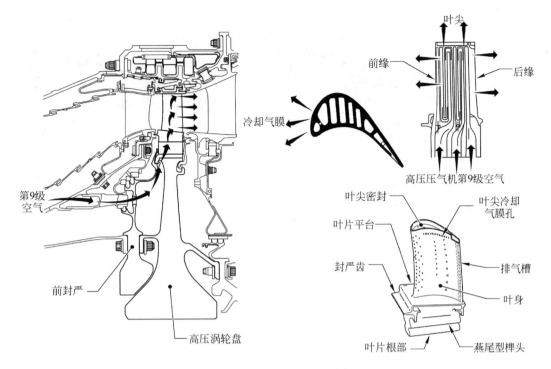

图 8-3 高压涡轮转子的冷却

涡轮导向叶片和涡轮工作叶片的寿命不仅取决于它们的结构形式,而且还与冷却方法有关,因此内部流道的气流设计对涡轮叶片的使用寿命非常重要,发动机制造商通过不断改进涡轮叶片的内部冷却通道以及结构来提高涡轮叶片的寿命。另外一个与涡轮叶片冷却有关的因素是环境条件,如果大气中含有的悬浮颗粒或其他化学污染物多,则可能引起内部冷却通道的堵塞或内部腐蚀,使涡轮叶片的寿命大大缩短,因此在发动机设计和改进中需全面考虑叶片冷却效果与预防颗粒物堵塞冷却通道和内部腐蚀问题。图 8-4 所示为高压涡轮导向器冷却。

4. 发动机外部及附件冷却

发动机的一些附件工作时会产生大量热量,例如给飞机提供电源的整体驱动发电机;有些附件工作时本身不产生热量,但位于发动机温度较高的部位(热端),因此这些附件常常也需要冷却。当用空气进行冷却时,冷却气源可以是压气机引气或者从发动机整流罩引气口处引入的外界空气。此外,有的发动机点火导线也需要冷却,冷却气源可选用增压器(低压压气机)出口空气。

涡轮风扇发动机整流罩与机匣之间的区域被分为两个部分:风扇舱和核心机舱。外部冷却系统确保发动机风扇整流罩与风扇机匣之间区域的通气和核心舱内所有发动机和飞机附件得到足够冷却,同时防止可燃蒸气在发动机舱内聚集。两个舱由隔框和防火密封隔开,每个舱分开冷却和通气。风扇舱由外部冲压空气冷却和通气。核心舱通常由风扇出口空气冷却和通风,采用对流进行冷却(见图 8-5)。

为保证发动机轴承腔的滑油密封效果,轴承腔通常做成双层壁,内层壁构成的内腔用于收集滑油,通过回油管将滑油送回到滑油箱;外层壁面与内层壁面之间形成空腔,在空腔中

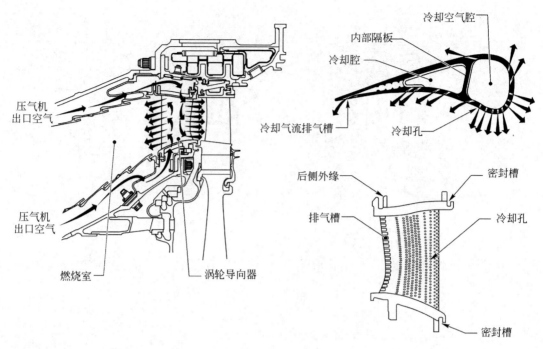

图 8-4　高压涡轮导向器冷却

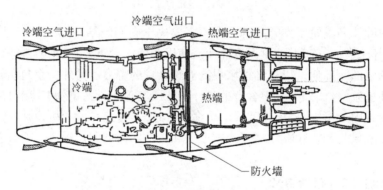

图 8-5　发动机外部冷却

　　引入较高压力的增压空气(如 CFM56 发动机采用低压压气机出口空气)，由于内腔内的空气压力低于双层壁面之间的增压空气，从而形成一股由外向内流动的气流，构成对篦齿封严的增压，阻止滑油向外渗漏。为保持双层壁面之间的空气具有足够的压力，外层壁与输出轴之间同样具有篦齿封严。同时，为了保持对篦齿封严持续增压，轴承腔内必须与外界大气相通，以便及时排出从篦齿封严流入的增压空气。

　　用于封严增压的空气通常引自发动机压气机，其压力与发动机转速关系密切。当发动机转速较高时，压气机增压比较高，增压空气的压力较高，增压作用较为明显，篦齿封严的密封效果较好；而转速较低时，增压空气的压力则相对较低，篦齿封严的密封效果相对较差，漏油比较严重，这一特性在 CFM56-7B 发动机上表现非常明显，该型发动机长时间冷转后，在尾喷管中心锥内会出现大量的滑油，主要是因为冷转时对篦齿封严增压效果不佳造成的。仅从增压的角度讲，采用压气机最后级的气体较为理想，但由于最后级的气流温度太高，滑油不能承受如此高的温度,因此不被采用,通常采用低压压气机出口空气来进行增压。

8.2 压气机气流控制系统

8.2.1 目的和方法

如果压气机的工作状态偏离设计状态过多,就会发生气流分离和空气动力诱导的振动。这些现象通常是由下述两种形式之一而引发的。转子叶片可能因为空气流相对叶片的迎角太大或者太小而出现失速。前者是压气机前面级在低转速下发生的问题,而后者通常是高速下压气机后面级容易出现的问题,每一种都可以导致叶片振动。如果失速的叶片过多,则会引起气流通道堵塞,使发动机出现喘振。压气机的设计要留有足够的喘振裕度,即压气机工作线与喘振边界线之间有一定的距离,以避免进入喘振区。不过,一台发动机的喘振边界线和工作线的位置不是固定的,它会随着发动机性能衰退、叶片磨损、封严间隙、空气流道的清洁程度等许多因素的变化而变化。

压气机空气流量控制又称可变几何控制,它采用压气机放气和可调静子叶片来实现,通过改变非设计状态下速度三角形的绝对速度的轴向分量、绝对速度的切向分量和圆周速度,从而使气流速度相对转子叶片的攻角同设计状态相近,避免叶片失速,防止压气机喘振,提高发动机的工作稳定性和压气机效率。

发动机喘振常出现的阶段有启动、加速、减速等过渡状态和反推展开后的工作。对于双转子轴流式压气机,加速时由于燃油流量的增加使燃烧室燃气温度突然升高,高压涡轮导向叶片处的空气流量突然减小,从而使高压转子容易进入喘振区;减速时高压转子较低压转子减速快,对于低压转子来说高压转子起到节流作用,因此低压转子容易进入喘振区。

8.2.2 放气活门和可调静子叶片

当发动机的工作状态离喘振边界较近时放气活门打开,一部分压气机中间级或低压压气机后高压压气机前的空气通过放气活门放出,增加压气机的空气流量,增大气流的轴向速度,减小气流攻角,使压气机保持足够的喘振裕度。发动机在低转速时的工作线距喘振边界较近,喘振裕度偏低,放气活门打开;快速减速时,由于高压转子的节流作用,低压转子的喘振裕度也偏低,需要打开放气活门进行放气。一旦脱离喘振区,放气活门关闭。活门关闭过早或过晚均不利,关闭过早则发动机没有脱离喘振范围,仍可能喘振;关闭过晚,放掉空气,造成浪费。关闭转速还受大气温度变化的影响,大气温度高,关闭转速应增大。

现代涡轮风扇发动机上采用的可调放气活门(variable bleed valve,VBV)和可调静子叶片(variable stator vane,VSV)均采用闭环控制,整个控制系统包括控制器、作动部件和反馈装置。控制器根据压气机的工作状态计算放气活门或可调静子叶片需求开度,控制器可分为液压机械式和全权限数字电子式两种。作动部件为作动筒或液压马达,通过燃油进行操纵。反馈装置为钢索或电子式的位置传感器,如线性可变差动传感器(LVDT)、旋转可变差动传感器(RVDT),它将 VSV、VBV 的实际位置信息传送至控制器。

1. 可调放气活门

可调放气活门(VBV)的开度随发动机状态的变化而变化。在采用液压机械式控制器的发动机上,活门位置计算依据的状态参数较少,如 B737-300 飞机上 CFM56-3 发动机的

MEC 仅依据 VSV 的位置反馈信号计算 VBV 活门的需求开度,飞机着陆反推展开后通过一个电磁阀使 VBV 开度增大,防止低压压气机喘振和更好地保护高压压气机,减小吸入发动机的地面碎屑对高压压气机造成的损坏。在采用全权限数字电子控制技术的发动机上,如 B737-700 飞机上 CFM56-7 发动机的 ECU 接受 N1、N2、推力杆角度、静压 p_0、发动机进口总温 T_2 或飞机提供的大气总温和高压压气机进口温度 CIT 等输入参数计算 VSV 需求位置,其他机型可能还会包含更多信号。放气活门的实际位置通过反馈钢索(采用液压机械式控制器的发动机上,如 CFM56-3)或电子式的位置传感器(全权限数字电子式控制器,如CFM56-7B)传回控制器,控制器将计算结果与传回的当前实际位置信息进行比对,若存在较大差异,则通过输送压力燃油到作动器(B737NG)或齿轮马达带动主放气活门(B737 Classic),主放气活门经同步轴或作动环带动其他放气活门一起开关,将低压压气机后高压压气机前的部分空气放入外涵道。

有的发动机可调放气系统由多个活门组成,活门之间由软轴连接(见图 8-6),这种设计结构相对较为复杂,容易出现卡阻与磨损,主要出现在早期的发动机上(如 CFM56-3/-5B);有的机型上采用放气带或由作动环作动的多个活门,如图 8-7 所示,它主要用在后来较为先进的发动机上(如 CFM56-7B),这种设计结构较为简单,较软轴连接更为可靠。CFM56-7B可调放气活门的两个作动器在风扇框架的每一边,经由作动杆移动活门作动环。当作动器前推作动杆时,活门开大,部分低压压气机出口空气被放出到风扇排气通道;当作动器拉动作动器杆向后移动时,活门开度减小,放气量减少。放气活门可在全关和全开之间任意作动。

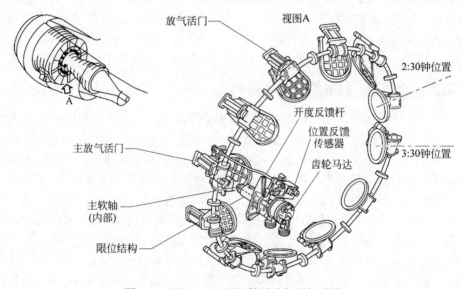

图 8-6　CFM56-5B 可调静子放气活门系统

可调放气活门的开度受发动机转速、外界大气条件、工作状态(如反推是否展开)等因素的影响,但总体趋势是转速越高,活门开度越小;外界温度越高,活门则开得越大。

2. 可调静子叶片

可调静子叶片(VSV)是将高压压气机的进口导向叶片和前几级静子叶片设计成角度可调的结构,当压气机转速从其设计值往下降低时,静子叶片角度逐渐关小,以使空气以最佳攻角流入转子叶片;当压气机转速增加时,静子叶片角度逐渐开大,同样使气流以最佳角

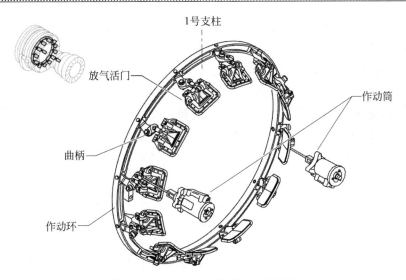

图 8-7　CFM56-7B 可调放气活门系统

度进入转子叶片,从而防止压气机喘振。可调静子叶片的转角同样根据发动机的工作参数以及外界条件和飞行状态进行计算,其输入参数较 VBV 的输入参数更多。控制器将计算结果与反馈回的 VSV 当前开度进行比较,若存在差异,机械液压控制器直接输出压力燃油至作动器使其活塞移动,再通过摇臂组件、主杆、连杆等传到作动环,作动环使连到它上面的所有叶片同时转动;采用全权限数字电子控制的发动机,控制器则输出电信号至液压机械装置(HMU),通过液压放大后再输出压力燃油至作动器。叶片实际位置则通过反馈钢索(液压机械控制)或电子式位置传感器(全权限数字电子控制)反馈给控制器,然后与需求位置比较,控制器根据比较结果来进一步调整叶片角度。图 8-8 所示为典型的可调静子叶片系统。

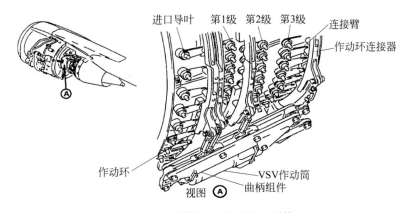

图 8-8　可调静子叶片(VSV)系统

为保证 VBV 和 VSV 的实际位置准确地传送给控制器,对于采用机械液压控制器控制的发动机,需要定期检查和调整反馈钢索,按照飞机维护手册的程序进行如钢索的行程检查、阻力检查和静态校准;对于老龄发动机,为改善发动机的加速性,还可进行动态校装。在全权限数字电子控制的发动机上,通过特定的地面测试,从控制显示组件(CDU)上可以获得位置传感器(LVDT,RVDT)提供的数据,便于查询和排除故障。

由于 VSV 和 VBV 的目的均是防止压气机失速导致发动机喘振,因此发动机的可调放气活门系统与可调静子叶片系统具有一定的关联性,可调静子叶片位置的反馈信号通常作为可调放气活门控制系统的输入参数,参与可调放气活门需求位置的计算。VSV 与 VBV 协调工作,其开关状态正好相反,即 VSV 往关的方向作动时(攻角减小),VBV 则向开的方向作动。

压气机喘振的探测目前主要是依据压气机出口压力的下降率或转子的减速率来判断。一旦探测到压气机即将或已经发生喘振,控制系统自动打开放气活门,可调静子叶片向关的方向上调节,同时瞬时减少供油,降低涡轮前温度,增加发动机空气流量,使其从喘振状态恢复过来,同时对发动机点火系统提供高能点火以防止燃烧室熄火。

8.2.3 高压压气机放气活门

该活门通常位于高压压气机的中间级或靠后级,根据其开启情况可分为启动放气活门(如 CFM56-3 发动机高压压气机放气活门被称为 5 级启动放气活门)和过渡态放气活门(transient bleed valve,TBV)。启动放气活门仅在发动机启动过程中开启,启动结束后,该活门立即关闭;过渡态放气活门在发动机启动、加减速等过渡态过程中均处于开启状态,从而提高压气机的失速裕度,防止压气机喘振,在发动机稳态工作时则处于关闭状态。启动放气活门不受发动机控制器的控制,它的开关情况取决于启动活门的状态,例如 CFM56-3 发动机的 5 级启动放气活门由启动空气活门下游的压力空气克服放气活门内的弹簧力将其打开,启动空气活门关闭后,在弹簧力的作用下,放气活门关闭。瞬态放气活门(见图 8-9)由发动机控制器进行控制,它通常安装在 FADEC 控制的发动机上(如 CFM56-7,CFM56-5B/5A),发动机电子控制器(ECU 或 EEC)根据发动机的工作状态确定活门的开关状态,在需要改变放气活门的状态时,发动机电子控制器向液压机械装置内的 TBV 电液伺服阀输出电子控制信号,电液伺服阀向放气活门作动器输出压力燃油从而改变活门的状态。

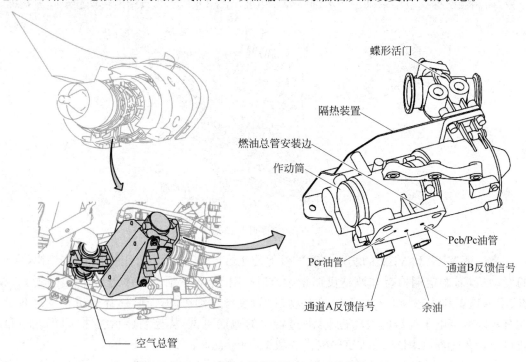

图 8-9 过渡态放气活门(TBV)系统

8.3 间隙控制系统

发动机不同工作状态下,为了减小涡轮叶片叶尖和机匣之间的间隙,减少漏气损失,提高发动机性能,需要对涡轮间隙进行控制,图 8-10 示出了涡轮间隙控制的作用。过去主要是通过选取膨胀系数合适的材料,由气流冷却来控制涡轮间隙,属于被动控制(如 CFM56-3 的低压涡轮间隙控制)。被动间隙控制曾用在一些发动机的高压和低压涡轮上,它通过空气连续对涡轮机匣进行冷却,而冷却气流的流量或温度不受任何控制,因此不能保持最佳涡轮间隙。冷却涡轮机匣的气流可以是从高压压气机引出,也可直接采用风扇出口空气,很多发动机低压涡轮机匣的冷却采用风扇出口空气(如 CFM56-3/-5/-7B),而高压涡轮间隙控制则采用从高压压气机引出的气体进行冷却。

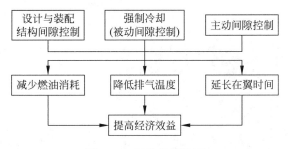

图 8-10 间隙控制作用

新型发动机上对高压涡轮乃至低压涡轮间隙实行主动控制,如图 8-11 所示。主动间隙控制的效果使涡轮机匣的膨胀量与转子叶片的伸长量相一致,目的是使转子叶片叶尖和机匣之间不会因出现接触而造成损坏,同时保持最小的涡轮间隙,从而使涡轮具有较高的效率。由于高、低压涡轮的工作温度对发动机性能的影响程度不一样,因此对高压涡轮间隙和低压涡轮间隙分别进行控制。

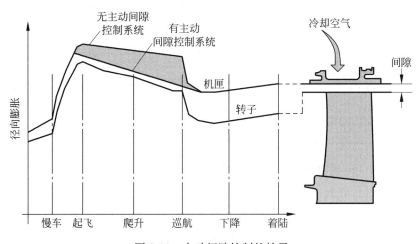

图 8-11 主动间隙控制的效果

高压涡轮间隙控制通过调节压气机不同引气来实现。由于发动机机匣是刚性件,要传递推力,对温度的敏感性不强,采用冷却空气直接控制其膨胀或收缩较为困难,因此大多数发动机的高压涡轮间隙控制均在涡轮机匣和衬环之间安装另一部件,被称为高压涡轮衬环支撑。高压涡轮衬环支撑是一个温度敏感元件,它的膨胀和收缩带动高压涡轮衬环膨胀和收缩,从而改变叶尖间隙。

高压涡轮间隙通常通过控制高压压气机不同级引气,改变冷却高压涡轮衬环支撑的气流温度,由于冷却气体的温度不同,则冷却效果不同,从而实现涡轮间隙的主动控制。以CFM56-5B发动机为例(见图 8-12),用于高压涡轮间隙控制的空气来自高压压气机第 4 级和第 9 级引气。发动机电子控制器(ECU)根据其工作状态结合安全性和经济性兼顾的原则制定高压涡轮间隙控制活门的位置计划,高压涡轮间隙控制活门则负责选择控制空气。CFM56-5B 发动机在各个工作状态下的间隙控制空气见表 8-1。

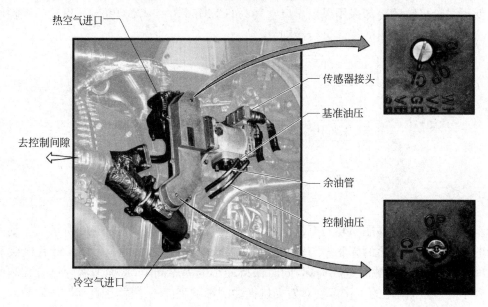

图 8-12　CFM56-5B 高压涡轮间隙控制

表 8-1　高压涡轮间隙控制空气与发动机状态的关系

发动机工作状态	高压涡轮间隙控制引气
失效安全状态	无引气
慢车,起飞	高压压气机第 9 级引气
爬升	高压压气机 4 级和 9 级引气
巡航	高压压气机第 4 级引气

发动机低压涡轮间隙控制同高压涡轮间隙相比,对发动机性能影响较小,因此很多采用机械液压控制器的发动机上,为了使控制器较为简单,低压涡轮间隙控制采用被动间隙控制,但在大多数 FADEC 控制的发动机上则采用主动间隙控制,但不管是采用主动间隙控制还是被动间隙控制其精度都较低。低压涡轮间隙控制通常采用的方法是利用风扇出口空气冷却低压涡轮机匣来实现,主动间隙则通过控制冷却低压涡轮机匣的空气流量来控制间隙,被动的低压涡轮间隙控制的冷却空气流量不受控制。

在某些早期发动机上还采用了压气机间隙控制,其控制方法与涡轮间隙控制类似,也是通过压气机引气来实现的,不同的是压气机间隙控制是改变转子的尺寸,从而达到间隙控制的目的。压气机间隙控制系统总是主动间隙控制系统,从压气机引出的暖空气通过位于风扇框架内的空气管进入转子鼓筒内部使控制压气机转子膨胀,从而减小转子叶片与机匣之间的间隙。暖空气通常取自高压压气机的中间级,由压气机间隙控制活门调节流量大小。

8.4　发动机防冰系统

当飞机穿越含有过冷水珠的云层或在有冻雾的地面工作时,发动机和进气道前缘处会结冰。防止结冰是必要的,因为在这些地方结冰会大大限制通过发动机的空气流量,从而引起发动机性能损失并可能会使发动机发生故障。此外,脱落下来的冰块被吸入发动机或撞击进气道吸音材料衬层时也可能造成损坏。

防冰系统必须在该飞机使用要求内有效地防止冰的生成。防冰系统必须可靠,易于维护,不会过分增加重量,且在工作中不会引起发动机严重的性能损失。有两种基本的防冰方法:涡轮喷气发动机一般采用热空气防冰,涡轮螺旋桨发动机采用电加温或热空气与电加温混合型。防冰可通过热滑油沿进气道周围循环来补充热量。热空气系统在可能会结冰的地方为发动机提供表面加温。

防冰系统的热空气通常取自高压压气机,当防冰活门打开后,热空气经管路后被送至需要防冰的部件。发动机进口整流罩防冰系统用过的空气可重新进入压气机进口或排出机外。热防冰活门的开启由人工选择电门实现或根据飞机防冰探测系统的信号自动开启。在有些飞机上热防冰活门开启后在驾驶舱会出现相关指示信息(见图8-13)。某些热防冰系统的管道上还有压力、温度传感器监视防冰热空气的温度和压力。如图8-14所示为组合防冰。

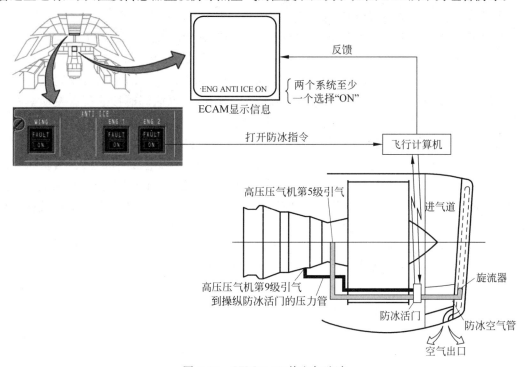

图 8-13　CFM56-5B 热空气防冰

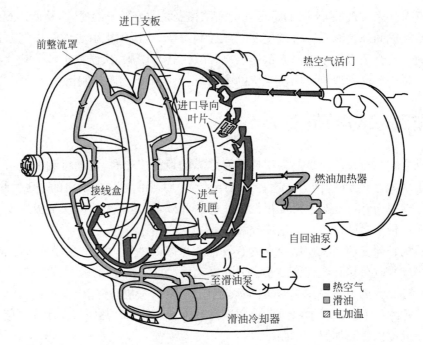

图 8-14　热空气、热滑油和电加热组合防冰

　　当发动机除冰装置工作时,部分高压空气从压气机引出,这部分空气没有参与燃烧从而冲击涡轮对发动机做功,因此发动机转速将下降,推力将减小。此时,控制系统为了尽量维持正确的发动机推力,燃油调节系统将自动增加燃烧室供油量,使涡轮前温度增加,涡轮功率增加,因此排气温度将升高,同时这种引气也相当于打开发动机防喘放气活门,所以压气机工作稳定性也可得到一定程度的改善。

　　发动机防冰装置用来防止发动机积冰,机组必须明确发动机防冰装置的使用条件,必须在发动机积冰前及时使用(有的发动机,如 GE90,当发动机防冰电门置"AUTO"位时,发动机可自动探测外界气象条件,自动启动和关闭发动机防冰系统)。飞行中,若发动机已积冰(发动机振动将加剧、推力将降低),使用防冰装置来除冰时,不能同时接通所有发动机的防冰电门(防止发动机熄火),应依次打开。同时空中对发动机实施了除冰程序后,可能对发动机造成损伤,飞行后需对发动机进气装置和风扇叶片进行检查。

　　在接通发动机防冰电门前,应首先接通发动机点火电门,防止发动机熄火,当防冰装置已工作,发动机保持稳定工作后,再关断发动机点火电门(飞越严重积冰区时,点火电门一直打开)。接通发动机防冰系统后,机组必须确认防冰系统工作状态是否正常;检查发动机防冰控制活门是否完全打开(活门灯暗亮),确保发动机防冰的可靠性。

　　当飞机下降时,发动机转速较低,而此时通常为发动机最易结冰的飞行阶段,为了确保发动机防冰的气源充足、防冰可靠,同时防止发动机熄火,发动机转速应维持在合理大小。

第9章

发动机操纵系统

9.1 驾驶舱操纵系统的功用和组成

飞行员依靠发动机操纵系统完成发动机的启动关车操纵、前向推力操纵和反推力操纵。每一台发动机的操纵系统分成三个子系统：正推力操纵系统、反推力操纵系统和启动操纵系统。

正推力操纵系统通过调节发动机燃油流量从而控制发动机正推力；反推力操纵系统也通过调节发动机燃油流量以控制反推力，和正推力系统不同的是，在增加反推力之前系统首先操纵反推移动套筒展开。启动操纵系统用于发动机的启动和停车。

飞行驾驶员并不能直接操纵发动机，而是通过一个中介——燃油控制器实行。涡轮喷气、涡轮风扇和涡轮螺旋桨发动机在燃油控制器上由控制杆（功率杆）连到飞机驾驶舱的油门杆或推力杆。此外，发动机启动、停车命令由驾驶舱的启动杆（停车杆）或控制电门传送到燃油控制器的燃油切断杆或电磁线圈。飞行员操纵驾驶舱的推力杆给出不同位置，告诉燃油控制器他需要发动机产生多少推力。燃油控制器监视一些变量和提供足够的燃油流量到发动机产生飞机所需要的推力（或功率，如果是涡轮螺旋桨或涡轮轴发动机的话）。当然，供给的燃油流量不允许超出发动机的安全工作限制。

有的机型上（PW4000），供油指令是通过驾驶舱操纵台上燃油控制电门给出的。当置于运转位时，使燃油计量装置的启动/运转电磁活门通电；当置于停车位时，使燃油计量装置的切断燃油电磁活门通电，完成启动、停车。推力的改变还是由推力杆控制。

波音系列飞机和空客系列飞机在操纵台结构上有一定差异。波音飞机设置有油门随动装置，在采用液压机械式控制系统的经典型飞机上，自动飞行中可能会出现油门杆错位的问题，但737NG这个故障基本消除。

9.2 驾驶舱操纵系统的类型

发动机操纵系统可分为机械式操纵系统和电子式操纵系统。

1. 机械式操纵系统

机械的操纵系统包括各控制杆、操纵台下的各自的鼓轮、传动钢索、钢索保险，信号传到（如果发动机是在机翼下安装的话）位于机翼前缘的推力控制鼓轮、启动控制鼓轮，再将钢索绕鼓轮的转动转变成推拉钢索的线性移动,最后连到燃油控制器上相应的杆,见图9-1、图9-2。

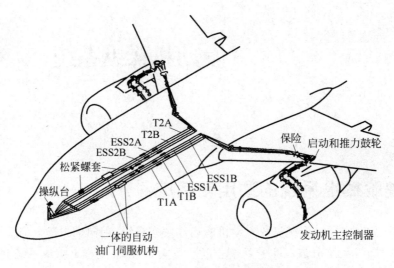

图 9-1　CFM56-3 发动机机械式操纵系统

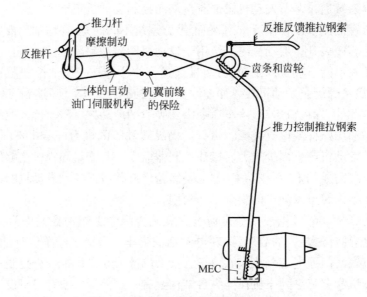

图 9-2　推力操纵系统

所有机械操纵系统必须调节保证正常工作。推力操纵系统通常分成两段,一是从驾驶舱到发动机吊架,一是从发动机吊架到燃油控制器,分界点就是推力控制鼓轮。推力操纵系统调节后必须检查行程大小,确保杆能够在整个行程范围内移动。

2. 电子式操纵系统

电子式操纵系统一般由推力杆组件、推力杆角度解算器、发动机启动手柄或启动电门以及推力杆连锁电磁线圈组成,如图9-3所示。

在使用电子控制的发动机上,驾驶员移动推力杆的位置,首先通到位于驾驶舱地板下面的推力杆角度解算器,解算器将推杆角度转换成电信号,送给 EEC 或 ECU。EEC（ECU）

再依据驾驶员的推力要求及其他参数计算并发出控制指令,送到燃油计量装置,通过燃油计量活门控制供给发动机的燃油流量,保证飞机需要的推力(图9-4)。

反推连锁电磁线圈有两个,每台发动机一个。每个反推连锁电磁线圈限制反推力杆的运动范围。在反推装置套筒靠近全开位置之前,不能移动反推手柄增加反推力。EEC或者ECU操作这些电磁线圈。推力杆连锁电磁线圈在自动油门组件内。

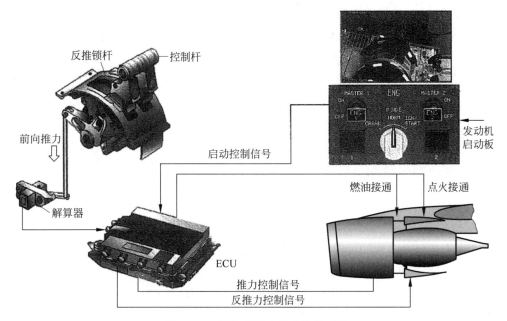

图9-3　一种发动机电子式操纵系统

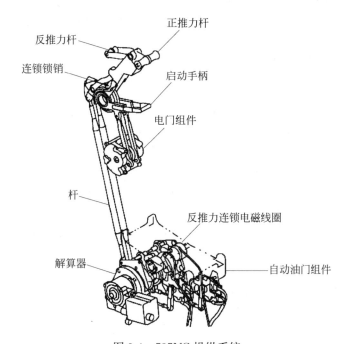

图9-4　737NG操纵系统

9.3 发动机启动和关车操纵

驾驶员启动、停车指令由驾驶舱启动杆通过上述操纵系统传到燃油控制器上的启动杆或停车杆。

1. 空客飞机启动和停车操纵

以 A320 启动为例说明发动机启动和停车操纵。一般发动机启动可以分为自动启动和人工启动两种模式。在自动启动时：

- 模式选择为 IGNSTART 位；
- 启动电门置于 ON 位，ECS 引气关断，启动活门和燃油低压活门打开，N2 值开始上升；
- 当 N2 上升到 16％时，ECU 控制点火激励器 A 开始点火；
- 当 N2 上升到 22％时，FMV 和燃油高压关断活门打开，此时燃油喷嘴给燃烧室供油；
- 当 N2 上升到 50％后，启动活门关闭，点火激励器停止工作，启动完成 30 秒后 ECS 引气接通。

发动机人工启动过程的控制和自动启动过程不大相同：

- 方式选择在 IGN START 位；
- 人工启动按扭接通（MANSTARTON），启动活门打开，N2 开始上升；
- 当 N2 上升到 20％以上后，启动电门置于 ON 位，燃油低压活门和燃油高压关断活门同时打开，点火激励器开始点火；
- N2 上升到 50％后，启动活门关闭，点火激励器停止工作，启动完成 30 秒后 ECS 引气接通。

停车时操纵将发动机启动电门置于 OFF 即可。

2. 波音飞机启动和停车操纵

B737NG 启动过程和 A320 有所不同（见图 9-5、图 9-6）。737NG 在启动中，设置点火选择电门为 IGN L 或者 IGN R，启动电门置于 GRD 位，引气打开后，N2 转速上升到 25％左右时移动启动手柄置于 IDLE 位置，55％N2 转速时起动机自动断开，点火回到 OFF 位置，发动机自动加速到慢车，启动完成。

波音 787 采用了自动启动方式，发动机启动时直接将启动手柄置到 IDLE 位置，而无须等 N2 上升到 25％，这样就减轻了飞行员负担。

停车操纵时，正推力手柄必须要置于慢车位然后移动启动手柄到 CUT OFF 位。

在发动机自动启动过程中，如遭遇不正常因素，比如 EGT 超温，ECU 会自动中断启动。发动机的人工启动不具备应急自动中断的功能。不管是自动启动还是人工启动，当 MASTER 或者 MANSTART 选者在 ON 位时，ECS 引气会自动关断 30s，其间如果启动不成功，ECS 引气在 30s 后重新接通。两个点火激励器在正常情况下点火只有一个工作。启动过程中 EGT 最大为 725℃，超过 725℃将被视为超温。启动活门有超控手柄，它的作用是当启动活门失效的时候，发动机启动活门能由地面人工来打开，当发动机启动完成后，还需

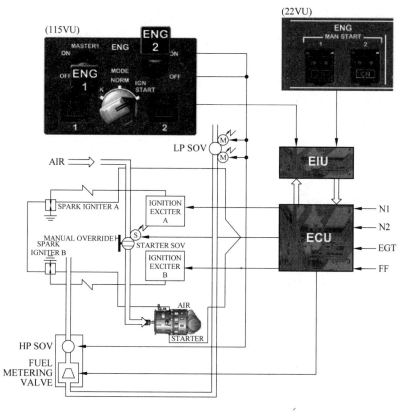

图 9-5　A320 发动机人工启动

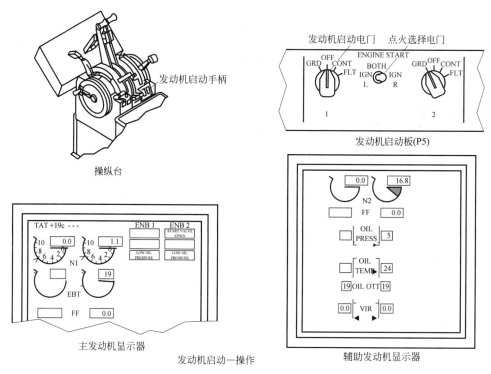

图 9-6　B737NG 发动机启动

要将其置于关位。

　　发动机具有连续点火的功能,因为飞机在飞行中,空气流的不稳定因素和飞机自身的一些情况发生时需要连续点火来确保发动机的正常工作。

　　以下几种情况需要连续点火:发动机防冰接通、EIU 失效、发动机空中停车、启动过程中点火延迟以及空中再启动。

　　发动机冷转是一个人工启动并抑制点火的过程。它有干冷转和湿冷转两种形式,干冷转是在冷转过程中不供油,湿冷转是 N2 在上升到 15％和 20％间短暂供油的冷转。在控制上,冷转需要把模式选择开关调到 CRANK 位,这时 ECU 会抑制点火。

9.4　发动机推力操纵

1. 发动机前推力操纵

　　前向推力杆控制发动机慢车到起飞状态之间的推力。发动机可以在慢车和最大正推力之间扳动,一般有慢车、爬升、最大连续和起飞四个卡位,见图 9-7。

2. 反推操纵

　　前向推力杆和反推杆是铰接在一起的,一个锁定机构防止前向推力杆和反推杆同时作动。每个杆能够运动的能力取决于另一个杆的位置。如果前向推力杆在慢车位,反推杆离开 OFF 位的话,推力杆不能向前推,增加正推力;如果反推杆在 OFF 位,前向推力杆离开慢车位,那么,反推杆提不起来。此外,使用反推时,反推装置必须展开到位,才能继续拉反推杆增大反推力。它们的运动由操纵系统传到燃油控制器,控制器的设计使得功率杆在慢车域的任一方向运动,供油量都会增加。

　　空客和波音慢车操纵有所不同。空客飞机推力杆能够从最大正推力移动到最大反推,而波音飞机是由慢车到最大推力,反推操纵依靠铰接在推力杆上的反推手柄实现,见图 9-7、图 9-8。

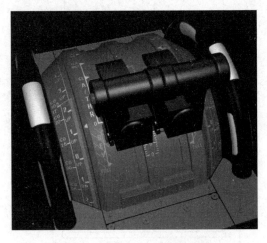

图 9-7　A320 飞机驾驶舱操纵台

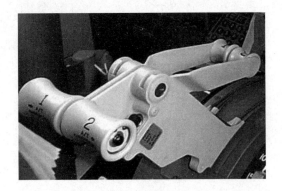

图 9-8　B737 飞机驾驶舱操纵台

第10章

发动机指示系统

10.1 指示系统的功用和分类

发动机的参数需要测量,用于控制计算和状态监视。发动机指示系统表征发动机工作状态的所有参数,告知驾驶员发动机各系统的工作是否正常,并可以发出报警,指出任何可能发生的故障。驾驶员仪表板上的许多盘式和指针式仪表可以由一个或几个阴极射线管来取代,用来显示发动机的各种参数。这些小型视屏能够显示使发动机安全工作所必需的所有信息。

发动机参数指示有性能指示,也称主要指示;系统指示,称为次要指示;还有第 3 组指示是用于发动机状态的趋势监控,通常不在驾驶舱示出。性能指示用于监视发动机性能和限制。系统指示用于监视发动机各系统的工作,便于迅速检测故障。发动机趋势监控在地面进行,以分析探测发动机的问题,它使用由飞机状态监视系统(ACMS)自动记录的发动机参数。

例如,性能指示参数有 EPR、EGT、N1、N2、燃油流量振动指示等。滑油系统指示参数有滑油量、滑油压力和温度。振动指示出发动机旋转部件发生的任何不平衡。当有热空气泄漏在发动机舱时,机舱温度指示就会增加,见图 10-1。

发动机仪表指示系统已发生许多重大的变化,直读仪表已由远距指示的电子仪表取代,机械系统仪表正由数字电子系统取代,测量部分或传感器在发动机舱,显示仪表或指示器在驾驶舱。模拟式仪表是以指针和表盘形式给出发动机参数的模拟值来表示连续变化的量;数字式仪表是由传感器感受信息转换成一系列电信号输给计算机,处理后送给指示器,由液晶或发光二极管显示数字,即以离散的数字,而不是以指针的位置来表示。

驾驶舱指示仪表的最新发展是:电子指示系统将发动机的参数指示、系统工作的监视以及向驾驶员告警的功能组合在仪表板安装的阴极射线管上,以刻度盘、指针、数字、文字显示,各种颜色的标志可以使机组清楚当前状况。如波音公司的 EICAS 系统,空中客车公司的 ECAM 系统,设置多种页面,以方便进行查看。

装有 FADEC 系统的发动机,传感器首先将数据传送到 FADEC 系统计算机,计算机然后送数据到指示器或显示系统,同时控制发动机。

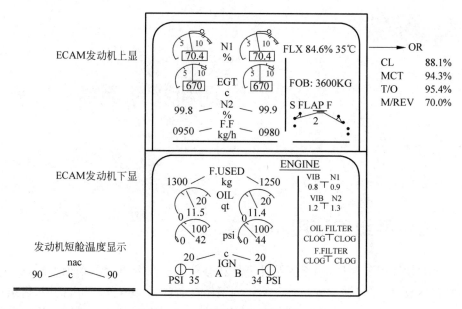

图 10-1　发动机主要和次要指示

10.2　发动机参数指示

10.2.1　推力/功率指示

　　发动机的推力总是在指示系统最上端显示。发动机的推力在试车台上由推力计精确测量。发动机装在飞机上推力需要由其他参数表征。一般发动机常用发动机压力比(EPR)或风扇转速(N1)表征发动机推力对于轴流式压气机,发动机压力比(EPR)即低压涡轮出口总压与压气机进口总压之比代表发动机推力。对于高涵道比涡扇发动机,风扇转速(N1)亦能很好地表征发动机的推力。由排气压力也可以推算发动机的推力或功率。

　　发动机压力比表既可以用电机械式,也可由电子式传感器来指示。传感器输入压气机进口、风扇出口或低压涡轮出口的压力。电机械式系统采用传感器膜盒、线性可变差动变压器等,将压力信号转换为电信号,放大后作用在伺服马达的控制绕组上。电子式通过两个压力传感器,依据振动的频率,计算出发动机压力比的电信号,输入发动机压力比表和电子式发动机控制系统。新型发动机 EPR 计算在 FADEC 计算机进行,使用电子式压力传感器,它比电机械式传感器更加可靠和精确。

　　在涡轮螺旋桨和涡轮轴发动机中,发动机扭矩用以指示涡轮螺桨和涡轮轴发动机发出的功率,该指示器称为扭矩计。发动机扭矩和输出马力成正比,经由减速器传递出来。扭矩测量可出测扭泵的压力或测轴扭转变形指示。如一种系统由斜齿轮产生的轴向推力与作用在许多活塞上的滑油压力相抵消,抵消轴间推力所需的压力被传给指示器,见图 10-2。

　　直升机上更多采用霍尔效应仪或者光电效应仪测量减速器的输出扭矩。

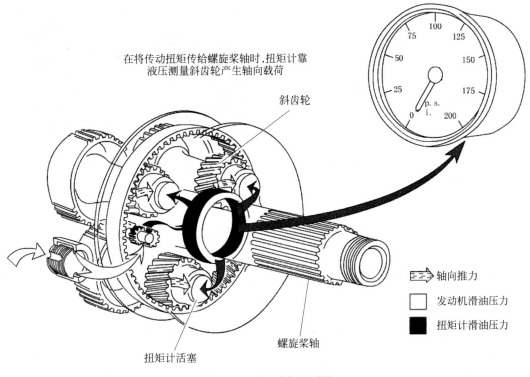

在将传动扭矩传给螺旋桨轴时,扭矩计靠液压测量斜齿轮产生轴向载荷

斜齿轮

扭矩计活塞

螺旋桨轴

轴向推力

发动机滑油压力

扭矩计滑油压力

图 10-2　油压式扭矩测量

10.2.2　转速

所有的发动机都有转速指示,双转子、三转子发动机不仅有高压、低压,或许有中压转子转速指示。每个转子转速指示有 3 个主要部分:传感器、数据传输和指示。转速测量可由发动机驱动的一个小型发电机经电路传给指示器。转速发电机供应三相交流电,其频率取决于发动机被测转子转速。发电机的输出频率控制指示器中同步马达的转速,进而转动指示器的指针。转速指示器一般示出最大转速的百分数。新型飞机转速表发电机送三相交流电信号到 FADEC 计算得到转速信号,同时它也是 EEC 的电源,又称专用交流发电机。

变磁阻式转速测量。转速测量也可采用可变磁阻式转速探头,它与一个音轮相对,产生感应电流,经放大后送入指示器或测量感应脉冲的频率,显示转子转速(见图 10-3)。转速探头位于机匣的固定器中,与被测轴上的音轮对齐,转子每转一圈音轮外缘上的齿通过探头一次,改变探头中线圈磁通量而诱导出一股电流或发出脉冲,与发动机转速直接相关。脉冲频率与转速成正比。风扇叶片可用来代替音轮改变传感器磁场,也可用附件齿轮箱的齿轮起音轮的作用,无论何种情况都是从传感器脉冲计算转速。

在有些发动机中,转速信号也是发动机机载振动系统(AVM)的输入信号,用于发动机振动信号的解耦和确定振动相位信息,如图 10-4 所示。

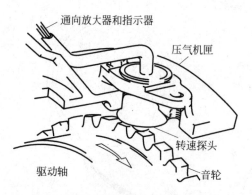

图 10-3　可变磁阻式转速探头和音轮

图 10-4　CFM56-3 发动机 N1 转速传感器音轮

10.2.3　温度

　　发动机中常见的测量温度的传感器按原理不同,可分为热电偶式、热电阻式和充填式温度传感器等。

　　涡轮燃气温度有时用排气温度(EGT)指示,它是发动机工作中的关键参数。理想情况是测量涡轮进口温度,但是因为这里温度高,温度场不均匀,测量困难。由于涡轮中温度降是按已知的方式变化的,所以测量并限制排气温度不超限,目的是保证涡轮前温度不超出允许值。当然,也可以测量并限制涡轮中间级温度。不少机型 EGT 是从低压涡轮中间级测量的,也叫排气温度。排气温度与允许极限值的差值称为 EGT 裕度,它是代表发动机性能衰退的参数。

　　热电偶用于测量较高的温度,排气温度测量普遍使用热电偶(见图 10-5)。为测量平均温度,常常多个热电偶并联连接,探头深入气流的长度不同。热电偶原理是两种不同金属端点相连,位于排气流中的是热端或测量端;而在指示器的是冷端或基准端。电路中产生的热电势和两端温度差成正比。为使冷端补偿到摄氏零度,在电路内装有自动温度补偿器。热电势大小还取决于回路中的电阻,该电阻在热电偶出厂时已经调好。在热电偶安装中不能随意剪短导线,以免影响测量精度。涡轮发动机的热电偶的常用材料是镍铬-镍铝丝。在一些发动机上各个热电偶的信号汇总在主中继盒后(见图 10-6),传递给飞机或 FADEC 系统,FADEC 计算机是冷端节点。

　　滑油和燃油温度测量。发动机能否正常和安全地运行,获得压力和温度的精确指示极为重要。滑油和燃油温度由装在介质中的温度测量元件测量。温度的变化导致金属电阻值的变化,进而相应地改变指示器的电流。测温球的电阻接在比值表型温度计电路中或者惠斯登电桥

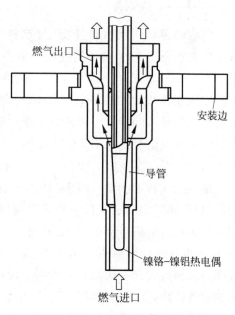

图 10-5　热电偶

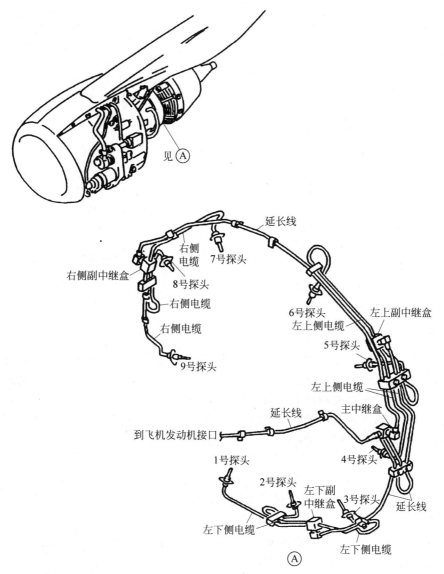

图 10-6　热电偶信号传递

的一个桥臂上,指示器的指针按相当于温度变化的幅度偏转。这就是热电阻式温度传感器,利用纯金属的电阻值随温度增加而增加的特性测量温度(见图 10-7)。

$$R = R_0(1 + \alpha T) \tag{10-1}$$

式中:α——温度系数。

　　充填式测量温度方法是测量元件中装有易挥发的液体或蒸气或气体,放在被测介质中,测量由于温度变化引起的位移或压力变化,反映温度的高低(见图 10-8)。例如,CFM56-3 发动机的风扇进口和高压压气机进口空气温度测量使用充填氦气的传感器,气流温度变化引起压力改变,用压力差反映温度的高低。

　　双金属式温度测量元件常用做温度补偿元件,利用两种金属线膨胀系数的不同,受热后变形,补偿温度变化带来的影响。例如,装在液压机械式燃油控制器里压力调节活门弹簧下面的双金属片,用于补偿油温变化对弹簧力带来的影响。

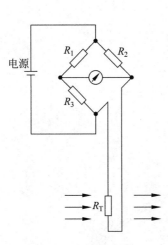

图 10-7　惠斯登电桥

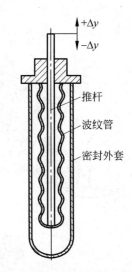

图 10-8　充填式温度传感器

10.2.4　压力

测量从真空或零压力计起的压力是绝对压力；从现存的大气压力开始计量，即实际加到流体的压力值是表压力。传感器可以是直接压力式，也可以是压差式。例如燃油滤和滑油滤装有压差电门，感受和测量油滤前、后压差，指示油滤堵塞情况。油滤前、后压力分别作用在薄膜的每一边，当压差达到预定值时，作动微动电门，该电门与驾驶舱的警告灯相连，灯亮告诉驾驶员油滤部分堵塞，油滤旁通活门即将打开。

压力测量可以采用机械式测量法或者电测方法。

广泛采用的压力机械测量方法是波登管式压力表（见图 10-9）。波登管是薄壁、扁平、椭圆的青铜管，弯成半圆形。被测压力流体从一端进入波登管，当管内流体压力增加时，试图改变横截面的形状，椭圆变圆，半圆试图伸直，连到管另一端的指针移动，指示波登管内压力。波登管压力表需要定期校准。

压力电测方法使用晶体振荡器，它应用某些晶体（如石英晶体、压电陶瓷）受力后表面产生电荷的压电效应，测量频率反映压力高低。

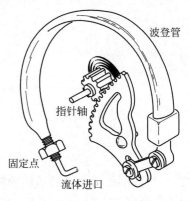

图 10-9　波登管压力表

10.2.5　流量测量

燃气涡轮发动机关心的是燃油质量流量。一种流量传感器中，叶轮由三相交流马达恒速转动，燃油通过叶轮，叶轮对燃油施加一个旋转运动。从叶轮出来的旋转燃油再通过传感器涡轮，并试图转动涡轮。但涡轮有校准弹簧的限制，它只能偏转一个角度。涡轮能够偏转的量由流过的燃油容积和燃油密度决定，因此测出的是质量流量。永久磁铁装在传感器的一端，涡轮的偏转带动永久磁铁的偏转，改变线圈中磁场。在指示器中有与传感器对应的线圈，两个线圈之间是电连接。指示器中线圈磁场的改变，使其中的永久磁铁也偏转，同传感器中永久磁铁的偏转是同步的。然后通过指示器的指针显示流量大小（见图 10-10）。

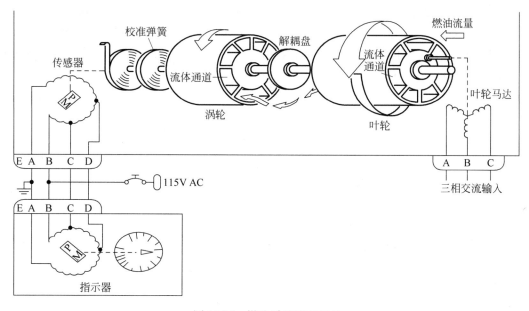

图 10-10　燃油质量流量测量

　　目前发动机流量测量广泛采用一种新型传感器,它包括涡旋发生器、转子、涡轮、壳体等(见图 10-11)。燃油经整流器进入涡旋发生器,涡旋发生器旋转。从涡旋发生器出来的旋转燃油到转子,并且使转子旋转。从转子出来的燃油再到涡轮,试图使涡轮旋转。涡轮转动受到弹簧力约束,只能偏转一个角度。偏转角度的大小取决于作用于涡轮叶片的动量。在自由转动的转子上面前部和后部各有一个磁铁。前部磁铁的外面壳体有一个小线圈,称为起始线圈,当前部磁铁对上起始线圈时,产生起始脉冲。在涡轮外部壳体上有一个大线圈,称为停止线圈,连在涡轮上的信号叶片和涡轮一起转动,当对上转子后部磁铁时产生停止脉冲。如果没有燃油流动转子旋转,起始脉冲和停止脉冲同时发生。当有燃油流过时,涡轮上的信号叶片沿旋转通道偏转,停止脉冲晚于起始脉冲。其起始脉冲和停止脉冲的时间间隔大小和燃油质量流量多少成正比。

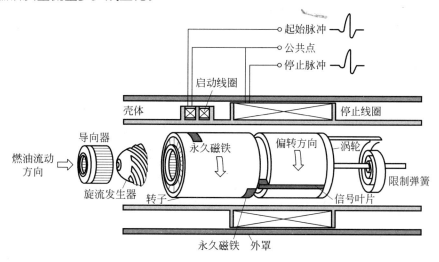

图 10-11　燃油流量传感器

根据燃油流量指示驾驶员不仅知道到发动机喷嘴的实际燃油流量,还可以知道用过的燃油总量。它可正常显示每台发动机的燃油流量,驾驶舱上燃油流量指示控制电门可以选择显示用过的燃油量,也可选择复位使用过的燃油量记数回零,再开始累计。FADEC 系统计算机可以完成计算工作。

10.2.6　振动测量

在发动机上的压气机端和涡轮端装有振动传感器,可以连续地监视发动机的振动水平。振动指示器通过放大器接收发动机振动传感器的信号。有的发动机将各个振动传感器的信号以及各个转子的转速信号送到机载振动监视器,经过调制处理后,将最大的振动传送到驾驶舱内的振动指示器加以显示。

发动机振动传感器是加速度计,测量发动机的径向加速度。发动机上采用两种不同类型的加速度计,一种是电磁式,一种是压电晶体式。电磁式传感器上永久磁铁被两个弹簧保持在中心,固定线圈围绕在磁铁上。当存在振动时,线圈同传感器壳体一起上下移动,磁铁由于惯性力几乎总是静止的,线圈和磁场之间的不同运动在线圈中导致交流电压,如同发电机一样。压电晶体式当对晶体有作用力时产生电压。传感器感受加速时,作用压电晶体到底板的惯性质量在传感器上将加速器转变为力,传感器将力转化为相应的电压信号传输到监视组件,其电压与加速值成比例,频率等于振动频率。监视组件滤波和分析加速度计将这些信号用于座舱指示和发动机趋势监控。

如图 10-12 所示,振动信号利用机载振动监视器(AVM)或发动机振动监视组件(EVMU)进行调制分析计算,依据转速传感器和振动传感器的信号计算低压压气机、高压压气机、低压涡轮、高压涡轮的振动值,最高的振动值在驾驶舱显示并送到飞行数据采集组件(FDAU),提供配平平衡建议,监视振动趋势,信息送 EICAS/ECAM,从 EICAS 维护页或从 ACMS 上发现。

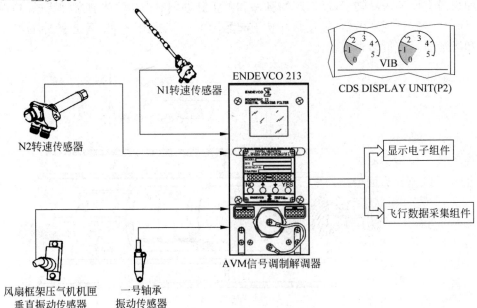

图 10-12　B737NG 振动指示

10.3 指示和警告系统

10.3.1 警告系统

警告系统用来提供可能出现故障或存在危险情况的指示,以便采取措施保护发动机和飞机。虽然一台发动机的各种系统在设计上只要可能就设计成是故障安全的,但有时仍然装设附加的安全装置。例如,如万一发生功率损失时螺旋桨自动顺桨和万一涡轮轴损坏时自动关闭高压燃油停车开关。

在燃气涡轮发动机上,除了要装火警探测系统外,还可能安装许多其他的声响和目视警告系统。当出现低滑润压力、低燃油压力、振动过高或过热的情况时,这些系统可以发出警告。这些系统发出的指示可以是告警灯、警铃或喇叭声。闪光灯能吸引驾驶员对中央警示板的注意。在ECAM/EICAS页面上有警告和告诫显示。

仪表的颜色标记可以使驾驶员知道仪表指示值是安全的还是危险的。一般绿色弧段表示正常范围;黄色弧段表示警戒范围;红色径向线表示不能超越的最大或最小允许值。例如某机型,EGT表上红线是EGT允许的最大值;琥珀色示出对于最大连续推力的EGT值,它仅允许在发动机起飞或复飞时短时间超过琥珀色线。新型驾驶舱公共显示系统的显示组件上,白色指针表示参数的变化;灰色阴影区域表示进程;琥珀色表示警戒区域;红色是超限警告;绿色代表目标值。如果EGT高于最大连续限制值,但低于EGT红线值,则指针、读数、阴影区域变成琥珀色;如果EGT超出红线值,则指针、读数、阴影区域变成红色。

10.3.2 指示组件

电子指示系统将发动机的指示、系统的监视以及向驾驶员告警的功能组合在仪表板上安装的一个或几个阴极射线管上。有关的参数以刻度盘形式显示在屏幕上,而数字式读数、警告、注意事项和建议信息则以文本方式显示。

参数显示一般有3种不同类型:表盘指针型、移动的垂直条型和经典的电机械指示器。各型指示器有参数的限制值,有颜色标记。

新一代波音飞机,驾驶舱内装有发动机指示及机组告警系统(EICAS)。它通过两个阴极射线管显示参数和状态,并辅助以灯光、音响,有的还与发动机备用指示器(SEI)相配合。EICAS以及与飞机、发动机接口的装置一起将推力管理、发动机控制、状态监视、故障诊断、信息显示、事件存储等综合在一起。EICAS允许选择不同的页面,检查飞机及其系统的工作状态。这不仅可以减轻驾驶员的工作负担,从而改善飞行操作条件,也给地面维护人员在发动机及系统监控方面带来好处。

因此,与发动机状态有关的参数——EPR、EGT、N_1、N_2、N_3、FF(燃油流量)、振动值、滑油参数等在EICAS上显示;发动机的工作状态如燃油滤堵塞、旁通活门即将打开、燃油加热器工作等信息在EICAS上显示;EEC故障、监控器故障、BVCU(放气活门控制装置)故障等也将在EICAS上显示。由推力管理计算机选定的推力基准值、极限值、推力实际值及其进展状态均可在EICAS上清晰读出。B777飞机上EICAS主显示见图10-13。

文字警告部分包括不同级别,如警告、告诫、提示、通信、状态;显示的格式、位置、颜色、音响不同(见图10-14)。

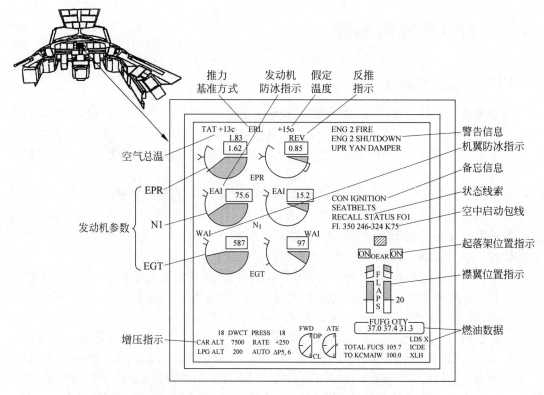

图 10-13　发动机指示和机组警告系统

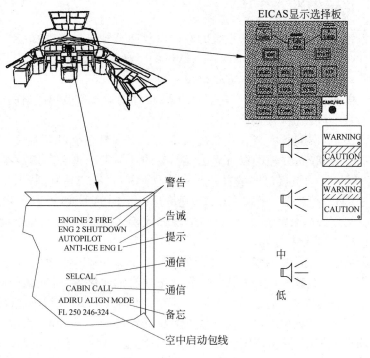

图 10-14　EICAS(B777)

空中客车飞机上安装的飞机电子中央监控系统(ECAM),用来监视飞机和发动机上各主要系统的工作,自动处理各系统输入的有关信息,通过两个阴极射线管显示信息、图形和有关数据。ECAM系统显示包括发动机参数/警告信息显示(E/W显示)和系统/状态信息显示(S显示)部分。正常工作时,它提供临时使用的系统(如APU)和经常工作的系统(如液压系统)的工作情况。从起飞到着陆共分12个阶段,各阶段都有相应的页面。若工作出现不正常或应急情况,一个显示器显示警告页面,上面有故障分析和应采取的操作措施,另一个显示器出现故障系统的页面(若有的话),见图10-15。

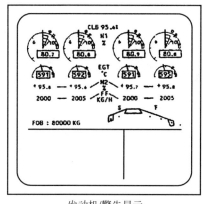 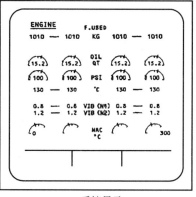

发动机/警告显示　　　　　　　　　系统显示

图10-15　发动机警告/显示和系统显示

新型发动机利用驾驶舱的控制显示组件(CDU)可以进行EEC BITE,进行地面测试,查找最近故障和历史故障、超限数据,各个系统、控制网路、各个部件的控制指令值、反馈值、偏差值,以及其他相关数据,给发动机的使用及维护带来极大的方便(见图10-16)。例如,

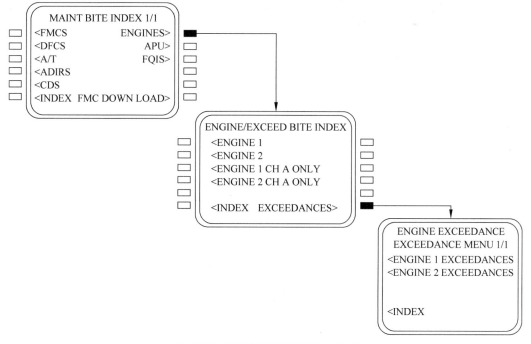

图10-16　CDU查询(B737-700/800)

CFM56-7 发动机自检功能可从主菜单页面进行，它包括：当前故障、故障历史、识别/构形、地面测试和输入监视。它给出发动机故障的签派级别。地面测试包括 EEC 测试、反推杆互锁测试、作动器测试和电嘴测试。输入监视页面用于监视发动机参数，它又分为控制回路、控制压力、控制温度、燃油系统、滑油系统和转速，每一子项又有很多内容。例如控制回路输入监视有 FMV、VSV、VBV、HPTACC、LPTACC、TBV 和 BSV 的控制回路。

第11章

滑油系统

涡轮发动机工作时,各旋转部件(如支承发动机转子的轴承、传动附件的齿轮、联轴器等)的接触面间都以很高的速度作相对运动。摩擦会加速零件表面的磨损,同时生成的大量的热量还会使零件过热甚至损坏,使发动机不能正常工作。因此,滑油系统的主要任务就是把一定压力、一定温度的清洁滑油送到需要润滑的地方,以保证发动机能正常工作。

本章主要介绍发动机滑油的功用、种类和性能要求,滑油系统的类型、组成和工作原理,以及滑油系统的监控和维护。

11.1 滑油

1. 滑油的功用

滑油系统的功用有很多,例如润滑、冷却、清洁、防腐等。滑油覆盖在零部件表面形成一层一定厚度的油膜,可将相对运动的零件金属表面隔开,只要油膜不破裂,流体内部摩擦代替金属摩擦,从而起到减少摩擦和磨损的作用,同时可减少功率消耗;循环的滑油直接同轴承等运动部件接触,吸收并带走热量,在散热器处又将热量传给冷却介质,使发动机机件得到冷却;滑油在发动机内循环流动过程中,将磨损的金属细末或金属颗粒以及外来杂质一起带走,在滑油滤中将这些微粒分离出来,从而起到清洁发动机的作用;滑油油膜覆盖金属表面,将金属与空气隔离开,起到防止氧化和腐蚀的作用。

除此之外,滑油还可作为工作介质用在某些液压装置和操纵机构中,如用作液压作动筒、螺旋桨调速器、测扭泵、挤压油膜轴承等的工作介质。滑油可在金属零件之间形成缓冲层,起隔振、封严作用。滑油的热量可用于加热燃油,还可作为防冰系统的热源。

2. 滑油的种类

航空发动机使用的滑油有两大类,一类为矿物基滑油,即从石油中提炼出来的,此类滑油一般用于活塞发动机;另一类是人工合成滑油,即从石油、动物油、植物油中提炼出来的某些二元醇酯混合而成,此类滑油用于燃气涡轮发动机,如美国Ⅰ型滑油(MIL-L-7808)、Ⅱ型滑油(MIL-L-23699F)均为合成滑油。合成滑油的优点是不易沉淀而且高温下不易蒸发,有较好的热稳定性、黏度,油膜承压能力高。它的缺点是价格贵,不管溅到什么地方,都可能产生气泡和掉漆。它不能同矿物基滑油混合,而且生产厂要求不同等级、型号的滑油不要混合。合成滑油有添加剂,易被皮肤吸收,有高毒性,应避免长时间暴露和接触皮肤。欧洲将合成滑油分成1、2和3型。1型滑油是最早一代合成滑油,现在仅用在一些老型号的燃气涡轮发动机上。2型滑油是现代燃气涡轮发动机最常使用的。3型滑油与2型滑油相比有较高的热稳定性和高温下的黏性,它仅用在特种飞机上,例如协和号。

3. 滑油的性能要求

常用的表示滑油特性的指标有黏度、黏度指数、凝点、闪点等。

黏度表示滑油流动的阻力,反映了滑油的流动性,黏度大则流动性就差,而黏度越小,滑油就越容易流动。滑油的黏度除了反映流动性,还直接影响油膜的生成能力和油膜的承载能力,黏度大的滑油,其油膜的承载能力就大。滑油黏度是由赛波特通用黏度计测量,根据60mL的滑油在指定的温度下流过校准孔的时间多少来划分黏度等级,需要的时间越长说明黏度越大。滑油黏度可用厘沱作为衡量单位。如2型滑油在99℃必须高于5厘沱,在－40℃低于13 000厘沱。

滑油黏度随温度变化。温度低,滑油黏度大,流动性变差,造成润滑、冷却、散热效果不良,启动困难。温度高,滑油变稀,黏度小,不能形成一定厚度的油膜或者油膜可能被破坏,使润滑、冷却、散热效果不良。一般用黏度指数来表示滑油黏度随温度变化的情况。在给定的温度变化下,滑油的黏度变化越小,其黏度指数就越大。

在给定条件下滑油开始完全失去流动性时的温度称为凝点,凝点是表示滑油低温流动性的一个重要指标。滑油面上出现闪燃蒸气的温度称为闪点,闪点低的滑油容易挥发,其工作范围相应也低。滑油面上有足够可燃蒸气的温度称为燃点。

抗氧化性。氧化是滑油和氧气之间的反应,可以增加滑油黏度。当滑油温度增加到高于一定值时,滑油开始同氧反应,因此抗氧化性是滑油的重要特性。2型滑油的抗氧化温度直到220℃。

热稳定性指滑油在高温下抵抗化合物分解的能力。在高温下滑油分子分裂成化学成分,滑油的润滑能力改变。2型滑油抗化学分解的温度直到340℃。

滑油在规定的条件下加热蒸发后形成的焦炭状残留物质称为残炭,残炭重量占取样滑油重量的百分数称为残炭量。

燃气涡轮发动机的转速高,工作温度也高,因此选择的滑油应满足:适当的黏度,既承载能力强又有良好的低温流动性;低凝点、高闪点,低挥发性;较高的抗泡沫性和抗氧化性,较低的残炭量;高的黏度指数,工作范围大。

11.2　滑油系统的工作

11.2.1　滑油系统的组成

滑油系统主要部件包括滑油箱、滑油泵(供油泵和回油泵)、滑油滤、磁屑探测器(磁性堵塞)、滑油冷却器、油气分离器、释压活门、滑油喷嘴和最终油滤、测试仪表等(见图11-1)。

1. 滑油箱

滑油箱(见图11-2)通常安装在发动机上,用于储存滑油。滑油箱上有重力加油口或压力加油口,在某些发动机上,这两种加油口都有。加油口标注有"Oil"和油箱容量。滑油箱上有供油出口、回油进口、通气设备以及放油塞等。油箱应备有观察窗或者量杆,用来对滑油系

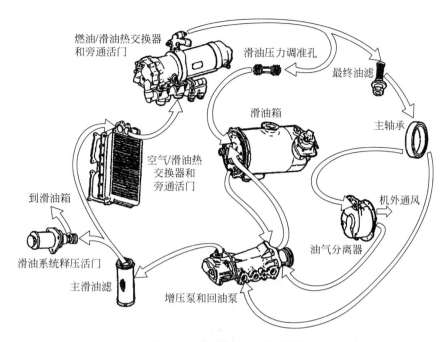

图 11-1 典型的滑油系统部件

统的油量进行检查。油箱应有传感器用来测量油箱滑油量,并在驾驶舱仪表上指示。油箱中有油气分离器,滑油回油进入油箱后首先经过它,将回油中的空气分离出来,从而减少泡沫的生成。油箱里安装有防止油晃动的隔框。有的机型上有防虹吸部件,防止停车后油箱滑油通过供油管流到系统中的最低点。

油箱应留有一定的膨胀空间,因为使用过的滑油温度高,体积有一定膨胀,而且流动过程中会产生一些泡沫,都会使滑油体积变大。膨胀空间应为滑油箱容积的 10% 或 0.5gal。

2. 滑油泵

滑油泵对于发动机能否有效工作极为重要,按其功能可分为增压泵和回油泵。增压

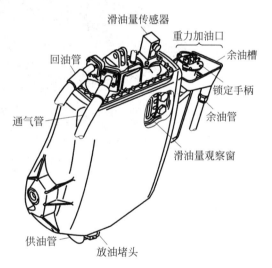

图 11-2 滑油箱

泵也叫供油泵,功用是将滑油从油箱中抽出送到轴承腔、齿轮箱等需要润滑的位置。回油泵的功用是将润滑后的滑油收集起来送回油箱。由于回油温度高,并且含有大量气泡,回油系统的能力必须至少是增压系统的两倍以上,所以供油泵可以是 1 个,回油泵则有 3 个或更多。增压泵和回油泵通常做成一体,常位于润滑组件中,装在附件齿轮箱上,由一根驱动轴驱动。常用的滑油泵有齿轮泵和摆线泵,也有的采用旋板泵。

齿轮泵由一对齿数相同互相啮合的齿轮组成(见图 11-3),滑油由进口进入泵后,填满齿间槽穴,当齿轮被带动时,滑油即被带至出口处向外输出,滑油压力被提高。图 11-4 所示

为增压泵和回油泵做成一体的齿轮式组合滑油泵。增压泵后设有释压活门用于防止泵后压力过高,损坏系统薄壁部件和管路接头。当泵出口处的滑油压力高于规定压力值时,滑油顶开活门,使部分滑油由泵的旁路回到泵的进口处,从而维持出口压力为一定值,活门的弹簧力可根据要求进行调节。

另一种常用的滑油泵是摆线转子泵,如图 11-5 所示。摆线泵由内转子、外转子、泵壳体组成,内外转子偏心安装并互相啮合,通常外转子比内转子多一个齿。油泵工作时,内转子带动外转子旋转,内外转子间形成的容积发生变化,经过进油口时齿间间隙逐渐增大而使滑油进入油泵,经过出油口时齿间间隙逐渐减小而使滑油被送出油泵。

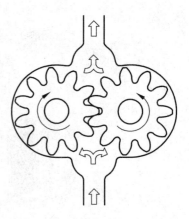

图 11-3　齿轮泵的工作原理

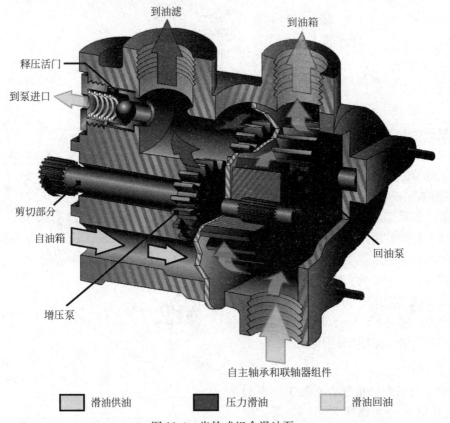

图 11-4　齿轮式组合滑油泵

3. 滑油散热器

滑油需要循环使用,必须将滑油的热量散掉,因此滑油系统中安装有滑油散热器。散热器可装在供油系统中,也可装在回油路中。散热器装在回油路上的滑油系统叫做冷油箱系统,其特点是进入油箱的滑油温度较低。散热器装在供油路上的滑油系统叫做热油箱系统。对于热油箱系统来说,热滑油直接回油箱,油箱供出的滑油中含有较少的空气,因此可以采用较小的散热器。

根据冷却介质不同,常用的滑油散热器可分为两类:以燃油为冷却介质的燃油/滑油热

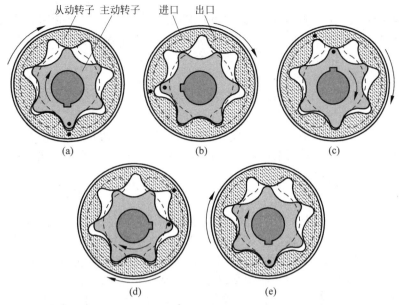

从动转子 主动转子 进口 出口

(a) (b) (c)

(d) (e)

图 11-5 摆线泵的工作过程

交换器和以空气为冷却介质的空气/滑油热交换器,而某些机型中同时使用燃油冷却的和空气冷却的散热器。

　　燃油/滑油热交换器(见图 11-6)有一个蜂窝散热组件,由折流板分隔成段。大量的导管穿过蜂窝散热器,燃油从导管内部流过,滑油在折流板的引导下从导管外部流过。热量由滑油传给燃油,因此降低了滑油温度。散热器进口和出口之间安装有旁通活门,该活门将决定滑油通过散热器还是绕过散热器。旁通活门为温度控制活门,由温度敏感元件的热胀冷

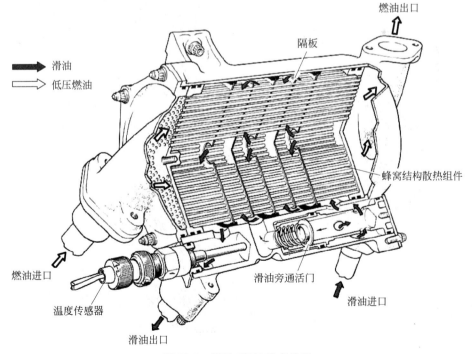

燃油出口

隔板

滑油
低压燃油

蜂窝结构散热组件

燃油进口

温度传感器

滑油旁通活门

滑油进口

滑油出口

图 11-6 燃油/滑油热交换器

缩进行控制,也有的机型上由 EEC 根据滑油温度信号进行控制。当滑油温度低时,不需要散热,温度控制活门打开,滑油旁通,不进行热交换。当滑油温度高时,温度控制活门关闭,滑油通过换热器与燃油或者还有空气进行热交换。当散热器前后压差达到某一规定值时,该活门也可在压差作用下打开。

空气滑油冷却器常作为散掉滑油过多热量的第二冷却器,在结构上它与燃油/滑油热交换器类似,但滑油是在管子内部流动,空气在管子外面流动。

发动机上除有主燃油/滑油热交换器外,整体传动交流发电机中恒速传动装置润滑的滑油也需要冷却,也有燃油/滑油热交换器。此外,伺服燃油也同滑油进行热交换,称为伺服燃油加热器,防止伺服燃油结冰。

4. 滑油滤

滑油滤的功用是过滤滑油中的微粒,以保证滑油清洁。在滑油箱的出口或紧接在滑油泵进口之前通常安装粗滤网,以防止碎片损坏油泵。在供油路和回油路上都安装有油滤,装在增压泵之后的滑油滤称为高压油滤,它可以滤出可能会堵塞滑油喷嘴的细小颗粒。回油滤装在每一条滑油回油路上,用来收集从润滑部件掉下的任何碎片。

主滑油滤通常是筒状结构,由壳体、滤芯、旁通活门、压差电门和单向活门组成。滤芯使用折叠丝网或树脂浸渍纤维作为过滤介质(见图 11-7)。旁路活门设在主滑油滤进出口之

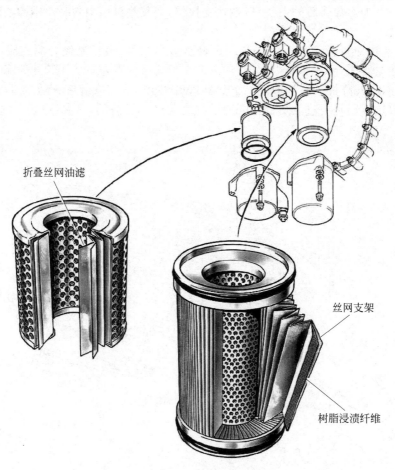

图 11-7 折叠丝网滑油滤

间,防止滑油滤堵塞时中断供油,即当滤芯堵塞而使油滤进出口压差达到一定数值时,旁通活门打开,滑油不通过油滤直接供应到被润滑部位。油滤堵塞时,油滤压差电门接通,驾驶舱警告灯亮,指示油滤堵塞。有的发动机在油滤壳体上装有伸出指示器,当油滤堵塞时指示器的红色标志外露,伸出的越多表示油滤堵塞越严重,地面维护人员检查时可发现此指示器的状态。单向活门装在油滤出口,在发动机停车时弹簧力使其关闭,防止滑油箱中的滑油在重力的作用下流出;发动机工作时,油泵输出滑油,在油压的作用下单向活门打开,滑油正常向外输出。

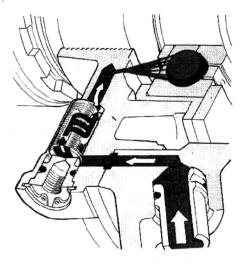

图 11-8 螺纹式滑油滤

在紧靠滑油喷嘴前通常装有最终油滤,以防止喷嘴堵塞。最终油滤常采用螺纹式油滤(见图 11-8),也有采用多孔板或滤网油滤。由于最终油滤在内部,它只能待发动机翻修时更换。

5. 磁屑探测器

磁屑探测器又称磁性堵塞(见图 11-9),装在回油路上(收油池、回油泵、油箱),探测金属粒子,判断发动机内部机件工作状态。其内部的永久磁铁和滤网吸附含铁和不含铁的粒子、碎屑。磁屑探测器应定期拆下检查,在高倍放大镜下观察,分析金属屑的来源。磁屑探测器有自封活门,防止磁性堵塞拆下时滑油流出。有的机型(如 V2500 发动机)采用电子式磁屑探测器,它可接通驾驶舱的告警系统,提供飞行中的指示。按安装方式分,磁屑探测器分为插入式和螺纹式两种,如图 11-10 和图 11-11 所示。

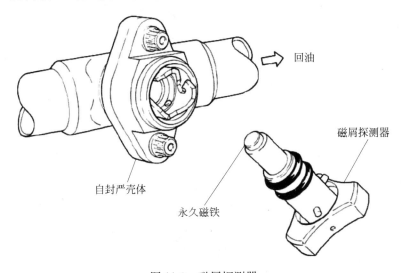

图 11-9 磁屑探测器

图 11-10 插入式磁堵

6. 油气分离器

为防止滑油箱、齿轮箱和轴承腔的压力过高，在滑油系统中有通大气的通风口。在空气通往机外之前，空气中的油滴将被油气分离器（见图11-12）分离出来。通过油气分离器，去除气泡、蒸气，防止供油中断或破坏油膜，减少滑油消耗。滑油继续循环使用，空气通到机外。工作时，空气/滑油雾进入分离器，油滴由转子离心力向外甩，收集在壳体底部经回油泵返回滑油箱，空气从转子中心经通气出口到大气。油气分离器大多安装在齿轮箱上并由齿轮箱驱动，也有的机型上油气分离器装在发动机低压转子轴上，由低压轴驱动。

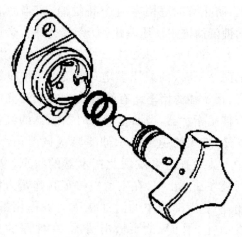

图 11-11　螺纹式磁堵

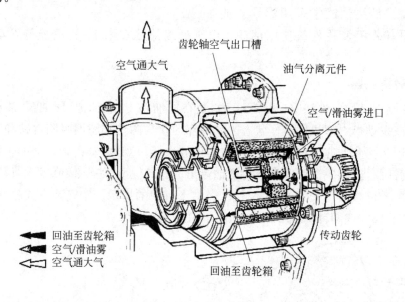

图 11-12　油气分离器

11.2.2　滑油系统的分系统

典型的发动机滑油系统由增压系统、回油系统和通气系统三部分组成。

增压系统又称供油系统，它负责把一定压力、一定量的滑油送到需要润滑的区域，如轴承腔、附件齿轮箱等。增压系统从滑油箱开始，到滑油喷嘴结束，其中包括增压泵、供油滤、调压活门、最终油滤等。回油系统的作用是把润滑后的滑油尽可能快地送回滑油箱。回油系统从轴承腔开始，到滑油箱结束，其中包括回油泵、磁屑探测器、回油滤等。通气系统的功用是平衡滑油腔的压力，减少滑油消耗量，保证滑油系统的工作正常。通气系统包括油气分离器和各部分的通气管路。

有的机型上还有余油排放系统,将一些关键部位可能泄漏的滑油收集起来,并引导到发动机余油排放系统。此外,滑油系统还有指示和警告系统。

11.2.3　滑油系统的类型

1. 再循环式和全耗式滑油系统

大多数燃气涡轮发动机使用再循环式滑油系统。在这种系统中,滑油从滑油箱或机匣油槽经增压过滤后,分送到各个轴承腔和齿轮箱需要润滑的部位,然后再经回油系统返回滑油箱或机匣油槽。采用滑油箱的系统称为干槽再循环式滑油系统,没有滑油箱而利用机匣作为油槽的系统称为湿槽再循环式滑油系统。现代燃气涡轮发动机上广泛采用干槽再循环式滑油系统。

与再循环式滑油系统对应的是全耗式滑油系统。全耗式滑油系统没有回油系统,滑油润滑之后便溢出发动机外。这种系统只用在工作时间持续很短的发动机上。

以下只介绍干槽再循环式滑油系统。

2. 调压活门式和全流式系统

干槽再循环式滑油系统按循环性质分为调压活门式系统和全流式系统。

在调压活门系统中将供油路中的滑油压力限制到给定的设计值,以便控制向轴承腔供应的滑油流量。在设计上采用了弹簧加载的调压活门,当压力超过设计值时,它允许滑油从增压泵出口直接返回增压泵进口或滑油箱。通常调压活门打开的压力对应于发动机慢车转速时的供油压力,这样在发动机的整个工作转速范围内,可保持供油压力恒定。

全流式系统可以在整个发动机转速范围内达到要求的滑油流量,它不用调压活门,而用释压活门,在发动机工作的所有转速下它允许增压泵直接向滑油供油喷嘴供压。释压活门通常处于关闭状态,仅在系统压力过大时(超过最大允许值,如发动机冷启动、油滤堵塞等情况下)打开,以防止薄壁管件损坏。滑油压力由增压泵转速、滑油喷嘴尺寸、轴承腔压力决定。因此滑油压力随发动机工作状态而改变,从而保证发动机各个状态下的滑油压力和流量要求,特别是高功率状态的要求。增压泵的尺寸由发动机最大转速下要求的滑油流量决定。由于不像调压活门系统那样在最大发动机转速下溢出大量的滑油至油箱或油泵进口,所以全流量系统可以使用较小尺寸的油泵。

为了防止高的滑油压力损坏油滤或滑油散热器,全流式系统在供油路上安装了释压活门,使滑油可以绕过这些装置而从旁路通过。一般情况下,这些活门只有在冷起动条件下或当发生堵塞时才打开,从而起到保护作用。

全流式系统简单,发动机维护期间不需要调整,可以使用较小的增压泵和回油泵,主要缺点是功率减小后该系统有相当的滑油温升。调压活门式的恒压系统保持相对低的滑油压力,功率减小后没有增加滑油温度是其优点,但恒压系统更复杂,维护期间需要调整,且压力调节活门常常是故障源。现代大型涡轮发动机一般都采用全流式滑油系统(见图 11-13、图 11-14),而调压系统则更适用于推力较小、轴承腔压力较低的发动机。

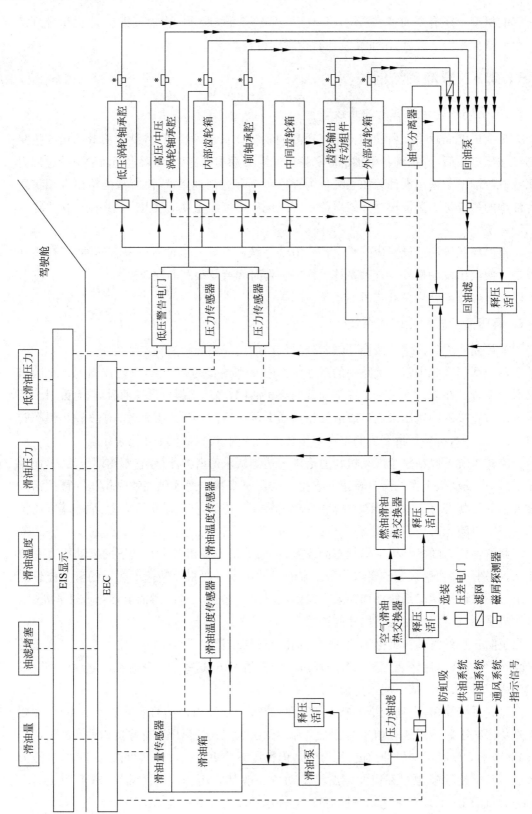

图 11-13　TRENT700 发动机的滑油系统

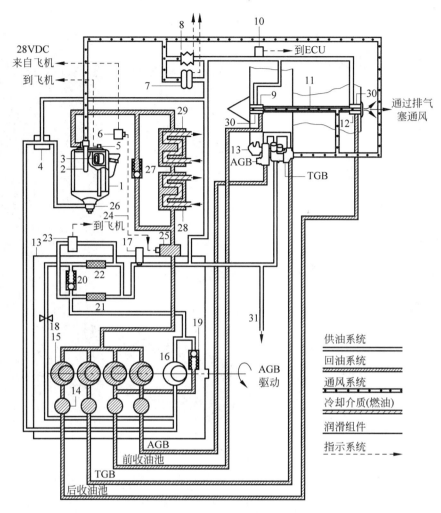

图 11-14　CFM56-5B 发动机的滑油系统

1—滑油箱；2—回油油气分离装置；3—滑面观察窗；4——防虹吸装置；5—滑油量传感器；6—磁屑探测器的可视指示；7—滑油压力传感器；8—低压警告电门；9—前收油池；10—到 ECU 的滑油温度传感器；11—中央通气管；12—后收油池；13—润滑组件；14—回油过滤网；15—回油泵；16—供油泵；17—滑油温度传感器；18—冲洗限流孔；19—释压活门；20—旁通活门；21—主油滤；22—备用油滤；23—油滤压差电门；24—磁屑探测器到可视指示器的连接线路；25—主磁屑探测器；26—油箱滤网；27—释压活门；28—伺服燃油加热器；29—主燃油滑油热交换器；30—油气分离器；31—到润滑组件的驱动轴

11.3　滑油系统的监控和维护

11.3.1　滑油系统的工作指示

　　滑油指示系统的功用是指示发动机滑油系统工作是否正常，指出可能出现的故障。

　　滑油系统工作指示包括滑油压力、滑油温度、滑油量等工作参数监视以及滑油滤旁通、滑油压力低等警告指示，这些均在驾驶舱显示(见图 11-15)。滑油压力、温度传感器装在滑油系统中。

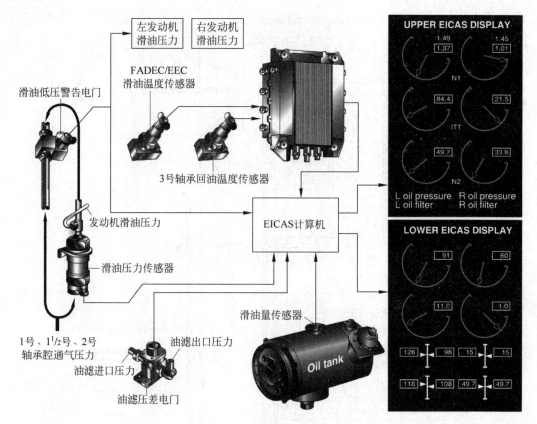

图 11-15　典型发动机滑油指示系统

　　滑油压力传感器连接到滑油供油管和油箱通气管,传感器感受的压力是供油路上滑油压力和油箱通气压力之间的压力差。滑油压力传感器的两个主要类型是波登管型和应力表型。

　　滑油低压警告电门也连接到滑油供油管和油箱通气管。当通往发动机的滑油压力过低时,将接通此电门,给出滑油压力低警告,这时应立即停车进行检查和维修工作,以保证发动机的正常工作。

　　滑油温度传感器在滑油系统中的安装位置取决于发动机类型。它可装在回油系统中,感受滑油冷却器上游的热滑油温度;也有的装在供油系统中,感受冷却后的滑油温度。滑油温度传感器有两个主要类型:热电偶和热电阻。温度信息送到驾驶舱显示。

　　滑油量传感器装在滑油箱。有两种类型滑油量传感器在使用,一种是电容型,一种是舌簧电门型。

　　油滤堵塞指示由油滤压差电门控制,该电门感受油滤进出口压差,当因油滤堵塞而使压差达到设定值时电门接通,给出油滤旁通警告。

11.3.2　滑油系统的监控

　　发动机滑油系统工作中,滑油会携带轴承、齿轮等机件磨损的粒子,通过监视这些粒子的数量、尺寸和材料,可反映发动机内部机械磨损情况和发展趋势。

大颗粒的金属可通过对磁堵和油滤的检查来发现。回油滤捕获尺寸在 0.015mm 以上较大的粒子,但油滤过滤元件不是经常更换,从磁屑探测器获得滑油状态信息比较容易且费时较少。磁屑探测器的磁铁吸附金属粒子,在一定的间隔时间内人工拆下检查,或者电子监视并在必要时拆下。电子监视的磁屑探测器顶部有两个磁铁,电子控制组件 ECU 监视两个磁铁之间的电阻,当电阻低于极限值时,电子控制组件送出维护信息。

回油滤无法捕获的漂浮在滑油中的细小金属颗粒(通常小于 $10\mu m$)可通过滑油取样分析来发现,监视这些粒子的浓度有助于识别早期阶段的磨损。滑油油样在规定的间隔时间内从滑油箱取出,送到实验室分析,分析方法有原子吸收法和光谱分析法。原子吸收法比较耗时,但分析的准确度高;光谱分析法精度低一些,但耗时很少,几分钟就能完成。此外,还可通过滑油油样分析滑油的理化性能。

11.3.3　滑油系统的维护

滑油系统的日常维护主要包括滑油量检查、加油、磁堵检查、更换油滤等。由于合成滑油有一定的毒性,在对滑油系统进行维护时不能让皮肤接触滑油的时间过长,若有接触应及时用水冲掉。

不同机型油滤维护和滑油更换的时间间隔有很大的不同,这取决于不同机型滑油温度条件的严重程度。应定期拆下滑油滤,进行分解、清洗,并更换有磨损或损坏的滤芯。一般滑油系统都有主磁堵,对磁堵进行检查时先检查主磁堵,若发现问题,再检查其他磁堵(若有安装)。要看清磁堵上的金属颗粒,最好用放大镜进行观察。

远程飞机每次飞行后检查发动机滑油量,中程和短程飞机在维修计划规定的间隔检查滑油量。滑油量可以从滑油箱的观察窗检查或者从驾驶舱 ECAM 或 EICAS 显示上检查。检查滑油量和添加滑油必须在发动机停车后的规定时间内进行,如 PW4000 发动机要求停车后至少 5 分钟且不超过 1 小时。若超过最大规定时间,通常要求起动发动机并在慢车工作几分钟,停车后再按规定时间检查滑油量和添加滑油。当发动机刚停车后,油箱中的滑油温度很高,且油箱内还有一定的压力,因此应等一段时间后才能开油箱盖,否则开盖时油箱内的气体会跑出而造成意外。打开滑油加油口盖时,观察滑油气味,如果有燃油气味说明燃油/滑油散热器有漏油,需要进一步排故。应该对每次加油量作记录,这样可以监控发动机滑油消耗量的变化趋势,及时发现发动机滑油系统是否出现问题。

滑油系统维护中可能遇到滑油污染的问题。可能出现的污染包括燃油、液压油和洗涤液等污染。根据污染程度不同,处理的方法也不同,一般需要对滑油系统进行冲洗。

第12章

反推系统

随着飞机飞行速度的增加,其降落时着陆速度也相应增大,尤其是民用飞机体积大、重量大,所以着陆时的惯性也大,这样滑跑距离就会增长,尤其是在潮湿、结冰或被雪覆盖的跑道上,可能因飞机轮胎和跑道间的附着力损失而使机轮刹车的有效性降低,因此,现代民用飞机上多使用反推装置。反推装置在飞机着陆和中断起飞过程中使用,可产生附加的飞机制动力,迅速降低飞机在地面的滑跑速度,缩短滑跑距离(见图 12-1)。

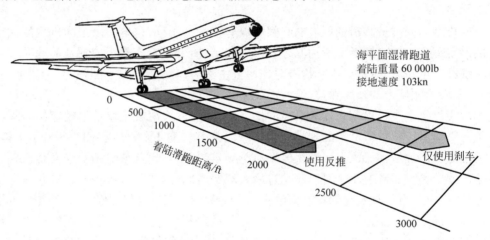

图 12-1 使用反推和仅使用刹车的着陆滑行距离比较

12.1 反推装置的原理和要求

反推装置是将排气系统的气流折转向斜前方(约 45°左右)排出而产生反向推力,反推力的大小与折转的燃气流量、排气速度、折转角和飞行速度等有关。在涡喷和小涵道比涡扇发动机中,反推装置一般安装在尾喷口之后。在现代高涵道比涡扇发动机中,由于发动机推力的 3/4 以上是由外涵气流产生的,因此将反推装置装在外涵道上,工作时外涵道冷气流折向产生反向推力,内涵道的热气流仍然产生正推力,因此,发动机产生的反推力为两者之差。

反推装置的设计要求是:在保证发动机安全正常工作的情况下获得最大的反推力;反推装置不工作时,不增大飞机的阻力,不减小发动机的推力,排气口应有良好的密封;力求结构简单,质量轻,操纵灵活,发动机在正常工作状态与反推力工作状态之间相互转换所需的时间要短；合理选择排气方向,力求不产生非对称的反推力,保证飞机的操纵稳定性,气流不能喷到机翼或机身上,也不能被发动机重新吸入;热气流反推装置的构件能够在高温大负荷的条件下工作可靠。

目前带反推装置的发动机一般能在1~2s的时间内完成正推力工作状态与反推力工作状态之间的相互转换,反推力量值可达该转速下正推力的40%左右。

反推装置的工作过程是:民航机上反推装置通常只有当飞机着陆后才能打开,一般在飞机起落架上装有触地开关,当飞机降到跑道后,触地开关才能打开操纵反推装置的电路系统。当飞机在反推装置和刹车装置共同作用下,速度迅速降低到一定值后,应立即关闭反推装置,否则发动机会吸入折转向前的气流,造成压气机喘振。

12.2　反推装置的类型

根据应用情况,反推装置可分为内涵反推和外涵反推两大类,前者又称为热气流反推,后者又称为冷气流反推。常用的热气流反推装置有蛤壳型门和铲斗门两种形式,多用于老式低涵道比喷气发动机上;常用的冷气流反推装置包括带有平移罩的格栅式反推和枢轴门式反推两种形式,冷气流反推广泛应用于高涵道比的涡扇发动机中。

蛤壳型门式反推装置(见图12-2)常由高压压气机的引气气动操作,反推工作时由操纵机构将两扇蛤壳式反推力门向后转动,迫使气流折转,经过叶栅通道向斜前方排出,产生反推力。

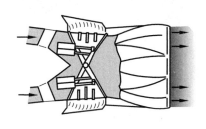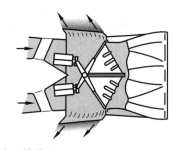

图 12-2　蛤壳型门式反推装置

铲斗门式反推装置(见图12-3和图12-4)通常由飞机液压系统操作,用伸缩式作动器作动。反推工作时,作动器向后移动,操纵两个铲斗门(半圆筒形)转到燃气流中,迫使气流向斜前方排出,产生反推力。

带有移动套筒的格栅式反推装置(见图12-5)装在外涵道上,由两半反推器组成,每半反推都是C形涵道,通常为液压操纵或气动操纵,主要部件包括移动套筒、液压或气动作动筒、柔性转轴、格栅组件、阻流门、阻流门阻力杆、扭矩盒等。风扇排气通道由内套筒和移动套筒之间的通道形成,内套筒固定在风扇框架上,移动套筒可沿滑轨前后移动。在正推力状态,移动套筒处于收进位置,此时内套筒和移动套筒之间形成平滑的气流通道,风扇排气流过此环形通道向后高速排出机外,产生正推力。当使用反推时,移动套筒在反推作动筒作用下向后移动,同时带动阻力杆,逐渐将阻流门拉起。当移动套筒完全展开时,阻流门完全关闭,堵塞了外涵道向后的排气,同时格栅通道打开,风扇排气在格栅叶片的引导下,向斜前方喷气,产生反推力。

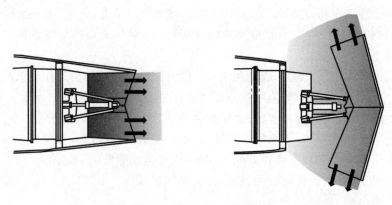

图 12-3 铲斗门式反推装置

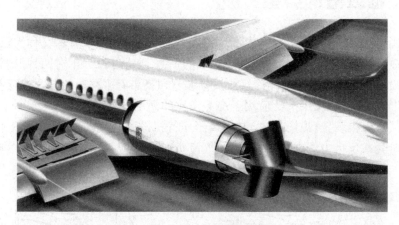

图 12-4 铲斗门式反推装置实图

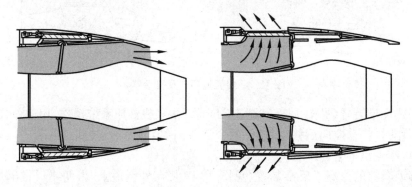

图 12-5 带移动套筒的格栅式反推装置

枢轴门反推装置也是由两个 C 形涵道组成,它有 4 个大的阻流门(每个 C 形涵道上有两个),阻流门可在液压作动筒作用下打开和关闭。当反推收藏时阻流门与发动机整流罩齐平,风扇排气产生正推力;当阻流门打开时,把外涵道堵塞,使气流按阻流门的方向排出,产生反推力。图 12-6 所示为用于 A330 飞机 TRENT700 发动机上的枢轴门反推装置示意图。

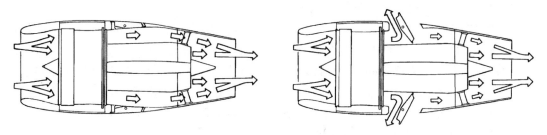

图 12-6　TRENT700 发动机的枢轴门反推装置

12.3　反推系统的子系统

典型的反推系统通常由以下分系统组成：操纵系统、作动系统、气流转向系统、指示系统。操纵系统用于控制反推装置的收藏和展开。作动系统有气动或液压的部件，按操纵系统信号移动气流转向机构。气流转向系统引导气流到产生安全反推力的最佳方向上。

1. 操纵系统

操纵系统的主要部件是驾驶舱的反推手柄，用来选择反推装置的放出和收起。拉反推手柄作动反推控制电门，用于开始反推操作和控制反推装置运动的方向。反推控制系统由空地信号逻辑保护，在飞行中不能展开反推。但在 B737 飞机中还用无线电高度表信号作为替代，其优点是当飞机接地前飞行高度低于 10ft 时，反推能够展开。

反推操纵系统有油门互锁机构，此机构具有两个功能：①只有反推装置完全展开时才能增加反推功率；②保证只有反推装置完全收进之后，才能操纵推力杆增加正推力。

反推装置有自动再收上功能，即万一反推装置意外打开，控制系统能自动探测到，并能及时把反推装置收回且锁死。若意外打开，收不上来，发动机的功率应能自动从高功率减小到慢车功率。

2. 作动系统

反推装置的作动系统通常有气动式和液压式的。

通过液压作动大的阻流门。在枢轴门反推装置上，每个阻流门有单独的液压作动器；在有移动套筒的格栅式反推装置上，液压作动器更为复杂，因为它们必须同步工作。液压的反推作动系统通常有控制活门组件，接收控制系统来的信号供应液压油到作动器，从而展开或收藏反推装置。

气压反推作动系统常用于蛤壳式反推装置和有移动套筒的格栅型反推装置。它们通常是供应发动机引气到空气马达，空气马达经驱动轴和齿轮箱用球螺旋作动器操作移动套筒。

所有反推装置必须有锁闩机构，确保在正推力状态时反推装置在安全收藏位不能随意移动。液压系统在作动器上有锁组件或分开的锁闩机构，当反推收藏时，锁闩机构的钩子固牢阻流门在收藏位；气动反推系统通常在空气马达有制动装置作为锁定组件。

3. 气流转向系统

气流转向系统引导气流到产生安全反推力的最佳方向上。常见的气流转向系统有蛤壳式、铲斗门式、旋转折流门式和带移动套筒的格栅式反推装置。图 12-7 和图 12-8 所示分别为枢轴门式和带移动套筒的格栅式气流转向系统。

在带移动套筒的格栅式反推装置中,反推整流罩有固定部分和可动部分,气流转向系统部件在反推整流罩中,主要由阻流门、格栅、内套筒和(可移动的)外套筒组成。阻流门连在固定的整流罩和移动套筒之间,当反推收藏时它们同风扇排气通道齐平,当反推展开时它们随移动套筒的运动而进入阻流位置。格栅叶片段用螺栓连接到反推整流罩的固定部分。左、右发动机格栅的布局是不同的,当更换格栅时必须要确保其正确的布局。不正确的安装会导致暴露于排气中的结构件寿命降低。

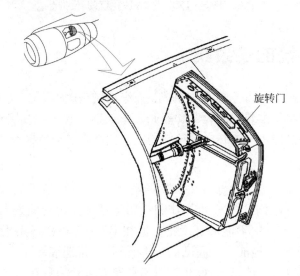

图 12-7　枢轴门式的气流转向系统

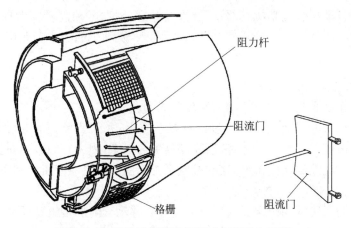

图 12-8　带移动套筒的格栅式气流转向系统

12.4　气动式反推装置

气动操作的反推系统主要部件是引气供应管、控制活门、一个或两个气动驱动装置、齿轮箱、软驱动轴和球螺旋作动器(见图 12-9)。引气来自高压压气机靠后的级,控制活门打开时,引气进入气动驱动装置空气马达。空气马达经软驱动轴和齿轮箱操作球螺旋作动器。

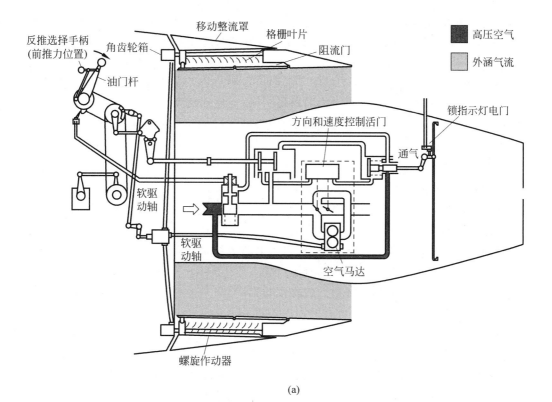

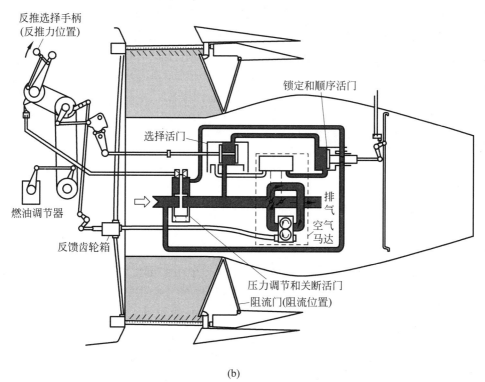

图 12-9　气动反推器的工作原理

（a）正推力状态；（b）反推力状态

涡扇发动机气动操作的反推有两种设计,一种是由一个中央气动驱动装置驱动两半反推;另一种是有两个气动驱动装置,每半反推由一个驱动装置驱动。

该反推系统的第一个部件是压力调节和切断活门,有三个功能:供应反推系统引气,调节空气压力为恒值,保护下游部件不超压。活门由反推杆经空地逻辑电路通过电磁线圈控制。空气供应管连到气动驱动装置。方向操纵活门(选择活门)控制反推装置向展开和收藏方向运动。电磁活门也由反推杆通电和断电,供给或断开到气动驱动装置方向控制活门的控制压力(见图 12-9)。

气动驱动装置也称为中央驱动装置,典型的气动驱动装置有空气马达,方向和转速控制活门,内部制动,同球螺旋作动器连接的斜齿轮,上和下转套,反馈机构和位置指示电门。气动驱动装置接收进口软管来的空气,操作它自己的球螺旋作动器并经软轴驱动在角齿轮箱上的球螺旋作动器。

方向控制活门控制空气马达转动方向,当压力调节和切断活门和方向操纵活门(选择活门)打开时,空气压力移动方向控制活门到展开位。空气转动马达齿轮,然后离开空气马达通过方向控制活门的另一侧到排气口。收藏反推时,空气马达在相反的方向上操作。方向操纵活门关闭,方向控制活门由弹簧力推到收藏位。

整流罩移动开始运动快,接近终点时减慢最后停下来。空气马达的转速由反馈机构通过转速控制活门控制,反馈机构装在反推整流罩上。

气动操作的反推器由气动驱动装置的制动锁住。制动类型和制动方法是不同的,一些制动是由方向控制活门的反馈机构操作的,另一些是由分开的气动制动作动器实施的。

在反推装置有故障的飞机上,如果飞机欲签派,必须使反推器不工作。气动式反推装置不工作的方法有三种:第一种是保证反推系统没有引气操作空气马达,这可通过手动关闭和锁住压力调节和切断活门实现;第二种是中断到压力调节和切断活门或方向操纵活门电磁线圈的电源;第三种也是最有效的方法是机械地固定可动的反推部件到固定的反推整流罩上。

12.5　液压式反推装置

1. 主要部件

液压反推系统的主要部件包括隔离控制组件、方向控制活门、作动筒、反推锁、反馈及指示系统等。

1) 隔离控制组件

隔离控制组件是液压操纵的反推系统中的一个重要部件,其作用是控制飞机液压系统和反推液压系统之间的联系。在正常飞行时,隔离控制组件把飞机液压系统与反推系统隔开;当选择反推后,它允许来自飞机的液压油进入反推系统。

隔离控制组件(见图 12-10)中有电磁活门和隔离活门。电磁活门受控于反推选择电信号,电磁活门的通电和断电控制隔离活门的打开和关闭,隔离活门用于控制飞机液压系统与反推系统的联系:隔离活门处于关闭位时,阻止来自飞机的液压油进入反推系统,并且反推系统经过隔离活门与回油系统连通,即反推系统没有高压液压油;隔离活门处于打开位时,来自飞机的液压油控制隔离活门把回油路堵死,并允许来自飞机的液压油进入反推系统。

隔离活门可人工解除工作,用于地面维护和反推控制故障后放飞。由图 12-10 可见,当把解除工作销插入后,其可阻止隔离活门下移,这样来自飞机的液压油就不能进入反推系统。

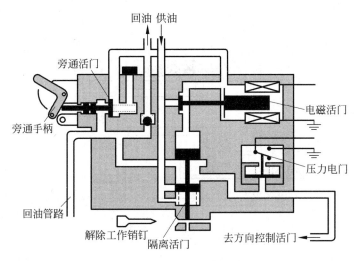

图 12-10　隔离控制组件

2) 方向控制活门

方向控制活门(DCV)的作用是控制进入反推系统的液压油的去向,即作动筒的收上端和放出端。通常反推装置放出时,方向控制活门在放出位,作动筒的两端都通高压油;反推装置收回时,方向控制活门在收上位,收上端通高压油,放出端通回油。方向控制活门有机械连接控制和电磁活门控制两种。

机械连接控制是通过油门操纵机构直接作动方向控制活门,即反推手柄带动毂轮转动,并通过钢索(或连杆)等机械连接机构直接作动方向控制活门到"放出"或"收起"位置。

电磁活门控制的方向控制活门包含在方向控制组件中,也有的发动机中方向控制活门和隔离活门是一体的,称为液压控制组件或活门控制组件,如 CFM56-7 发动机。图 12-11 所示的液压控制组件就是这种类型。液压控制组件内包含有隔离活门和方向控制活门,它们都由各自的电磁活门控制。在前推力状态时,电磁线圈处于断电状态,隔离活门关闭,方向控制活门处于"收上"位置,此时作动筒的放出端和收上端都通回油。选择反推后,隔离活门和方向控制活门的控制电磁线圈都通电,隔离活门打开,关闭收上端的回油路,方向控制活门处于"放出"位置,同时关闭放出端的回油路。此时,来自飞机的高压液压油进入反推系统,向作动筒的收上端供油,同时通过方向控制活门向作动筒的放出端供油。当接收到反推收上信号时,隔离活门仍保持通电状态,但方向控制活门断电,使方向控制活门回到"收上"位置。这样,作动筒的收上端继续通高压油,而放出端通回油。反推装置完全收上,并锁死一定时间后,隔离活门断电。

3) 作动筒

作动筒有两种,即带锁机构和不带锁机构的作动筒。在带平移套筒的格栅式反推器中,通常每半反推有 2 或 3 个作动筒(如 V2500 发动机有 2 个,CFM56-7 发动机有 3 个),其中 1 个为带锁作动筒。除了锁机构,作动筒的结构基本上都包括柱塞、螺纹轴、蜗杆涡轮机构和

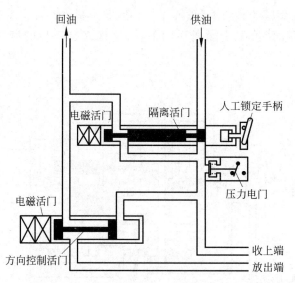

图 12-11　液压控制组件

万向安装座等。作动筒柱塞的放出端面积大于收上端面积，通常反推装置放出时柱塞两端（收上、放出端）都有相同压力的高压油，而反推收上时只收上端有高压油。柱塞只能沿轴向往返运动，并通过内螺纹使螺纹轴转动，螺纹轴又通过涡轮传动蜗轴，蜗轴与软轴啮合。每个作动筒都通过这样的方式与软轴连接在一起，从而可保证各作动筒能同步运动，所以软轴也叫同步轴。软轴通常在放出端供油管内，有的发动机上软轴仅将同一侧的作动筒连接在一起，也有的发动机上软轴将两侧的作动筒全部连在一起。在枢轴门式反推装置上，每个阻流门有一个作动筒，且是带锁作动筒，作动筒之间没有同步轴。

当需要人工收放反推（人工摇）时，可通过驱动软轴来带动柱塞移动，实现收放反推。这时软轴通过蜗杆、涡轮机构带动螺纹轴，螺纹轴的转动再使柱塞移动。

4）反推锁

反推锁是保证反推装置安全的重要措施之一，反推系统通常有多重锁机构，如作动筒机械锁、同步轴锁等，在前推功率状态下，反推装置就是靠这些锁机构保持在收上位置的。

在格栅型外涵反推装置上，通常每侧 C 形涵道上有且只有一个作动筒带有机械锁，而在枢轴门式反推装置上，每个阻流门的作动筒都是带锁作动筒。作动筒机械锁可由液压作动打开，该锁机构有不同形式，如锁盘式结构和弹簧爪式结构。

有的机型上除了采用作动筒机械锁以外，还采用了同步轴锁（或称同步锁），该锁由电信号控制。只有同步轴锁解锁，同步轴才能自由转动，作动筒才能够运动。

有的机型上不采用同步轴锁，而是采用了独立锁系统，由独立的电信号控制。例如，A320 飞机采用的独立锁系统包含一个液压关断活门，只有液压关断活门打开，来自飞机的液压才能到达反推液压控制组件。液压关断活门受控制于扰流板和升降舵计算机（SEC）以及无线电高度表，当飞行高度或扰流板的位置达到一定程度，SEC 接收到油门杆角度后，才允许关断活门打开。A330 飞机上采用另一种独立锁系统，该锁系统包含 4 个电控的独立锁，分别作用于 4 个阻流门上，当选择反推时由飞机电源供电打开。

在枢轴门式反推装置上，除了采用作动筒机械锁、独立锁系统以外，每个阻流门上都还有一个舱门锁,该锁由液压打开。

5)反馈及指示系统

在驾驶舱内有反推装置工作情况的指示系统,包括开锁指示、反推位置指示、反推故障指示等。例如,A320飞机上在反推装置展开过程中,驾驶舱有琥珀色"REV"指示;反推装置完全展开后,变为绿色"REV"指示,表示油门互锁释放,发动机能够增大反推力。

在液压机械控制的发动机上,每半反推上通常装有反馈作动筒,反推展开过程中反馈作动筒随动。反馈作动筒上装有一个接近电门,当反推装置放出到一定位置时,其发出信号,使反推开锁显示变为反推完全展开显示。反馈作动筒还通过反馈钢索把反推装置的位置反馈到油门操纵互锁机构,油门操纵互锁机构有两个作用:一是当反推装置没到达一定开度时,其可阻挡反推手柄移动,不允许增加发动机的功率;二是若反推装置意外打开,其可把油门推回到慢车功率,以减小反推力对飞机飞行所造成的影响。

在FADEC控制的发动机上,反推装置没有机械的反馈机构,通常有位置传感器将反推装置展开的位置信号发送给EEC,如B737NG飞机发动机反推装置两侧平移罩上各有一个线性可变差分传感器(LVDT)用于反馈两侧平移罩的位置,A330飞机发动机每个阻流门各有一个旋转可变传感器(RVT)用于反馈每个阻流门的角度位置。

2. 工作原理

液压作动的反推装置可用于不同的反推类型,如B737-200飞机的铲斗门式反推装置、B737-300飞机的带移动套筒格栅式反推装置、A330飞机的枢轴门式反推装置等均采用液压作动。液压式反推装置的控制过程与发动机采用机械式还是电子式反推力操纵系统有关。

1)机械式反推力操纵系统的工作

在采用机械式推力操纵系统的发动机上,反推力系统主要包括油门杆和反推手柄、液压控制组件、方向控制活门、操纵钢索、操纵毂轮和反馈系统,如图12-12所示。反推装置的收、放由油门杆和反推手柄控制。油门杆和反推手柄是互锁的,只有油门杆在前推慢车位,才能拉起反推手柄,在其他位置时,反推手柄被锁死。当拉起反推手柄后,油门杆就被锁定在慢车位。

油门杆在前推慢车位时,当拉起反推手柄,反推控制电门被作动,油门组件发出电信号到达同步锁和液压控制组件,同时反推手柄带动油门操纵系统的毂轮转动,毂轮通过机械连接作动方向控制活门,毂轮还通过钢索到达发动机的燃油控制组件以控制发动机的功率大小。反推展开控制的具体过程如下:同步锁先被打开,允许软轴转动。之后液压控制组件内的隔离活门通电打开,允许来自飞机的液压油进入反推系统。液压油分两路,一路到达收上供油管,即液压油先到达作动筒的收上端,这样有利于带锁作动筒上的机械锁开锁;另一路到达方向控制活门,此时方向控制活门被机械连接作动到"放出"位,液压油被送到放出供油管,液压力先把带锁作动筒的机械锁打开,然后到达每个作动筒的放出端。此时,作动筒的放出端和收上端都通高压油,因为柱塞放出端的面积比收上端的面积大,所以作动筒伸出,使气流转向机构展开。反推展开到一定距离时,锁接近电门给出开锁信号,并在驾驶舱给出开锁指示。当反推装置继续放出到一定位置时,反馈作动筒的接近电门发出信号,使反推开锁显示变为反推完全展开显示。反馈作动筒还通过反馈钢索把反推装置的位置反馈到油门操纵互锁机构,防止反推完全展开之前增加发动机功率。

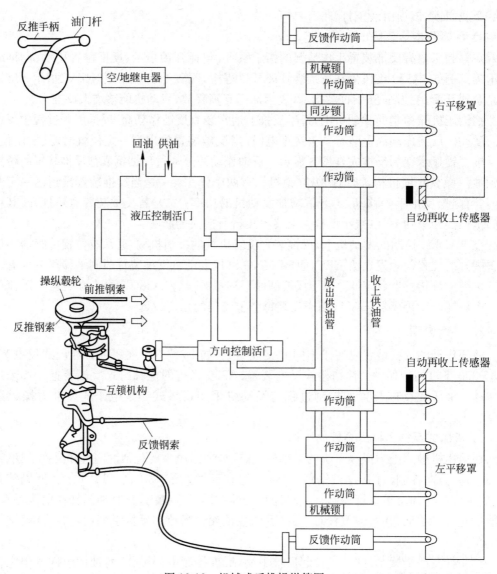

图 12-12　机械式反推操纵简图

　　收起反推时,把反推手柄收回,则油门操纵毂轮通过连接机构改变方向控制活门的位置,使作动筒的放出端通回油,而收上端仍然通高压油。作动筒缩回,把反推装置收上。当平移罩完全收上后,作动筒机械锁锁死。液压控制组件内的隔离活门断电关闭,切断飞机与反推系统之间的液压联系。

　　反推装置有自动再收上功能。在正常飞行过程中,反推装置靠机械锁保持在收上位,作动筒的收上、放出端都通回油。万一反推装置意外放出,自动再收上传感器感受到平移罩远离后,会发信号给液压控制组件,使隔离电磁活门通电,隔离活门打开,把压力油送往作动筒的收上端,使反推装置收上来。若反推装置收不上来,继续放出,则反馈钢索带动互锁机构,通过互锁机构把油门推回到小功率位置。

　　2) 电子式反推力操纵系统的工作

　　在 FADEC 控制的发动机上,反推装置的工作完全由发动机电子控制器(EEC)来控制,这包括反推装置的放出和收上的控制、反推力大小的控制以及反推装置的自动再收上、自动再放出等安全保护功能的控制。图 12-13 所示为 A320 飞机上的 V2500 发动机的反推控制系统。反推装置每侧的 C 形涵道上有两个作动筒,其中一个带机械锁和人工开锁手柄,开锁时有锁接近电门开锁信号传给 EEC。这 4 根作动筒靠软轴连接在一起,起到同步的作用。反推装置的控制是靠电信号来完成的,从驾驶舱的油门杆到反推装置,没有机械(操纵钢索)连接,完全是电传操纵。

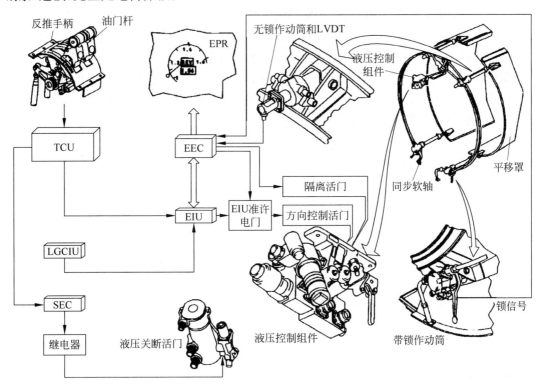

图 12-13　V2500 发动机的反推系统

　　当油门杆在前推慢车位时,提起反推手柄,并向后拉油门杆,则电信号到达同步锁(或独立锁系统)使其解锁,电信号同时到达 EEC 和 EIU(发动机界面组件)。EEC 检查飞机是否落地、发动机是否在慢车功率,若满足条件,后向液压控制组件内的隔离活门供电,同时 EEC 使反推准许电门闭合从而为方向控制活门供电。反推展开控制的具体过程如下:液压控制组件内的隔离活门通电打开,允许来自飞机的液压油进入反推系统。液压油分两路,一路到达收上供油管,即液压油先到达作动筒的收上端,这样有利于带锁作动筒上的机械锁开锁;另一路到达方向控制活门,此时方向控制活门被 EEC 通电作动到"放出"位,液压油被送到放出供油管,液压力先把带锁作动筒的机械锁打开,然后到达每个作动筒的放出端。此时,作动筒的放出端和收上端都通高压油,因为柱塞放出端的面积比收上端的面积大,所以作动筒伸出,使气流转向机构展开。

　　开锁信号由接近电门传给 EEC(或 ECU)。EEC 在 ECAM 的 EPR 表上给开锁指示(琥珀色 REV)。在反推装置放出过程中,LVDT(或 RVT)不断把平移罩(或枢轴门)的位置反馈给 EEC。当反推装置放出到一定位置后,ECAM 上的反推装置开锁指示转换为反推装置完全放出的指示(绿色 REV),此时 EEC 允许发动机的功率增加。

在发动机前推力工作状态时,若反推装置意外开锁并放出,则 EEC 给液压控制组件内的隔离活门通电,允许来自飞机的液压油到达作动筒的收上端,把反推装置收回。若反推装置不能收回,继续放出,则 EEC 自动把发动机的功率减小到慢车。

在发动机反推力工作状态时,若 EEC 感受到反推装置意外收回,则 EEC 给隔离活门断电,使反推装置与飞机的液压系统隔离,这样反推装置靠气动负荷保持在放出位。若不能保持在放出位,继续收回,则 EEC 自动把发动机的功率减小到慢车。

使液压作动的反推装置不工作有两种方法,一是机械地锁住可动的反推部件,二是断开到反推作动器的液压供应。例如:关闭反推控制活门组件上手动操作的切断活门,切断液压使反推系统不工作。在某些飞机上,像 A320,在每个阻流门插入锁螺栓和锁定板;在 B737 上固定的反推整流罩和移动套筒之间安装不作动销都可以机械地使反推装置不工作。同时安装红色指示销指示出反推不工作。

第13章

发动机地面维护

13.1 地面维护概述

像所有类型飞机和机载设备维修一样,发动机维护可分为两大类:预防性维修与修复性维修。第1类包括各个发动机部件、组件和系统按照预先的计划进行常规检查和必要的调整和修理。定期检查通常基于发动机和部件的工作小时数。另一个常用到的统计方法是工作循环数(飞行循环数),一次工作循环是指发动机从启动、运转到最后停车。发动机以及部件从新装机使用开始就要累计小时数和循环数;翻修后还要累计修后使用的小时数和循环数。记录循环数和小时数用于时寿件的管理、预估发动机零部件的性能状态和衰退情况以及因特定原因需要对某些非时寿件的定期监控或维修(例如:执行服务通告等)。第2类指的是对发生故障和损坏的零部件为使其恢复到原有性能进行的修理或更换。

维修工作可分为修理和大修(翻修)。航线维护,通常是发动机装在飞机上进行的,不包括修理在内的例行检查、一般勤务和排故工作;车间维修包括有限能力的维护,即对未安装的发动机在车间环境下进行维修,如热段检查、进口和热段组件和重要零件的更换;车间的深度修理包括单元体的组件更换和轴承及重要的零组件更换;大修则包括对发动机每个单元体的完全分解、更换零件和再装配。任务有清洗、裂纹检查、尺寸检查、静态和动态平衡、轴承腔压力检查、滑油喷嘴流量检查、叶片的力矩称量等。

机上维护有两种基本类型:定期维护和非定期维护。定期维护包括必须进行的定期检查和重复检查。非定期维护涉及与时间无关,但必须做的工作,如鸟击、吸入火山灰、飞机重着陆、发动机超温超转等。

发动机修理级别分为有限的零件修理、主要零件修理和非常专业的零件最大修理;发动机附件部件的大修和修理;发动机装配试车。发动机可使用升降机构或托架以垂直或水平位置进行组装。发动机的分组件或单元体在单独的场地进行装配,这样可大大减少装配中在升降机或托架上的装配时间。装配中要进行检测,保证轴向和径向的间隙和关键的配合工序。保证整台发动机螺栓、螺母、螺钉的紧度均匀。完成装配后,发动机在试车台进行试车,然后将性能数据换算成标准大气状态进行检查。

现在大多数燃气涡轮发动机维修建立在视情基础上,这意味着发动机上每个零件或组件翻修是在它自己的寿命限制上。例如热端部件的寿命限制不同于附件传动齿轮箱的寿命限制。燃气涡轮发动机可靠性研究进展和发动机模块化结构设计使视情维修方法成为可能。

13.2　地面维护基本内容

13.2.1　维修工具、记录、储存和运输

发动机是由很多昂贵的零件组成的精密机械,维护需要许多专用工具,因此,必须知道这些工具以及何时、何地、如何使用,每次维修必须使用正确的工具。维修必须记录并保存好,因为发动机数据记录和分析是很重要的。发动机的内部工作是基于复杂的热力和气动原理,故对发动机不应随意分解和调整有怀疑的零件,而应按相应手册规定执行。

发动机/单元体的储存和运输的准备工作是很重要的。库房保存要有湿度显示器。储存和运输要求对发动机进行专门的油封处理,并注意根据发动机储存时间选择不同的油封方法,如果需要长期储存发动机还需采用特殊的油封油对发动机滑油和燃油系统进行油封,防止发动机轴承、油泵等部件的腐蚀损坏。发动机要装在可再次使用的罩袋中,要充以规定量的干燥剂,如运输,可包装在木条箱或金属箱内,如图 13-1 所示。

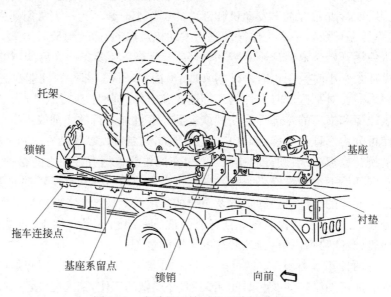

图 13-1　发动机运输时的正确固定方法

13.2.2　系统维护注意事项

发动机维护期间应遵守一些注意事项。点火系统可引起致命的危险,所以对于点火激励器、点火电嘴、点火导线进行任何维护之前,必须断开电源,并至少等 5 分钟后再断开高压导线。

添加滑油时,小心不要溅出滑油。如果不小心溅出滑油应立即清理,因为它会对涂漆面以及电缆中使用的某些橡胶化合物元件造成损坏。若滑油长时间与皮肤接触,还会因渗入而导致中毒。

任何修理、调整或更换部件之后,必须对发动机、进气道和排气系统进行最后检查,确保没有任何杂物留在里边。检查进气道和排气系统之前,必须确保启动系统不工作,点火系统

不通电。在发动机不工作时,应装好进气道和排气系统堵盖,除非当地有特殊规定防止外物进入到发动机内部或发动机意外转动,从而对发动机或人员造成损害。

如果发动机经过水路运输或经历过空中停车,则必须根据吹干程序在 24 小时内对其"吹干"并进行再润滑(见图 13-2、图 13-3)避免内部部件腐蚀。禁止将防腐油或相等同产品喷入发动机进口、核心压气机或涡轮、发动机尾喷。湿润的转子叶片和静子叶片上有脏的颗粒则会影响发动机性能。在燃油系统中禁止使用硅树脂滑油,否则将会对发动机造成损害。在发动机所有开口区域比如支柱、管道以及附件安装座处安装堵盖或堵塞。在发动机任何一侧放置干燥剂,不要让干燥剂接触发动机表面。

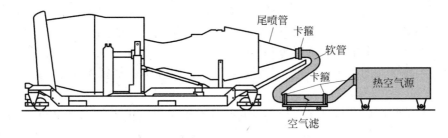

图 13-2　发动机吹干方法

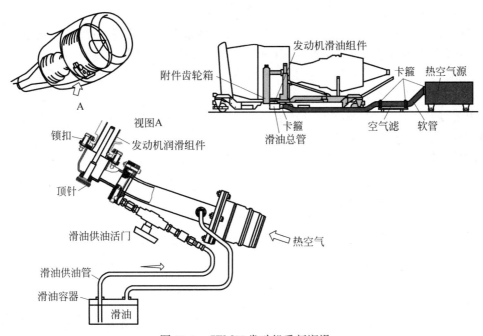

图 13-3　CFM56 发动机重新润滑

13.2.3 发动机换发

发动机安装节连接和固定发动机到飞机吊架上,同时传递发动机推力,以及垂直、侧向载荷和扭矩到飞机上。例如波音 737 飞机的发动机有两个前安装点和一个后安装点,分别在风扇框架、中盒结构和涡轮框架上,同时安装节还辅助以推力杆传递推力和扭矩到飞机上。安装节有隔振装置和接地线。发动机更换有三种批准的方法:第 1 种采用自持系统方法,第2种使用吊车支持的吊索方法,第3种使用升起加载器。

从飞机上拆卸发动机前,应确信发动机停车至少5min。为保证正确的操作,项目检查单必须完成,同时需记录发动机小时和循环数随发保存以便跟踪。对飞机应进行以下准备工作:确信飞机稳定,如果飞机被顶起,在发动机拆卸前保证飞机水平;确保安全装置在位;在必要的位置放置警告牌;检查飞机起落架地面锁销位置正确;断开被拆卸发动机的电源供应;断开连接到发动机的气源系统;切断被拆卸发动机的燃油供应;对液压油箱释压;罩上发动机进气道和尾喷管。

准备起吊装置和发动机托架,注意吊车的最大安全工作负荷必须大于被吊起的发动机重量。拆卸之前应将襟/缝翼放在合适的位置,必须断开所有电气、液压、气动、燃油和机械接头,在断开的接头处需加上保护盖以防止灰尘和杂质进入。拆卸固定夹、支持器,最后拆下固定发动机到飞机上的安装节螺母和推力杆接头螺栓。为防止人员受伤和设备损坏,必须严格遵守维修手册的程序和条例、安全注意事项,所使用消耗材料需遵守厂家说明和本地安全规范。

发动机安装程序的飞机准备工作与拆卸时基本相同,安装前应检查发动机铭牌,确信所安装的发动机是正确的,如果不正确则可能会造成运转发动机时发动机和部件的损坏或带来更多的工作。对于采用FADEC控制的发动机需确信ECU规格(软、硬件)和/或发动机型号与飞机构型匹配,机械液压控制的发动机则需检查油门控制系统(如CFM56-3发动机的燃油控制盒)与飞机匹配。按照制造商的要求,安装发动机时应清洁结合面,剪切或定位销孔和紧固件孔,对安装螺栓、螺帽、保持片和垫圈进行清洁和润滑。

在将发动机吊装到飞机上提升过程中,检查确信吊架组件处于水平状态,不要处于前低后高的姿态,吊起发动机时注意前、后钢索两侧之间的负载差。禁止先安装一个安装座的定位销,否则可能会对安装座和吊架造成损坏。拆装托架时要小心,避免损坏发动机部件。连接螺栓按照飞机维护手册规定的扭矩拧紧。拆下起吊装置,将各个系统连接好,在连接每一个接头前把盖帽或罩子拆下。所有螺栓、螺母按规定的扭矩拧紧,需要时,更换垫片、衬垫和锁片。发动机滑油箱内加注批准的滑油,滑油系统和燃油系统应加满,确信所有管路都装满油。发动机启动前检查发动机清洁,无外来物,移走进气道和尾喷管上的堵盖。

采用FADEC控制的发动机,发动机安装完成后,需执行ECU功能测试,通过飞机驾驶舱中的MCDU或CDU读取相关发动机数据(ECU硬件和软件版本、发动机额定推力和型号、风扇转速调整系数等信息),并检查与实际发动机构型是否一致,必须保证发动机额定推力与另一台对称的发动机一样,并与飞机型号匹配。对于某些型号的发动机还需人工向ECU输入发动机序号。

对于油封过的发动机要进行启封,通过冷转完成FADEC操作测试;检查液压和燃油管路,确信无渗漏。测试反推系统、启动发动机、进气道热防冰的工作情况。然后对发动机进行运转测试:完成最低慢车检查确信无渗漏,检查发动机引气系统的工作。最后完成功率验证检查、振动检查、加速度检查,如果发动机在合格的测试台上进行过测试并通过、发动机是以前因方便或梯次被拆下或发动机拆下进行涡轮后框更换则不需。

13.2.4　发动机地面调试

发动机地面试验的基本目的是确认性能和机械完整性,检查故障或证实排故期间的纠正措施。地面试车量保持在最低限度。进行地面试车前,必须遵守注意事项和工作程序,防止损坏发动机或飞机以及避免人员受伤。注意发动机工作时的前、后危险区域。发动机工作期间注意遵守接近发动机的安全通道,同时建议系上安全带、佩戴防护耳罩,地面维护人员必须与驾驶舱试车人员保持密切沟通。

1. 启动前的准备

1) 发动机外部检查

发动机的外部检查是飞机飞行前检查项目的一部分,有关发动机的检查内容有:发动机进气道有无异物,风扇叶片有无裂纹,发动机有无任何渗油痕迹,发动机喷管内有无异物,发动机前方区域是否清洁等。启动发动机前必须确保地面危险区域(见图 13-4)无地面人员,以防止发动机工作时巨大的进口吸力和出口排气冲击力以及尾气高温和有害气体对地面人员造成伤害。图 13-5 所示为某发动机工作的噪声危险区域。

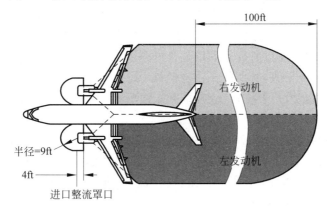

图 13-4　某型发动机地面慢车时的危险区域(高温/吸力)

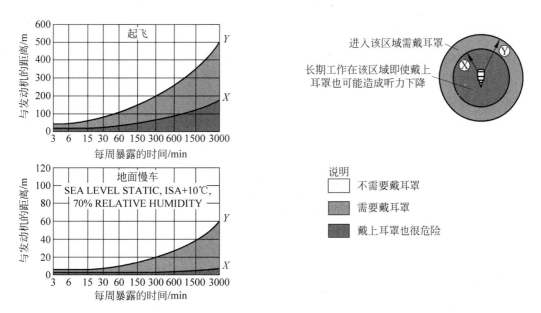

图 13-5　某发动机噪声危险区域

需要说明的是,顺风过大时不要启动发动机,否则发动机启动时容易喘振。

2)驾驶舱准备

机长和副驾驶根据各自的责任区域完成《飞行手册》规定的所有驾驶舱准备项目,完成好飞机各系统的测试及状态设置,完成好飞机的导航、通信参数设置。其中,与发动机有关的主要有火警测试,启动 APU(一般在发动机启动前 30min),油门置最后(慢车位),发动机启动手柄置下卡位(停车位)。

在机组收到地面塔台离场许可后,完成发动机启动前项目,检查气源压力(在海平面最低为 30lbf/in^{2}①,机场标高每上升 1000ft,相应减小 0.5lbf/in^2),打开飞机防撞灯电门,提醒地面人员和塔台准备启动发动机,最后完成发动机启动前检查单内容。

2. 启动注意事项

(1)机组注意力的分配要适当。

在上提发动机启动手柄以前,机组的注意力应集中在对启动机工作的监控和 N1、N2 的变化上;在上提启动手柄后,机组应重点监控发动机参数(FF、N1、N2、EGT),尤其是 EGT;在启动机脱开时,一方面注意监控启动机是否可靠脱开,另一方面由于启动机脱开后,EGT温度降迅速升高并出现峰值,所以更要注意监控 EGT 的变化;当发动机进入慢车状态时,注意监控发动机滑油压力是否正常(应在黄区),慢车状态发动机参数是否稳定。

(2)上提启动手柄要适时。

若上提启动手柄过早,由于 N2 转速较低,空气流量较小,而过早地向燃烧室喷油,容易造成混合气过富油,引起压气机喘振,进而造成发动机热启动;若上提启动机手柄过晚,涡轮投入工作过晚,发动机剩余功率较小,使启动加速时间延长,同时也容易使启动机工作负荷过大,影响启动机的使用寿命。

飞行员操作启动手柄时动作要迅速,必须将手柄扳到"IDLE"卡位,确保发动机供油的可靠,防止启动失败。

(3)随时做好中止启动的准备。

发动机启动时,由于可能出现的不正常情况较多,所以,机长的手不要离开启动手柄。要做好随时中止发动机启动的准备,防止不正常启动情形出现,贻误时机,使发动机的损坏加剧。

3. 地面启动及试车程序

由于发动机启动过程时间短(一般不超过 1min),机组监控的参数多,一旦出现异常,若机组处置不当或不及时,将严重损坏发动机。所以,在发动机启动过程中,机组应集中精力,在启动的不同阶段正确调整注意力的分配,从而确保不正常启动时机组及时正确处置。下面以 CFM56-7B 发动机为例介绍地面启动的一般程序。

在一切准备就绪后,机长发启动指令(一般先启动右发动机;当地面气源启动时,则先启动左发动机),同时将相应发动机的启动电门置"GRD"位并计时。此时启动活门开(相应 START VALVE OPEN 灯亮),启动机转动并带动发动机 N2 转子转动,机组核实 N2 增加。当 N2 上升到 25%时,机组核实 N1 开始指示并上提相应发动机启动手柄到"IDLE"卡

---

① 1lbf/in^2=6894.757Pa。

位,此时发动机点火装置工作,燃油关断活门开,发动机开始向燃烧室供油,随即发动机爆发,出现 EGT 温度,涡轮发出功率,机组核实燃油流量和 EGT 的指示。当 N2 上升到 56%时,发动机启动电门将自动从"GRD"位跳到"OFF"位(有"啪"的声响,若未跳到"OFF"位,需要人工扳到"OFF"位)。此时启动活门关(相应 START VALVE OPEN 灯灭),启动机脱开,启动机和点火装置退出工作,机组核实启动机确已脱开(通过管道压力表和 START VALVE OPEN 灯可判断)并严密监视 EGT 的变化。最后发动机自行加速并稳定在慢车状态,机组检查慢车状态连续运行足够的时间(一般为 10min 左右,高温、高原机场暖机时间应延长)后,才允许前推油门。

当在严寒地区第一次启动发动机时,需要对发动机进行加温,便于发动机启动和机件的润滑。如 CFM-56 发动机,当大气温度小于-40℃时,启动发动机前需要对发动机加温。

需要特别指出的是,以上介绍的发动机启动程序为冷发动机启动,对刚停车的发动机若需要再启动(热发动机启动),必须等发动机充分冷却后才能进行。否则,由于发动机内部未充分冷却,一方面燃烧室内容易形成过富油,引起发动机热启动;另一方面涡轮叶片、压气机叶片与机匣的间隙此时较小,再次启动时,叶片将刮伤机匣封严涂层,甚至导致叶片损坏,使发动机性能衰减速度加快,使用寿命缩短。所以,机组应严格遵守热发动机启动的冷却间隔时间。在炎热夏季飞行时,冷却时间应适当延长。

发动机停车前,一般应让其工作在慢车转速 3min,即正确的冷车,确保发动机及部件能够顺利冷却。从供油活门关闭到发动机到达静止状态的时间称为停转时间,它受发动机内部的摩擦力、外部风向和风速的影响。

第14章

发动机管理

　　现代燃气涡轮发动机的管理模式通常采用全寿命管理,所谓全寿命管理是指发动机从引进到最后退出机队的整个过程中对发动机所进行的一整套维修工程管理的统称,它包括在翼管理、送修管理和性能管理。其中包括发动机机队重要事件管理、发动机可靠性数据管理和换发管理。

　　发动机重要事件是指在飞机运营、航线维护、定检或换发等过程中出现的重大发动机故障或缺陷的事件,包括但不限于下列情况:空停、地停、超温、超转、不可自动恢复的失速或喘振、失去推力控制、着火、火警、滑油或燃油严重泄漏、鸟击或 FOD 导致的拆发、影响发动机运行的结冰、异地换发、维护中造成发动机损伤、部件丢失,以及发动机原因导致的中断起飞、返航、改航等。

　　非计划换发是指由于发动机缺陷或其他强制性要求(特殊运营的临时要求除外)导致从技术标准上要求必须在 3 个日历日之内的换发。计划换发是指除了非计划换发之外的换发,通常包括:LLP 到寿换发、性能原因换发和梯次换发(含特殊运营要求)。

　　发动机管理的指标通常有:空中停车率、中断起飞率、返航改航率、延误取消率、返厂率和非计划换发率等,它们的定义如下:

　　(1) 空中停车率

$$空中停车率 = \frac{最近\ 12\ 个月发生的某型发动机空中停车总次数}{该型发动机最近\ 12\ 个月发动机总使用小时数} \times 1000\ 有效飞行小时$$

　　(2) 中断起飞率

$$中断起飞率 = \frac{最近\ 12\ 个月发生的由某型发动机导致的中断起飞总次数}{该型发动机对应飞机最近\ 12\ 个月总起飞次数} \times 1000\ 次起飞$$

　　(3) 返航改航率

$$返航改航率 = \frac{最近\ 12\ 个月发生的由某型发动机导致的返航改航总次数}{该型发动机对应飞机最近\ 12\ 个月总起落次数} \times 1000\ 次起落$$

　　(4) 延误取消率

$$延误取消率 = \frac{最近\ 12\ 个月发生的由某型发动机导致的延误取消总次数}{该型发动机对应飞机最近\ 12\ 个月总起落次数}$$

　　(5) 返厂率

$$返厂率 = \frac{最近\ 12\ 个月某型发动机返厂总次数}{该型发动机最近\ 12\ 个月发动机总使用小时数} \times 1000\ 有效飞行小时$$

　　(6) 非计划换发率

$$非计划换发率 = \frac{最近\ 12\ 个月某型发动机非计划拆下总次数}{该型发动机最近\ 12\ 个月发动机总使用小时数} \times 1000\ 有效飞行小时$$

14.1　发动机在翼管理

发动机在翼管理主要体现在对发动机运行状态的监控和日常的检查、维护以及对发动机制造商服务通告、信函、备忘录等的评估和执行。发动机在翼管理工作综合分析评估在翼发动机机队状态，制定并调整发动机机队在翼使用计划和发动机拆换计划。

发动机实时运转状态可通过发动机参数指示仪表、屏幕显示和警告灯等反映出来，大多数情况下，当工作参数或运转状态出现异常时都会进行告警，例如排气温度超温时，排气温度指示变成红色。发动机工作参数也常被用作趋势分析，通过人工或自动方式采集发动机工作参数并将其输入到监控系统，监控系统对获取的数据换算到标准大气海平面状态所对应的值，同发动机基线值进行比较，进而检测发动机性能是否有比较明显的变化，通常较明显的变化意味着发动机结构或系统出现了故障。通过监控发动机性能参数，如压力比（EPR）或风扇转速（N1 转速）、燃油流量、排气温度（EGT）等，可判断发动机是否具备获得最大推力的能力，从而保证不会因为排气温度过高而损坏发动机；同时监控发动机机械参数，如发动机转子转速、滑油温度和滑油压力、发动机振动等，可避免因过大的载荷或缺乏润滑而损坏发动机。

1. 发动机状态监控

发动机状态监控是指利用发动机性能趋势监控、滑油消耗量监控、孔探检查、燃油滤和滑油滤检查、滑油磁性堵塞检查以及对滑油金属含量进行分析等手段对发动机的使用和维护状态进行监控（见图 14-1）。实施发动机状态监控工作，可以在一定程度上预防或协助排除发动机故障，从而保障发动机机队的可靠性。

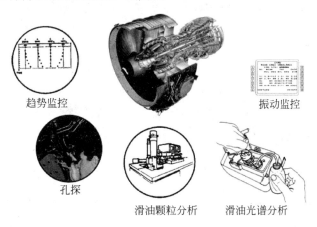

趋势监控　　　　　　　　　　振动监控

孔探

滑油颗粒分析　　　滑油光谱分析

图 14-1　发动机主要的状态监控方法

2. 性能趋势分析

1）趋势分析基本原理

趋势分析是当前普遍采用的一种发动机状态监控方法，它首先采集发动机状态参数，记录对应的发动机工况和外部条件；接着将状态参数按相似换算法换算到标准大气海平面条件下的值，将所得到的换算值减去该工况下的基线值，得出相对于基线的监控参数偏差值，对所得到的各个航班的监控参数偏差值进行数据平滑处理；然后将所得到的平滑后的监控参数偏差值减去它的初始值,得到对应于该发动机的监控参数最终偏差值;最后依据最终偏差值绘制性能监控趋势图。维护人员依据趋势图就可以对发动机的健康状况进行分析。现代民航客机所用发动机的典型性能监控流程如图 14-2 所示。

图 14-2　民用航空发动机典型性能监控流程

根据性能趋势图,可进行以下分析:①将每个监控参数的最终偏差值与基线值比较,检查其是否超限;②通过综合分析各监控参数的不同变化趋势,可以推断引起变化的可能原因,为故障隔离提供重要参考,如可据此隔离部分指示系统的故障;③计算趋势的变化率,对同一架飞机上的各台发动机进行趋势对比;④借助于各个监控参数的变化趋势,可以对各个参数的未来发展变化进行趋势预测。典型的性能趋势图如图 14-3 所示。

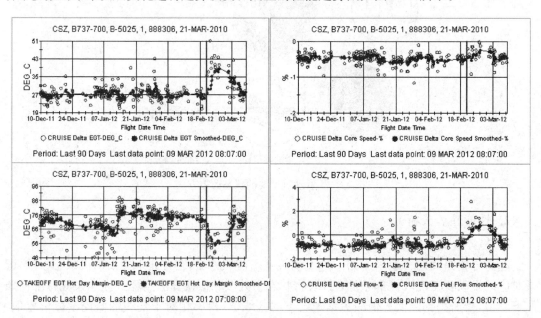

图 14-3　发动机参数趋势变化图

2）发动机性能状态监控的基本要求

目前发动机性能状态监控方法主要有两种：①基于互联网技术的远程监控平台——GE/CFM56，被称为 Remote Diagnostics，简称 RD；IAE 提供的 Advanced Diagnostic & Engine Management，简称 ADEM；罗罗提供的远程监控平台（www.aeromanager.com）。②采用 SAGE（GE/CFM56）、COMPASS（罗罗 RB211-535E4 发动机）或普惠提供的 EHM 等单机软件进行监控。目前，很多航空公司采用两种监控方式并存的监控模式，通常以远程监控为主，SAGE 等作为辅助或备份监控手段。随着网络和电子技术的发展，远程监控平台将最终取代以单机软件为基础的传统的监控方式。图 14-4 所示为根据发动机性能趋势图进行故障分析流程。

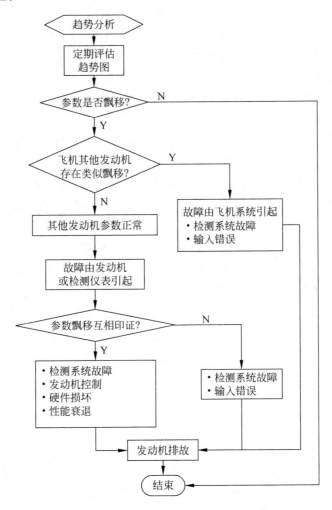

图 14-4　根据发动机性能趋势进行故障分析流程

（1）采用远程监控平台进行监控发动机

基于网络技术的发动机远程状态监控具有实时、方便、准确等特点，是目前最为流行的在翼发动机性能及状态监控方法，航空公司应根据实际需要每天对 RD 或 ADEM 产生的趋势报告或警告信息（alarm）进行多次处理。

日常监控仅处理远程监控平台的警告(alarm)、咨询(advisory)、超限(exceedance)等信息。为了便于持续监控发动机状态，航空公司可制定《发动机状态监控警告/反馈单》，对于这些信息的处理措施可分为：放入观察单(watch list)、启动航线维护工作、关闭。对于信息的关闭需要说明关闭原因，如果是发动机水洗引起的，需要在监控系统里添加水洗发动机的维护条目；对于放入观察单的需要持续监控直至关闭；如对发动机进行了拆换则需要将信息及时反馈到监控系统中。

当发动机生产商颁发有紧急提示报告 CNR(customer notice report)或邮件时，发动机监控部门应对其进行风险评估，按评估结果执行后续工作。当监控人员发现远程监控平台系统不能正常工作时，应立即启动备用监控方式，以保持发动机性能监控的延续性。

（2）用 SAGE/COMPASS/EHM 等工具监控发动机

监控工程师应及时对收集的发动机性能数据进行分析，以便掌握发动机的工作状态。由于采用单机软件监控时，发动机的工作参数的获取不是实时的，因此监控结果具有一定的滞后性；如果采用人工记录数据还会影响到监控结果的准确性，因此它仅在没有其他监控方式的情况下采用或作为远程监控平台的备用方案。SAGE/COMPASS/EHM 信息处理要求如下：

分析发动机重要参数的趋势变化，对变化异常需要实施航线工作的发动机颁发《发动机状态监控警告/反馈单》，启动航线维护工作。做好监控记录。对有问题的发动机记录内容至少包括日期、飞机机尾号、发动机序号、发动机装机位、监控内容描述这五项，对所有正常发动机可以标注为"其他发动机正常"。每周对 SAGE/COMPASS/EHM 数据进行维护，得到换发信息后应及时对 SAGE/COMPASS/EHM 数据进行更新。

对出现 EGT 超限告警的发动机需重点监控，可制定《发动机性能监控重点关注表》，对表中发动机除了处理告警外，还要密切关注其 EGT、FF、N1、N2 等趋势变化，经过仔细的技术评估后可对表中的发动机进行删减。

3. 滑油耗量趋势监控的要求

由于某些远程监控系统或软件不具有滑油耗量监控功能，需要维修人员在滑油系统勤务时准确记录滑油耗量，监控人员收到滑油耗量数据后应分析一定周期内的滑油耗量变化趋势，如果出现趋势有明显的飘移，则需告知维护人员以便对发动机进行排故工作。

4. 无损探伤

无损探伤是利用物质的声、光、磁和电等特性，在不损害或不影响被检测对象使用性能的前提下，检测被检对象中是否存在缺陷或不均匀性，给出缺陷大小、位置、性质和数量等信息。与破坏性检测相比，无损探伤有以下特点：具有非破坏性，因为它在作检测时不会损害被检测对象的使用性能；具有全面性，由于检测是非破坏性，因此必要时可对被检测对象进行 100％的全面检测，这是破坏性检测办不到的；具有全程性，破坏性检测一般只适用于对原材料进行检测，如机械工程中普遍采用的拉伸、压缩、弯曲等，破坏性检验都是针对制造用原材料进行的，对于产成品和在用品，除非不准备让其继续服役，否则是不能进行破坏性检测的，而无损检测因不损坏被检测对象的使用性能，所以，它不仅可对制造用原材料、各中间工艺环节直至最终产成品进行全程检测，也可对服役中的设备进行检测。常用的无损探伤方法有目视检测、射线照相检验、超声检测、磁粉检测、涡流检测等。

孔探检查（又称内窥镜检查）是常用的目视检查方法（见图14-5），它是借助工业内窥镜定期检测及非定期（特殊情况，比如鸟击等）检测发动机内部部件工作状态，及时发现损伤缺陷，以评估发动机的整体性能和健康情况，为航空发动机的安全运行和维修工作提供可靠的技术依据。孔探所用到的设备分为刚性内窥镜（又称直杆镜）、柔性内窥镜和视频内窥镜。直杆镜结构简单，成像质量好，使用方便；光纤镜采用超细光纤技术能够提供高品质的图像，采用抗磨损的金属外皮增强其适用耐久性，探头本体可弯曲，有导向功能；视频内窥镜采用先进的全数字化光学电子处理技术，使CCD信号的处理及传输过程发展成纯数字化，可直接连接VGA数字显示器，图像清晰，色彩还原真实准确，具有360°全方位连续导向。孔探检查方法不仅适用于发动机内部结构的故障检查，也可用于飞机其他不易接近和拆卸的狭小部位，如检查机翼油箱内部腐蚀及其部件、狭小区域导线束的腐蚀或安装固定、机翼内部操纵系统传动部件的磨损和固定情况等。孔探检查已广泛应用于民航业的机务维修工作中，特别是在航空公司发动机状态监控和健康管理方面起到了举足轻重的作用。

图14-5 航空发动机孔探检查

5. 发动机振动监控

民用航空发动机工作环境十分恶劣，其健康状况的改变或恶化，很大程度上会影响飞行安全及运管成本。因此加强对民用航空发动机工作状态的监控，特别是对民用航空发动机振动的监控，是保证安全的有效手段。航空发动机振动监控主要用于监视发动机旋转机械的工作状态。作为一种典型的高速旋转机械设备，航空发动机的振动信号（如振动信号的幅值、频率和相位等）可直接反映其当前工作状态。通过分析获取的发动机振动信号特性，可及时获得发动机工作状态信息。以发动机振动值为例，通过监控发动机稳定工作状态的高、低压转子振动值变化,可分析发动机内部的旋转机械部件状态,发动机高、低压转子的动平衡情况,进而推测发动机本体可能存在的一些机械故障,避免引起发动机更大的内部损伤和二次损伤,并采取合理的维护措施提高发动机可靠性,降低维护成本。

目前,民用航空发动机振动监测的主要方法是在飞机上安装发动机振动监测装置,被称为 EVMU 或 AVM。EVMU 通过安装在发动机上的加速度计监测发动机振动变化情况。振源具有稳定的激振力,能准确反映发动机振动能量,测量振动的加速度计须靠近振源安装。加速度计一般安装在发动机的安装点、转子支撑面、发动机机匣对接面等位置。以某型民用航空发动机为例,其上装有两个加速度计,分别位于风扇机匣和轴承上,分别测量风扇机匣和轴承处的振动信息。所测信息经 EVMU 内部的电荷放大器、滤波器、记录器、A/D转化器、振动信号处理计算机计算后,输出给飞机显示器,为飞机驾驶舱实时提供发动机振动值显示。典型的发动机振动监测原理图如图 14-6 所示。

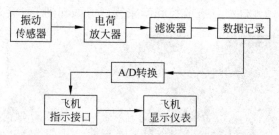

图 14-6　典型的发动机振动监测原理图

发动机振动监测过程可分为振动测量、振动信号处理及故障特征提取、状态识别等。根据监测对象的特征,如结构特点、振动信号频带范围和幅值,确定测试系统的传感器和记录设备。振动信号处理是振动监测的核心,它可以完成从原始振动信号中提取有用信息。状态识别是根据信号处理结果和故障特征信息,判断监测对象的状态及其故障的发展趋势。最后,信号处理和故障状态识别通过计算机软件实现。

振动总量反映了发动机总的振动能量状况,而振动分量则反映出是何种激振源及其激励大小。发动机一般都规定总量限制值,如果振动总量超过限制值,表明发动机振动过大,部件可能因此而破坏。发动机上的各振源通常有不同的激振频率,如转子质量不平衡会激起频率为转子工作转速的振动,不对中故障会激起较大的二阶振动,而转子与静子碰摩会产生分频等频率成分十分丰富的振动。振动信号处理就是要从原始振动信号中提取这些有用信息,为状态识别提供依据。

6. 发动机滑油分析

各种机械装置中的运转部件,由于接触表面相互运动的摩擦作用,必然会造成机件的磨损,并且随着运行时间的增长,磨损会不同程度的加剧,如果不能准确了解并监控机件的磨损状态,就很可能造成轴承破损、传动轴断裂等严重缺陷,导致转子卡滞、传动失效等严重故障的发生,甚至引发恶性事故。据统计,在一般运转机件的失效形式中,磨损失效占 80% 以上。

由于磨损发生在机械的内部,直接监视判断其状态比较困难,但对于一般的机构来说,都采用了滑油对运转部件进行润滑和降温,当运转机件磨损时,产生的磨粒进入滑油中。滑油所携带的磨粒是监控运转机件磨损状态的重要信息源,是揭示磨损表面的损伤机理、诊断磨损过程和磨损类型的重要依据。对滑油本身及其所携带的磨损微粒进行监测分析,可有效地监控机械的磨损状态,预防磨损故障的发生,提高机械工作的安全可靠性;并且可对机械的磨损故障进行诊断,确定磨损的严重程度和故障部位,从而指导制定最有效、最经济的维修方案。图 14-7 示出的是通过磁堵收集的颗粒,该颗粒可以送到专门的实验室进行化验,以确定损伤的部位。

M50轴承材料

图 14-7　磁堵收集的颗粒样本

　　监测滑油压力、温度、滑油滤压差和利用磁性堵头判断滑油中金属屑末含量等已在航空燃气涡轮机上应用很久。这种方法简便,但反应不灵敏,难以用来预诊,更不易进行故障定位,较为有效的办法是滑油抽样检查。抽样检查有过滤检验、光谱分析、铁谱分析等方法。

　　滑油滤与磁堵碎屑监控:根据油滤和磁性金属微粒探测器(简称磁探)所截获的金属与非金属碎屑的形状、大小、数量来判断机械损坏与磨损的状态。

7. 叶片打磨和更换叶片

　　燃气涡轮发动机工作期间,外来物被发动机吸入或内部部件脱落以及掉块冲击叶片并造成损伤,称为外来物损伤或内物损伤(FOD 或 DOD)。如果损伤较小不超过可以接受的限制值或损伤区域可修复,则可以对其在翼修复后继续使用。典型的叶片表面损伤有压坑、划伤,维护手册中有损伤深度、损伤长度和按叶片允许的总损坏规定,通常通过打磨的方式修复损伤叶片。叶片打磨是在发动机装机情况下进行的一种修复方式,它主要用于风扇叶片和压气机叶片损伤的修复。叶片在翼打磨,由孔探仪配合打磨工具来完成,磨掉少量的损伤再修其轮廓后可继续使用。

叶片更换要求换装动量矩相同的叶片,在叶片根部有该数据。转子能够无振动运转,其彼此相对的叶片应产生同样的离心力。离心力取决于 3 个因素:转子转速、叶片质量和叶片重心与转轴的距离。在有偶数叶片的压气机上,一个叶片损坏,同时更换对称的两个叶片;在有奇数叶片的压气机上,一个叶片损坏,同时更换对称的 3 个叶片,保持转子平衡。如果仍不能平衡,则需要用平衡重量校正。

8. 发动机风扇配平

如图 14-8 所示,在航空发动机使用中由于叶片移位、变形、变脏和磨损等原因会导致其风扇振动会随着时间变化逐渐增大,高振动会降低发动机整机及部件的可靠性;同时也会影响发动机的性能,加速发动机性能衰退;高振动还会在客舱中出现很大的噪声,降低飞机的舒适性,因此我们必须将发动机振动维持在一个较低的水平。

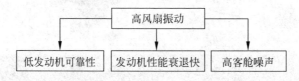

图 14-8　风扇配平的作用

当发动机振动较大时,需事先确认不是结构损坏原因造成的高振动后再对发动机风扇进行配平,从而减小风扇振动,提高发动机轴承可靠性、发动机使用经济性,增加发动机在翼时间、降低维护和大修成本,同时改善发动机安全性、飞机的乘坐舒适性等。

对发动机风扇进行配平的目的是使发动机的振动大小回到一个相对能够接受的水平,风扇配平方式通常有两种:①静态配平;②动态配平。通常更换风扇叶片或其他部件造成不平衡时,先进行静态配平,如有必要然后再进行动态配平。

风扇静态配平方法适用于更换风扇叶片后的静态平衡计算,其方法是通过对比更换前后风扇叶片的动量矩来计算不平衡重量大小和方向,再根据不平衡重量的大小和方向按照飞机维护手册选取适当的配平螺栓进行配平。为减少因更换风扇叶片而产生的不平衡重量大小,风扇叶片通常是成对更换的,即被损坏的叶片及相反方向对应的叶片均需更换,叶片制造商提供的备件叶片通常也是成套的,每套包含两个重量相近的叶片。在特定情况下也可单个更换风扇叶片,但此时大多需要改变整流锥配平螺栓的大小来保证风扇处于平衡状态。如果只更换一对风扇叶片,一般不需要进行静态配平计算;但如果要更换多对叶片则需要进行动量矩的矢量合成计算,算出最终不平衡重量的大小和方向。静态配平的好坏直接关系到风扇动态平衡状态及其振动水平,在大多数飞机维护手册中均包括风扇静态配平的具体过程及实例。

发动机风扇转子由风扇叶片、风扇轮盘、风扇轴、低压压气机叶片与轮盘、低压涡轮叶片和轮盘及低压涡轮轴等多个部件一起构成,风扇叶片自身的平衡可通过叶片称重后重排或静态配平来实现,但叶片装好后整个转子的平衡状态只有在发动机运转时才能进行检查。在保证风扇静态平衡的情况下,如果运转后发动机振动较大,则同样需要向风扇转子安装配平重量,寻找配平重量大小和位置的过程被称为风扇动态配平。发动机长期使用后出现风扇振动较大或同时更换风扇叶片数超过某一规定数量后均需进行动态配平。有的发动机动态配平只有一个配平面(如 CFM56-5B),位于发动机前端;而有的发动机则有多个配平面(如 CFM56-7B/ CFM56-3),一个配平面位于发动机前端,而另一个则位于发动机后端。风扇配平有 3 种不同的方法:

　　(1) 利用机载振动监控设备(AVM/EVMU)进行配平;

　　(2) 采用三元配平法对发动机风扇进行配平;

　　(3) 利用专门的测试设备进行配平。

　　采用机载振动监控设备进行配平的方法较为简单,但早期的机载振动监控设备只能监控发动机振动大小,不能提供风扇动态配平的解决方案。随着电子技术的发展,当今较为先进的机载振动监控设备都具有配平计算功能,它甚至可以监控某些特殊部件的工作状态,对部件早期损坏进行预先判断,以及时对发动机进行维护。

　　当机载振动监控设备不能有效记录发动机振动数据或机载振动监控设备是早期设备时,通过机载振动监控设备则无法获得配平解决方案。此外,从发动机使用中发现通过机载振动监控设备获得的解决方案有时配平效果并不理想,这时可采用三圆法配平。三圆法是基于其他方法不能进行有效配平的情况下采用的方法,是对发动机实施配平的"最后一道防线",是解决发动机风扇振动问题的最有效方法,也是最复杂的一种方法。它综合考虑了发动机不同部位与不同转速下的振动情况。三圆配平法需要大量绘制矢量图,绘图过程中容易产生较大的累积误差,这会大大影响最终配平效果,更为重要的是过程太过繁琐,因此,该方法并没有得到大量的应用。

　　当发动机某个关键振动传感器失效后,要对风扇进行配平则需在发动机上安装必要的振动测试设备来测试风扇振动然后进行配平计算。每一种动态配平方法在相应飞机维护手册中都有详细介绍。

14.2　发动机送修管理

1. 发动机时寿件管理

　　发动机的时寿件几乎都是转子部件和部分承力结构件和高温框架结构部件,这些部件的工作环境恶劣、工作负荷较大,因此容易出现疲劳。发动机制造商和适航管理部门都规定了这些部件的使用寿命。适航法规对时寿件的设计生产、运行时间/循环数、保存、转移、修理、标示、记录、报废等作了详细要求。为了使时寿件状态的跟踪控制清晰明了,一般对时寿件状态进行单独跟踪记录。记录内容包括时寿件名称、件号、序号、每次安装/拆卸的时间、累积运行的时间/循环数、安装发动机序号、维修记录和相关履历文件等,确保到寿的时寿件不会再次被安装到发动机上。

　　航空公司工程部门根据厂家推荐的维修方案或非例行工作确定发动机的下发和送修计划,并制定送修工作范围。此时,航空公司必须提供一份完整、清晰、准确的发动机时寿件运行的状态清单,并由其授权的质量人员签署。发动机大修厂接到送修人的修理指令后,将要组织专门的工程技术人员对送修人的送修工作范围进行检查、评估,并制定出发动机大修的具体实施工作任务。发动机大修厂事前做修理工作计划时就需要明确时寿件修理、更换的具体要求。根据既定的发动机修理工作范围,确定外送修理计划和时寿件订购等工作。

2. 发动机备件预测

合理的备件订货量是航空公司保持机队持续运力和降低备件储存成本的重要方式,也是备件供应商提供产品支援服务的重要方面。在备件支持服务方面,供应商的产品支援部需向客户提供飞机部附件相关参数,如寿命值、故障率、平均故障间隔等,并为客户进行备件订货提供有效的预测方法。飞机在整个寿命期内要更换的部附件种类繁多,一般可分为不可修理(消耗件)和可修理,由于附件结构原理和工作方式不同,其寿命分布及可靠性有很大区别,这就给准确的备件预测增添了很多障碍。数理统计是处理大样本问题时对规律进行总结和预测的有效方法,产品交付后产生的大量使用数据可以作为评估附件寿命、预测备件需求的有效方法。

备件需求预测模型为

$$S = A.I.P + I.N \sqrt{A.I.P}$$
$$A.I.P = S.V \cdot C.T/T$$

式中：S——需要的备件数目；

$S.V$——一年内送修的次数；

$C.T$——送修周期；

T——一年内的天数；

$I.N$——与可靠性有关的影响因子。

3. 发动机大修管理

一般情况下发动机由于故障、性能衰退、时寿件到期、定时大修等原因,才送到大修厂大修。航空发动机送修模式目前大体上分为小时包修和自行送修两种方式。小时包修能够保证航空公司财务资金流的平稳,但对其基础价格的来源及计算方法航空公司很难谈得清楚,然而在修理厂商签的多数协议中,经常有一些项目会被排除在外,需要由航空公司来负担。如服务通告改装、附件和航线可更换件的修理,以及时寿件的更换等。由于对这些内容的忽视,结果导致航空公司要承担一些预算之外的巨额开支。将发动机单台送修或者制定维修工作包后选择维修厂进行维修,这种自行送修的模式如果维修工作范围制定的恰当,将为航空公司省下大笔费用,因此这种方式在国内航空公司中占有较大的一块市场。在这种模式的送修过程中,发动机的维修成本费用存在着较大的空间,特别是机队规模较大的航空公司。

如果航空公司选择自行送修的方式对发动机进行送修,那么工程师首先面临的问题是确定发动机的送修等级。由于现在主流的民用发动机都采用了单元体的结构设计,因此确定发动机送修等级就成了确定单元体的送修等级。单元体等级确定了,对应的单元体维修工作范围也就确定了,所有单元体的维修工作范围就构成整机的维修工作范围。通常来说,单元体的维修级别越高,相应的维修成本也越高,修后的效果越好。航空公司和维修单位历来都很重视单元体的维修级别的制定,航空发动机单元体的送修等级制定得合理与否对送修成本及性能有着直接的影响,如欠维修导致最终不能满足整机的送修目标,过维修有可能会增加航空公司的送修成本。由于航空发动机单元体的送修等级决策作为航空发动机翼下管理的一个重要方面,对发动机修后的性能、在翼寿命及航空公司的整个成本的控制有着重要的影响,因而逐渐地引起越来越多的工程技术人员和学者的重视,成为维修工程里面一个重点探究的问题。

送修等级决策理论是现代维修策略与决策科学的高度融合,其核心问题主要是研究在各种维修策略下,在保证整个系统安全性和可靠性的前提下,对成本和收益进行综合权衡,确定和调整维修时机、维修目标和维修计划,实现及时、有效和经济的维修。因此对航空发动机送修等级决策问题进行深入研究对于航空公司的正常运营、成本控制等有着重要的现实意义。航空发动机单元体送修等级决策研究的主要问题有发动机的在翼寿命决策、性能衰退、时控件、成本控制等。

目前国内一些航空公司和高等院校也对航空发动机送修等级决策进行了研究,研制了相应的计算软件和预测模型。现有的维修等级研究大多数都集中在机械设备的维修方面,如通过数据挖掘技术来确定维修等级,基于送修历史案例的送修等级决策方法,航空发动机维修灰色模糊决策方法,根据历史经验和通过采样对叶片维修策略的选择,灰色系统理论的维修等级分析方法。国外目前关于发动机维修等级及维修策略的研究相对比较多,如Abdel-Hammed 提出的维修和更换模型,Sherif 和 Smith 提出的基于失效的维修决策模型,GE、普惠、罗罗等世界著名的航空发动机研制公司对送修等级都有相关研究,如 CFM56 发动机的维修计划指导(maintenance planning guide,MPG)和维修计划范围指导文件,其中对等级的决策和维修范围的制定过程都有详细的说明和介绍,以此来帮助发动机工程师更合理、更有效地决策发动机的送修等级。

维修策略目前主要分为预防性维修策略、基于失效的维修策略、基于设计的维修策略。在有的情况下,航空发动机送修工作范围也被称为送修工作包,维修工作范围是指发动机在一定的维修等级下所需要执行的全部维修工作。在送修前我们不仅要知道是哪一台发动机要进行送修,还要知道相应的下发日期、下发原因、LLP 信息、滑油信息以及发动机的性能状况,以此来制定发动机维修范围,对发动机维修范围的优化也就是对发动机单元体送修等级的优化,维修范围的大小直接受维修等级的影响,制定维修等级的最终目的也就是为了知道发动机的工作范围。

当各个单元体的送修等级确定以后,相应单元体的送修工作范围就随之确定了,各个单元体的送修工作范围也就构成了整机的送修工作范围,具体的送修范围组成包括要执行的AD 清单、要执行的 SB 清单、各个单元体的送修范围清单、发动机送修后的使用目标以及发动机的大修费用/周期等,如图 14-9 所示。

在制定《发动机修理工作包》时,应充分考虑发动机机队的在翼时间和在翼使用情况、机队的备发状况、机队的短期和长期需求、发动机修理的经济性等方面的因素,同时应参考发动机 OEM 厂家的"维修工作范围计划指南(WPG、EMMP 或 MPG)",FLEET HIGHLITES(CFM),VIS(IAE)、SIR(PW)和 RR 的可靠性报告,航线孔探报告,发动机性能监控报告(或性能排队报告),发动机/单元体时间报表,适航指令(AD)、发动机制造商的服务通告(SB)、服务信函(SL)的执行状态等制定客户化的发动机维修方案(customized engine maintenance program)。该方案是制定发动机修理工作包的依据文件。

《发动机修理工作包》包括"发动机/单元体修理工作要求"和"发动机附件/QEC 工作指

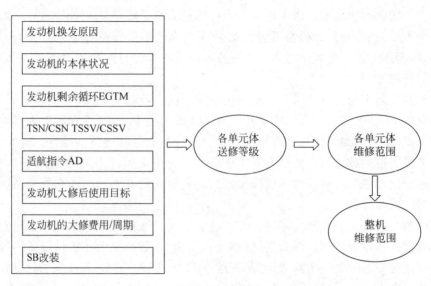

图 14-9　航空发动机送修等级与送修工作范围的关系

令"。在制定《发动机修理工作包》时，还需要对寿命件更换进行评估，明确需要更换的寿命件清单。在发动机修理过程中，可根据实际检查结果对大修工作范围进行适当调整。

对于修后发动机，在发动机返回前，需根据《发动机的送修工作包》（包括在修理过程中调整或修改的部分）完成发动机的物理验收和技术文件验收，内容包括：检查适航放行文件；检查发动机时寿件技术文件；检查发动机适航指令/服务通告的完成状态，要符合发动机送修工作包的要求；检查发动机单元体及主要零、附件的修理工作是否满足发动机送修工作包的要求。验收合格后应根据承修厂家提供的数据对发动机寿命件（LLP）等信息及时进行更新。

14.3　发动机性能管理

发动机性能以排气温度裕度（exhaust gas temperature margin，EGTM，或称 EGT 裕度）或外界温度限制值（out air temperature limit，OATL）来衡量，可通过远程监控平台或监控软件计算获得排气温度裕度，如图 14-10 所示。

随着发动机性能衰退，EGTM 降低，外界大气温度限制值也会减小，如图 14-11 所示。当 EGTM 为负或 OATL 小于平额定功率温度时，在使用全功率起飞时排气温度可能超过最大允许极限值，从而损坏发动机，因此发动机 EGTM 大小通常作为航空公司执飞航线选择和性能换发依据，对于执飞高高原航线或 ETOPS 要求的发动机 EGTM 具有更高的要求。

发动机出现性能衰退是由于多种原因造成气流在发动机内部的流动损失增大，主要体现在两方面：内部气流通道的叶片表面或机匣出现较多的附着物；叶片或机匣几何形状的改变（如叶片变形、叶尖间隙增大、烧蚀等）和内部封严磨损。对于因表面附着物造成的性能下降可通过气路清洗的方法进行在翼性能恢复，而硬件几何形状改变或磨损则只有通过发动机翻修的方法进行恢复。预防因几何形状改变所引起的性能衰退有效办法包括：减推力起飞；足够的冷、暖车时间；减少环境因素的影响（定期清洗发动机等）。

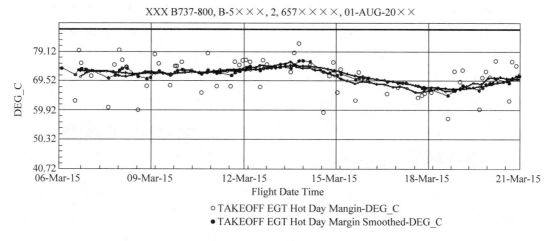

图 14-10 远程性能监控计算的某发动机 EGTM

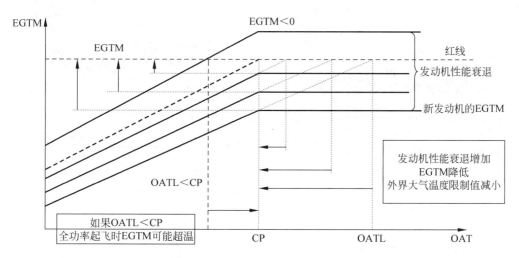

图 14-11 发动机性能衰退对 EGTM 及外界大气温度极限值的影响

1. 发动机气路清洗

轴流式压气机的发动机外场气路清洗是恢复性能、延长发动机在翼时间、降低燃油消耗率的有效方法之一,它常被用在由于外来物在压气机或涡轮转子和静子叶片以及机匣上的沉积累计造成性能退化的发动机上。外场清洗首先做好必要的准备,需要拆掉一些附件设备;断开发动机部分管路并封住其开口;向滑油系统加入适量的防止内部轴承、齿轮等部件腐蚀的防腐油等。在大多数型号的发动机上进行清洗是由启动机运转压气机(干冷转)实施的,清洗期间应关闭飞机引气系统。清洗完成后应将发动机恢复到正常的准备运转状态,然后进行试车烘干,试车时需打开飞机引气系统运转足够长的时间,避免随后执行航班时驾驶舱和客舱出现水雾或异味。

发动机气路清洗有两种方法:清水清洗和采用清洗剂进行清洗。如果发动机内部不是特别脏时一般都采用清水清洗,对于清洗发动机所用的清水具有一定的要求(如水中颗粒物的含量、大小等)。在采用清洗剂进行时,所选取的清洗剂类型取决于特定的发动机型号。发动机清洗方法和清洗时间间隔取决于清洗的效果,不同使用环境、不同用户选取的标准可能存在差异,一般以排气温度裕度(EGTM)恢复量来衡量清洗效果。清洗完后需及时将信息反馈到发动机状态监控系统中,避免系统告警,并密切关注 EGTM 的变化情况以确定清洗效果,如图 14-12 所示。

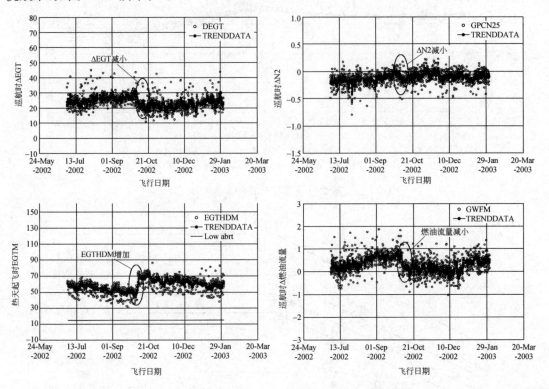

图 14-12　发动机气路清洗对 EGTM 和其他参数的影响

2. 大修性能恢复

大修包括对发动机每个单元体的完全分解、更换零件和再装配。任务有清洗、裂纹检查、尺寸检查、静态和动态平衡、轴承腔压力检查、滑油喷嘴流量检查、叶片的力矩称量等。

大修的目的是修复一台发动机,使它能符合新发动机性能验收极限而且还能保持相同的可靠性,从而有能力完成另一个寿命期的运行。通过分解发动机,检查零件的状态,并决定更换和修理那些可能会因衰减而降低性能或在下次翻修前不能保持可用性状态的零件来达到此目的。

翻修间隔时间的长短随发动机的型号不同而有很大的不同,它是根据经营者、适航当局和制造厂商讨论的结果来确定,从特定发动机系列、使用类型、利用率以及有些时候的气象条件等取得的全部经验均应纳入考虑。如欲延长翻修间隔时间,适航当局可能要考虑经营者的背景,它的维修设施及其维护人员的经验。

发动机大修对 EGTM 的恢复多少取决于维修的深度,全大修工作范围一般可将裕度恢复到新发动机的 70%～80%(见图 14-13),有些发动机可能还会更高。在整个发动机性能衰退中,由于高压系统引起的衰退占 85%～90%,其中高压压气机的衰退又占到核心机主单元体性能衰退的 50% 以上,剩余部分则由热端部件的衰退造成。

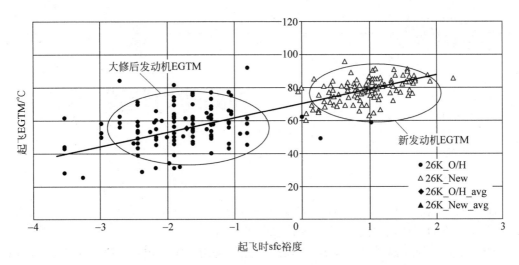

图 14-13　某型发动机的大修性能恢复与新发动机 EGTM 的比较

因此在制定发动机大修工作包时,应充分考虑各单元体对发动机性能的影响,并结合发动机时寿件和维修成本,选择最佳的维修方案。

第15章

辅助动力装置

辅助动力装置(auxiliary power units,APU)的核心部分是一台小型的燃气涡轮发动机,安装在飞机的尾部,为飞机和发动机提供气源和电源。

APU主要在地面提供气源和电源,在空中提供备用气源和电源,现在的双发动机飞机要求APU在一定的飞行高度下也可以提供正常的气源和电源。在地面发动机未启动时,APU提供的气源和电源可以保证客舱和驾驶舱内的照明和空调,以提供一个舒适的客舱环境。用APU启动主发动机,可以不依靠地面气源车和电源车。双发动机飞机在起飞和爬升过程中使用APU,可以使发动机功率全部用于地面加速和爬升,改善了起飞性能。通常在飞机爬升到一定高度(一般为5000m)后APU关闭。但在飞行中当主发动机空中停车时,APU可在一定高度(一般为10 000m)以下的高空中及时启动,为发动机重新启动提供动力。现代化的大、中型客机上,APU是保证发动机空中停车后再启动的主要设备,直接影响飞行安全。降落后,仍由APU供应电力照明和空调,使主发动机提早关闭,节省了燃油,降低了噪声。因此APU是飞机上一个重要的不可或缺的系统。

15.1 APU 的组成

APU由三个主要部分——动力部分、引气部分和附件齿轮箱部分组成,如图15-1所示。

和所有的燃气涡轮发动机一样,APU的动力部分包括压气机、燃烧室和涡轮,其作用是产生动力驱动负载压气机和附件齿轮箱工作。APU动力部分结构形式的选择主要考虑APU的特点和尺寸限制,压气机的主要功用是提供增压空气用于燃烧,主要使用1级或2级离心式压气机,这种压气机性能好、寿命长、尺寸短和不易被外来物损伤。现代APU的燃烧室通常使用环形回流式燃烧室,但在早期APU上使用单管燃烧室。在小型APU上使用径向内流式涡轮,现代大型APU上使用2级或多级轴流式涡轮。为保证APU的正常工作,动力部分和主发动机一样也包括燃油、滑油、空气、启动和点火等系统。

APU的引气部分需要为飞机和发动机提供30~45lbf/in^{2}的引气。APU的引气供应有两种不同的方法,一种是从动力部分的压气机引气,另一种是从单独的负载压气机引气。具有单独负载压气机的APU效率高、寿命长,这是因为当飞机不需要引气时,可以断开负载压气机,动力部分的工作负载小,相应的EGT低。进入负载压气机的空气由可调进口导向叶片控制,可以根据飞机气动系统的需求改变引气空气量。

APU的附件齿轮箱上装有启动机、交流发电机、燃油泵、滑油泵、转速表发电机、冷却风

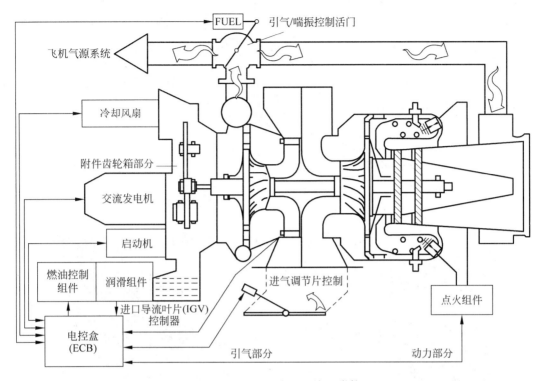

图 15-1 APU 的主要组成和附件

扇等。附件齿轮箱驱动的一个或两个与发动机发电机相同型号的交流发电机为飞机提供备用电源,因为 APU 工作在恒速状态,所以 APU 发电机不需要恒速驱动装置。

15.2 APU 的部件和安装

15.2.1 APU 的部件

APU 安装在飞机尾部,作为 APU 的支撑和整流罩的尾锥与机身结构相连。APU 及其部件包容在设备舱、APU 舱和消声舱内,如图 15-2 所示。APU 部件如进气门作动筒、灭火瓶、燃油供油管和引气导管位于设备舱。APU 本体位于 APU 舱,APU 舱内的防火墙用于防止高温火焰对机身的影响。APU 的排气管、排气消声器、热屏蔽、消声器夹和密封环位于消声舱,排气消声器用于降低排气噪声,热屏蔽保护周围区域和设备抵御排气引起的热辐射。

APU 的排气有两种不同类型,一种是使用排气消声器密封环阻止任何排气漏进 APU 舱,密封环也防止空气进入 APU 舱引起着火;另一种形式是空气冷却系统,排气由排气管排出的同时起到引射作用,周围的空气被引射进入排气消声器和热屏蔽之间的环型通道,起到冷却消音舱的作用。

在后机身底部的 APU 检查门用于接近 APU 进行勤务和维护工作,通常大飞机是一个双开的大检查门,小飞机是一个单开的小检查门,如图 15-3 所示。打开检查门上的所有锁扣后,APU 检查门由于自重打开并且很容易推到全开位,安装在检查门内侧的撑杆可以将检查门固定在最大打开位,连接到机身铰链上的快卸销用于迅速拆装检查门。

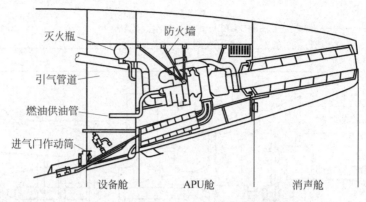

图 15-2　APU 的设备舱、APU 舱和消声舱

图 15-3　双开和单开的 APU 检查门

15.2.2　APU 的安装

　　APU 安装杆连接到 APU 舱内结构的安装点上，APU 连接到安装杆的三个安装节上，其中左后安装节是固定的，右后和前安装节是浮动的（允许热膨胀下的有限移动）。所有安装节可以从 APU 传递垂直载荷到飞机结构，左后和右后两个安装节可以从 APU 传递轴向载荷到飞机结构，左后安装节可以从 APU 传递横向载荷到飞机结构，如图 15-4 所示。

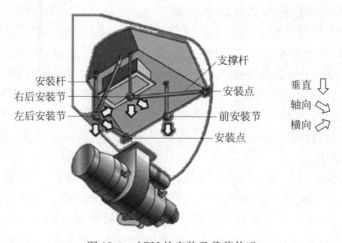

图 15-4　APU 的安装及载荷传递

　　每个安装节内都有减振组件(弹簧或振动阻尼器),以减小 APU 振动对机身结构的影响。锥形支架和锥形螺栓支持 APU,螺纹保护器确保在 APU 拆装时不会损坏锥形螺栓的螺纹,如图 15-5 所示。

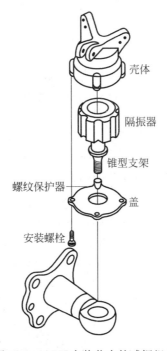

壳体

隔振器

锥型支架

螺纹保护器

盖

安装螺栓

图 15-5　APU 安装节内的减振组件

　　APU 大修时需要用起吊设备将 APU 从飞机上拆下,首先将起吊设备连接到 APU 舱顶部和侧墙支架上,然后把起吊设备的钢缆固定到 APU 上,从飞机上断开所有 APU 接头,松开锥形螺栓螺母,将 APU 慢慢放到地面的 APU 台架上,如图 15-6 所示。

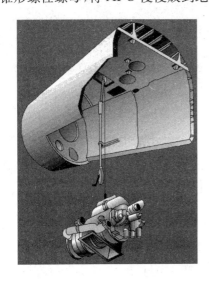

图 15-6　APU 的起吊设备和台架

另一种将 APU 从飞机上拆下的方法是使用液压升降车、一个转换器和一个维护平台。将维护平台连接到液压升降车上，再将转换器连接到维护平台上，升起液压升降车，将转换器与 APU 连接起来，从飞机上断开所有 APU 接头，松开锥形螺栓螺母，降下液压升降车，即完成了将 APU 从飞机上拆下的工作。

15.2.3 APU 进气

APU 进气系统的主要部件是空气进气门、进气门作动筒和进气道。空客飞机的 APU 进气门在飞机尾部的下面，如图 15-2 所示；波音飞机的 APU 进气门在飞机尾部机身的右侧面，如图 15-7 所示。

APU 工作时进气门打开为 APU 供应空气，当 APU 停止工作时进气门关闭，进气门的设计应能防止外来物进入 APU 并减少飞行时的空气阻力。28V 直流电动作动筒，打开或关闭 APU 进气门，APU 进气门也可以手动超控打开。APU 进气门的位置由位置电门监视，确保 APU 只能在进气门打开时运行。随着进气门的打开或关闭，位于进气门前部的调节片通过一个推拉钢索偏转，其作用是增加进入进气道的冲压空气，防止进气道的气流扰动，阻断沿着机身蒙皮流动的液体进入进气道，减少火灾的危险，如图 15-8 所示。APU 进气道由进口端部、管道和空气进口弯管组成，APU 进气道是一个扩散通道，引导空气进入 APU 并增加空气的静压，空气进口弯管内的进口导向叶片有助于改善空气的流动，进气道和飞机结构间的弹性密封确保气流平滑地进入进气道，也用做防火密封。

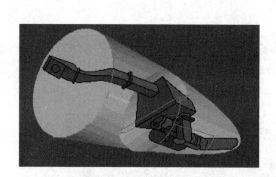

图 15-7 波音飞机的 APU 进气门

图 15-8 APU 进气门调节片

15.2.4 APU 余油排放系统

APU 余油排放系统的主要作用是汇集来自 APU 关键区域的液体泄漏和 APU 停车后排气管内的冷凝水并排放到机外，防止发生火灾和腐蚀。典型的 APU 余油排放系统如图 15-9 所示。

有两种类型的排放口：直接排放口和间接排放口。直接排放口汇集 APU 舱泄漏的 APU 动力部分外部的漏油和通过引射器进口进来的其他液体，通过排放管直接排放到机外。间接排放是将来自燃油控制组件密封、防喘控制活门密封、IGV 燃油作动筒密封、负载压气机封严和 APU 湿启动后燃烧室最低点的燃油等处的漏油，首先排放到专门的放泄油箱，放泄油箱内的排放竖管在飞行期间把液体排放到机外，排放竖管内的通风管用于补充放

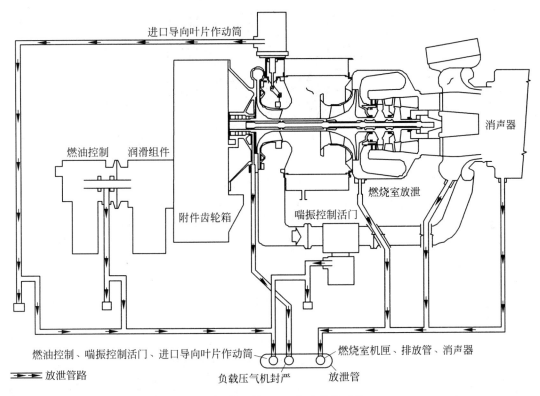

进口导向叶片作动筒

消声器

燃油控制　润滑组件

燃烧室放泄

附件齿轮箱　　喘振控制活门

燃油控制、喘振控制活门、进口导向叶片作动筒　　　燃烧室机匣、排放管、消声器

负载压气机封严　　放泄管

放泄管路

图 15-9　典型的 APU 余油排放系统

泄油箱内的空气。

15.3　APU 系统

15.3.1　APU 燃油系统

APU 燃油系统包括从飞机燃油箱到 APU 燃油控制器的低压燃油系统和从燃油控制器到燃油喷嘴的高压燃油系统。APU 高压燃油系统与主发动机的高压燃油系统是一样的，这里我们只介绍 APU 低压燃油系统。APU 低压燃油系统的功能是将燃油从飞机油箱输送到 APU 燃油控制器，通常左主油箱为 APU 供应燃油，其他油箱通过燃油交输导管也可以为 APU 供应燃油。典型的 APU 低压燃油系统的主要部件包括 APU 燃油增压泵、燃油关断活门、供油管路和压力电门，如图 15-10 所示。

1. APU 燃油系统的工作

启动 APU 时，APU 控制组件开始工作，打开燃油关断活门，启动 APU 燃油增压泵为 APU 燃油控制器供应燃油。大多数现代飞机当 APU 燃油增压泵前压力过低（相应的油箱增压泵没有工作）时，APU 燃油增压泵工作；当 APU 燃油增压泵前压力满足要求（相应的油箱增压泵工作）时，APU 燃油增压泵停止工作，这种设定控制 APU 燃油增压泵只在需要时才工作，增加了 APU 燃油增压泵的使用寿命。也有一些飞机，在 APU 启动期间（不管

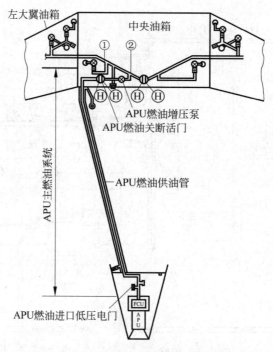

图 15-10　典型的 APU 低压燃油系统及部件

APU 燃油增压泵前压力高低）APU 燃油增压泵一直工作，当 APU 达到 95％转速时才停止工作。任何紧急停车信号都将使 APU 燃油增压泵立即停止工作。

2. APU 燃油系统的部件

1）燃油增压泵

APU 低压燃油系统有一个 APU 燃油增压泵，每个油箱中还有两个燃油增压泵，APU 燃油增压泵是否工作取决于油箱增压泵是否工作和飞机的种类。APU 燃油增压泵不工作时，油箱增压泵供应燃油旁通 APU 燃油增压泵到 APU 高压燃油泵。APU 燃油增压泵是电动离心泵，波音飞机通常使用直流电动泵，由单独的 APU 电瓶或由正常的飞机电瓶经电瓶电门供电；空客飞机通常使用单相交流电动泵，由电瓶经静变流机供电。在大多数飞机上，APU 燃油增压泵位于中央油箱的后墙上或者在左侧内主油箱的后梁上，其内部有一个单向活门，保证在拆卸燃油增压泵时油箱内的燃油不会泄漏。APU 燃油增压泵的工作状态在驾驶舱的 APU 燃油系统页面上通常没有指示。

2）燃油关断活门

APU 燃油关断活门通常位于 APU 燃油增压泵的附近，受 APU 控制组件的控制，连通或关断飞机油箱到 APU 的供油管路。燃油关断活门通常是直流电控活门，本体上有一台或两台直流电马达和一个内部阀芯。在有些飞机上，燃油关断活门上有一个手动超控手柄，可以手动将活门置于打开或关断位置。在驾驶舱的 APU 燃油系统页面上通常有燃油关断活门的位置状态指示。

3）供油管路

APU 供油管路开始于中央油箱的上壁并沿着主轮舱的舱顶，通过主轮舱后部的密封隔框,沿着机身的左侧后货舱的侧壁衬垫后面,再穿过后密封隔框并沿着机身左侧的内侧壁进入 APU 舱。在油箱和 APU 舱之间的增压客舱中,APU 供油管路有管套,用于收集和排出泄漏的燃油。空气从 APU 舱附近的通风进气口处进入管套,使得泄漏的燃油可以在 APU 排放竖管中排走。在油箱区和 APU 舱内,燃油管路没有管套,因为在油箱内的泄漏对安全没有任何影响,而 APU 舱内有独立的燃油放泄系统。

4) 压力电门

在 APU 燃油系统中,通常有两个压力电门。位于 APU 燃油增压泵进口的压力电门监测油箱供油管路压力,当供油压力低于设定值时启动 APU 燃油增压泵。位于 APU 低压燃油系统出口的压力电门监测 APU 高压燃油系统的供油压力,当燃油压力低于设定值时在驾驶舱的 APU 系统页面上显示低压警告。

15.3.2 APU 空气系统

APU 空气系统包括引气和冷却两个子系统。空气引气子系统的任务是供应引气、防止喘振和控制负载压气机(如果 APU 有负载压气机)的工作。空气冷却子系统的任务是使用 APU 进口空气冷却 APU、APU 舱和一些 APU 部件(滑油冷却器、交流发电机等)。

1. APU 引气供应

APU 引气供应系统的主要部件是引气活门,引气活门通常是由电磁控制、气动(或电动马达)作动的。启动 APU 后,当 APU 转速达到或高于 95% 时,将 APU 引气电门置于 ON 位,APU 控制组件控制打开引气活门。APU 正常停车时,APU 控制组件控制引气活门关闭,APU 在无负载状态下继续运转一段时间,经正常冷却后停车。

气动作动的 APU 引气活门包括电磁活门、活门作动筒和活门位置电门,如图 15-11 所示。当引气电门在 ON 位时电磁活门通电,来自 APU 动力部分压气机的引气通过电磁活门进入活门作动筒克服弹簧力打开引气活门,活门位置电门感受引气活门的实际位置并传送信号到 APU 指示系统,在大多数飞机上也传送活门位置信号给 APU 控制组件用于系统控制和排故。当飞机不需要引气时,将引气电门置于 OFF 位,APU 引气活门上的电磁活门断电,活门作动筒内的空气通过电磁活门上的一个限流小孔排出,引气活门在弹簧作用下慢慢关闭,使燃油调节与引气量的减少相适应,避免压气机喘振或转速振荡。APU 停车时引气活门是关闭的。

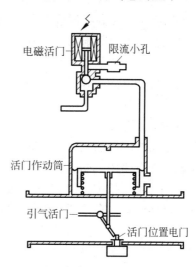

图 15-11 APU 引气活门的控制

2. 负载压气机控制

APU 在大多数运行条件下,可以同时提供气源和电源,但如果只需要电源时可以将气源断开,为此许多新型 APU 有独立的负载压气机系统,负载压气机与 APU 转子轴同轴转动。当关断 APU 引气时,负载压气机可调进口导向叶片关闭,负载压气机随 APU 转子轴空转,工作负载很小,EGT 明显下降,降低了燃油消耗,提高了 APU 的使用寿命。

　　负载压气机控制系统的主要部件包括可调进口导向叶片(IGV)、带有机械传动组件的 IGV 作动筒和 APU 控制组件，如图 15-12 所示。APU 控制组件比较指令信号和 IGV 的实际位置信号，输出控制信号到 IGV 作动筒上的力矩马达，使作动筒移动 IGV 到正确的位置，控制进入负载压气机的空气量。

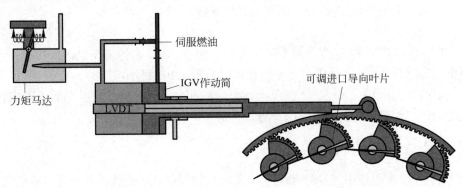

图 15-12　带有机械传动组件的 IGV 作动筒

　　当 APU 引气活门关断时，APU 控制组件输出到力矩马达的电流信号为零，力矩马达内的挡板关闭作动筒的喷射嘴，作动筒两边的伺服燃油压力相同，由于作动筒左边的活塞面积大于右边的活塞面积，活塞向右移动。作动筒的活塞杆连接到一个环形内齿轮元件，该内齿轮通过与固定在 IGV 上的扇形外齿轮的啮合，将 IGV 置于关闭位置。当打开 APU 引气活门时，APU 控制组件输出到力矩马达一个高电流信号，力矩马达内的挡板倾斜打开作动筒供油管路上的喷射嘴，作动筒活塞左边的燃油经喷射嘴流出，又由于阻尼小孔的作用，作动筒左边的燃油压力小于右边的燃油压力，活塞向左移动，带动环形内齿轮与扇形外齿轮啮合逐渐打开 IGV。作动筒内的线性电压位移传感器(LVDT)将 IGV 的实际位置反馈到 APU 控制组件，当 IGV 到达要求的位置时，APU 控制组件输出到力矩马达的电流信号减小，力矩马达内的挡板回到中间位置，逐渐关小了作动筒供油管路上的喷射嘴，增加了作动筒活塞左边的燃油压力，直到作动筒两边的液压作用力相同时活塞停止运动。作动筒的工作燃油来自 APU 燃油泵，力矩马达内通过喷射嘴流出的燃油也回到 APU 燃油泵。

　　APU 控制组件根据飞机所要求的引气量、APU 的 EGT 和外界空气环境参数为 IGV 选择最佳位置。在 APU 停止工作和启动期间 IGV 处于关闭位置，当 APU 转速达到 95% 后，如将 APU 引气开关置于 ON 位，APU 控制组件将控制 IGV 移动到部分打开位置。当启动发动机和客舱冷却时，需要有最大的引气量，APU 控制组件控制 IGV 到完全打开位置。但当 APU 的 EGT 将要超限时，APU 控制组件控制 IGV 稍稍关小以减少 APU 的负载。当飞机在飞行中使用 APU 时，IGV 的位置会随着空气密度的减小逐渐开大以满足引气量的要求。

3. APU 喘振防护

　　当引气负载和外界空气环境参数变化时，APU 压气机可能发生喘振现象，防止压气机喘振的有效方法是及时放出堵塞在压气机出口的空气。

　　喘振防护系统感受负载压气机引气管道中气流流量的变化，当气流流量降低或停止时，打开位于负载压气机引气管道的旁通排气管道中的喘振控制活门，防止压气机喘振，如

图 15-13 所示。测量引气流量的流量传感器安装在负载压气机的引气管道中,通过测量引气气流的总压和静压计算出气流的流量,并将流量信号转换为电信号送到 APU 控制组件。APU 控制组件比较喘振控制活门的要求位置信号和实际位置的反馈信号,输出控制信号到喘振控制活门上的力矩马达,来自动力部分压气机的气动压力打开喘振控制活门到要求的位置,使来自负载压气机的一部分引气通过喘振控制活门排放到 APU 排气管道。

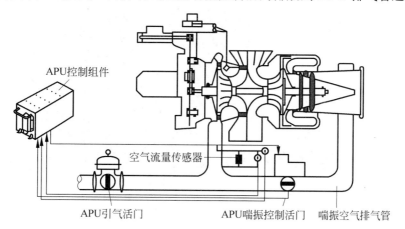

图 15-13　有负载压气机的 APU 喘振控制系统

有些 APU 将引气活门和喘振控制活门组合为一个引气/喘振活门,如图 15-1 所示。当正常引气时活门控制全部空气供应给飞机系统,当探测到喘振可能发生时活门控制全部空气排放到 APU 排气管道。

因为 APU 总是运行在 100% 转速,一定的引气量对应一个 IGV 的位置。当飞机引气量减小时,APU 控制组件比较 IGV 位置和引气流量的关系,当引气流量低于 IGV 位置所对应的气流流量时,喘振控制活门打开。负载压气机在空气密度小的高空容易发生喘振,因此 APU 控制组件也感受进口空气温度和压力的信号用于喘振防护。

4. APU 冷却系统

APU 冷却系统供应冷却空气到 APU 机匣、APU 舱和 APU 滑油冷却器,在有些 APU 中也为 APU 交流发电机提供冷却空气。

典型的冷却系统主要部件包括冷却空气关断活门、冷却风扇、冷却空气分配和排放管道,如图 15-14 所示。

冷却空气关断活门由来自动力部分压气机的空气压力作动,在 APU 启动期间,当压气机的输出压力达到设定值时该活门打开,为防止 APU 火警时氧气进入 APU 舱,该活门在 APU 停车(压力低于设定值)时关闭。

冷却风扇由附件齿轮箱驱动,该风扇迫使冷却空气到 APU 机匣、APU 舱、APU 滑油冷却器和 APU 交流发电机。为防止由于震动导致的损坏,冷却空气分配管道的一部分连接处是柔性管道。

15.3.3　APU 滑油系统

典型的 APU 滑油系统的功能和主要部件与燃气涡轮发动机的滑油系统基本相同,但为改善 APU 的启动过程,APU 滑油系统中有一个除油活门,在许多 APU 中滑油系统也用

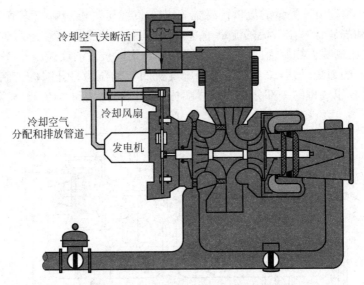

图 15-14　典型的冷却系统主要部件

于冷却 APU 发电机。

1. 供油系统和部件

　　APU 滑油系统有全流量系统和恒压系统两种，大多数 APU 滑油系统是恒压系统，系统中的压力调节活门在 APU 正常运行期间保持滑油压力恒定。

　　APU 滑油系统主要部件包括滑油箱、供油泵、滑油冷却器、滑油滤、供油管道、滑油喷嘴、回油泵和回油管道，典型的 APU 滑油系统如图 15-15 所示。

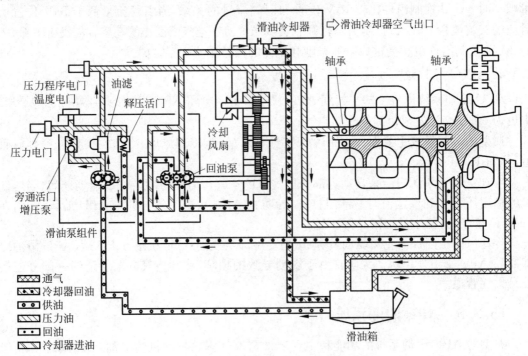

图 15-15　典型的 APU 滑油系统

滑油箱是独立的或位于 APU 齿轮箱的下部空间内,在滑油箱的外面有一个注油管、观察玻璃口、压力注油接头和溢流接头。滑油箱底部的磁性放油塞收集发动机滑油中的金属粒子,磁性放油塞由磁屑收集器和放油塞两部分组成,当仅拆卸磁屑收集器时,内部的单向活门关闭防止滑油泄漏,拆掉放油塞将放掉滑油箱内的滑油,如图 15-16 所示。滑油箱上的滑油油量传感器指示滑油箱内的滑油量,当滑油量低于设定值时在 APU 维护页面和控制面板上有维护信息和维护灯。

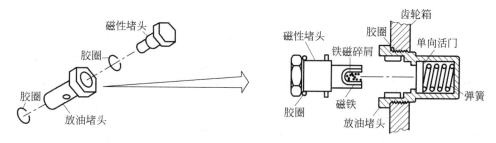

图 15-16　磁性放油塞

供油泵位于附件齿轮箱上,多使用摆线泵、齿轮泵或叶片泵。供油泵的作用是将滑油箱中的滑油以一定的压力供应到 APU 的各个润滑区域,供油泵内的释压活门用于保护滑油系统的部件不被损坏。

滑油冷却器是空气-滑油热交换器,当滑油温度较低时,滑油冷却器旁通活门打开,滑油不经冷却输送到润滑区域。滑油滤的作用是过滤滑油中的污物和金属颗粒,其上的压差电门(或机械式弹出指示销)指示油滤的堵塞状态,当压差电门指示滑油滤堵塞后应及时更换或清洗油滤,否则滑油经旁通活门旁通油滤。滑油的压力和温度对于 APU 的正常工作是非常重要的,位于油滤后的滑油低压电门监测油滤下游的滑油压力,当 APU 在 100% 转速时,如果滑油压力低于设定值,则 APU 控制组件控制 APU 自动停车。位于滑油低压电门后的滑油温度传感器监测滑油温度,如果滑油温度过高,则 APU 控制组件控制 APU 自动停车。

2. 除油系统的工作

为保证 APU 的正常启动,大多数 APU 中有一个除滑油活门。在正常的飞行中 APU 是不工作的,APU 的滑油温度很低,滑油黏度非常大。当 APU 需要在空中启动时,滑油流动的摩擦力很大,必然增加启动机的启动功率,为此在齿轮箱内高于滑油表面的位置设置一个除滑油活门。在 APU 启动的初始阶段,APU 控制组件打开除滑油活门,滑油泵从齿轮箱吸入空气,通过空气与滑油的混合稀释滑油,减小滑油系统内的摩擦力。当 APU 达到启动机脱开转速时,APU 控制组件关闭除滑油活门。如果 APU 达到 100% 转速后,除滑油活门仍未关闭,则滑油压力将低于设定值,APU 控制组件控制 APU 自动停车。在 APU 停车过程中 APU 控制组件再次打开除滑油活门,排空供应管道和回油管道中的滑油,并且减少滑油喷嘴上的积炭。

3. 回油和通气系统

APU 轴承舱的滑油需要在回油泵的作用下返回滑油箱,而齿轮箱的滑油通过重力直接返回滑油箱。APU 轴承舱通常采用篦齿式空气密封,一部分空气会进入轴承舱,空气滑油混合物通过回油和外部通风管道回到滑油箱,由 APU 附件齿轮箱内的齿轮驱动的油气分离器把空气从回流滑油中分离出来,排放到 APU 的排气管道。在有些 APU 的滑油箱通气管内有一个通气活门,该活门的打开压力为 $4\sim5\mathrm{lbf/in}^2$,其作用是帮助供油泵在高空时能正常工作并减少滑油箱内的滑油泡沫。

4. 发电机冷却系统

大多数现代 APU 发电机也使用来自滑油系统的滑油冷却,但有独立的回油系统。其回油系统部件包括回油泵、回油滤和回油管道。安装在 APU 发电机上的滑油温度传感器监测发电机的滑油温度,如果滑油温度过高,APU 控制组件控制 APU 自动停车。有些发电机的回油滤内有压差电门和旁通活门,当压差电门指示回油滤堵塞后应及时更换或清洗油滤,否则随着回油滤的逐渐堵塞,旁通活门将打开,回油经旁通活门旁通油滤直接回到油箱。

15.3.4 APU 启动和点火系统

1. APU 启动系统

典型的 APU 启动系统的主要部件包括控制开关、控制组件、启动继电器、启动机、电源和导线,如图 15-17 所示。控制开关位于驾驶舱,用于 APU 的启动准备、启动和停车。控制组件通常位于飞机的尾部,接收来自控制开关的启动信号并闭合继电器。启动继电器通常安装在飞机的电子设备舱内,控制飞机电瓶与启动机马达间导线的通断。启动机位于 APU 附件齿轮箱上,提供 APU 的启动动力。

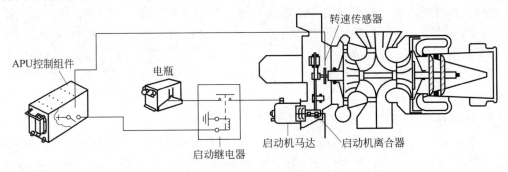

图 15-17　APU 启动系统

APU 启动机有电动启动机、启动-发电机和空气涡轮启动机等类型。大多数 APU 使用直流电动启动机,启动机通常由飞机电瓶、独立的 APU 启动机电瓶或地面直流电源供电。启动-发电机在启动时作为电动机,正常工作时作为发电机。空气涡轮启动机在工作时需要压缩空气气源。

直流电动启动机的主要部件是马达和离合器。电刷型直流马达包括一个带有安装凸缘的机壳、两个电源引线的端子、电刷磨损指示器和一个到控制组件的反馈部件。电刷磨损指示器显示启动机马达上电刷的磨损情况,机械的磨损指示器可以通过观察窗口检查指示器的长度,在大多数现代 APU 上有电刷磨损传感器,当电刷磨损到极限时,送电信号到控制组件。在大多数现代 APU 上,控制组件也监控启动机马达端子上的电压用于排故。例如

APU启动时转速悬挂,此时如果启动机马达端子上的电压过低则说明是启动机电源供应故障,而不是启动机马达的故障。

启动机离合器连接启动机驱动轴到APU齿轮箱传动齿轮。小型APU通常使用安装在齿轮箱内的楔块式离合器,而大型APU通常使用与发动机的启动机相同的棘轮型离合器。启动机马达开始运转时离合器啮合,当APU到达设定转速时离合器自动脱开啮合。有些APU启动机内有为润滑启动机离合器使用的内部滑油收油池,带有内部滑油收油池的启动机上有滑油加油口和滑油排放口。

启动APU时,APU控制组件控制,启动继电器闭合,来自飞机电瓶的直流电提供给APU启动机马达,启动机马达驱动APU转子转动。达到启动机脱开转速时,APU控制组件断开启动继电器,APU启动机断电并逐渐停止转动。APU转子在自身燃气动力的作用下,继续加速到100%转速。

启动APU时,电动启动机的负载非常大,启动机马达的工作电流很高,启动机马达的温升很高(甚至高于气动启动机)。因此在需要频繁启动APU的维护工作期间,必须严格遵守启动机的工作时间、冷却时间和工作周期的限制,确保启动机不会处于过热和过应力状态。

2. APU点火系统

典型的APU点火系统的主要部件包括控制组件、点火激励器、点火导线和点火电嘴。点火系统通常使用来自控制组件的直流电,点火激励器把低电压变换为点火电嘴需要的高电压。在有些APU中,当APU的转速达到设定值时点火系统工作,而在另一些APU中,APU启动时点火系统即开始工作。随着点火系统的工作,燃烧室中的燃油空气混合气被点燃。当APU的转速达到启动机脱开转速或95%转速时,控制组件断开点火系统。

15.4　APU的控制

15.4.1　APU启动前检查

在启动APU之前,必须按照启动检查表来进行安全检查。断开飞机上的所有通电设备,防止当APU供电时这些设备意外工作。将飞机电瓶(或单独的APU电瓶)开关置于ON位,检查电瓶电压(一般应不低于23V)。测试火警警告系统。将APU发电机开关和引气开关均置于OFF位,防止不加控制地为飞机系统供电和供气。将交输引气开关置于自动位,确保当APU引气开关置于ON位时,APU可以为整个气动系统供应引气。将APU两个燃油增压泵开关中的一个置于ON位,为APU供给燃油。

15.4.2　APU启动

APU的启动开关位于驾驶舱的上仪表板上,空客飞机是按键式APU主开关(MASTER SW)和启动开关(START),波音飞机是扳钮式(或旋钮式)APU的OFF、ON和START开关,如图15-18所示。

当需要启动APU时,首先按下空客飞机上的APU主开关或将波音飞机上的APU开关置于START位并保持。APU控制组件开始工作,空气进气门打开,燃油关断活门打开,

图 15-18　空客飞机和波音飞机的 APU 启动开关

燃油增压泵开始工作,ECAM 或 EICAS 上出现 APU 的指示页面(此时转速和排气温度都是零),如图 15-19 所示。

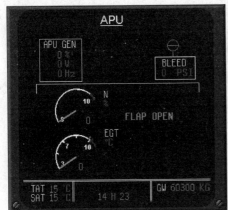
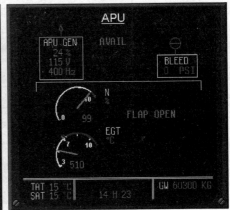

图 15-19　ECAM 上的 APU 启动前和启动后的指示

接下来按下空客飞机上的 APU 启动开关或将波音飞机上的 APU 开关松手(开关自动回到 ON 位)。APU 控制组件开始启动前检查,测试电气线路和传感器(APU 转速传感器、排气温度传感器、低滑油压力电门和滑油温度传感器)的状态,如果测试正常,APU 控制组件控制继电器闭合,APU 启动机工作;如果启动前测试不正常,则 APU 不启动。

启动机工作后,APU 控制组件控制和监视 APU 的加速过程,直到达到 100% 的转速。确保燃油空气混合气在点火最佳状态时点火和供应燃油,并随着 APU 转速的增加供应需要的燃油,最后当 APU 能够安全自运行时,点火装置停止工作,启动机自动断开。

在 APU 启动期间,最重要的指示是电瓶电压、EGT 和转速指示。在有些 APU 中,还必须注意滑油量指示。电瓶电压一般显示在电瓶开关的旁边,在 APU 启动期间,电瓶电压首先应逐渐减小然后又逐渐增加(启动机带动 APU 时,电瓶电压逐渐减小;启动机脱开后,电瓶电压逐渐增加)。EGT 的平稳增加说明燃油增压泵、燃油关断活门、点火启动系统的工作正常,燃油空气混合气在燃烧室正常燃烧。EGT 在 10%~20% 转速期间开始增加,要确保 EGT 在启动期间不能超限。APU 转速的平稳增加说明启动机的工作、点火系统的工作和燃油的计量都是正确的。

15.4.3　APU 控制

APU 的工作主要是为飞机提供气源和电源,因此 APU 的控制(和发动机相比)是相对比较简单的恒速控制。APU 控制组件用三种运行方式来控制 APU:启动方式,从开始启动直到 100% 的转速;恒速工作方式,在工作负载变化时,保持转速恒定;停车方式,监视和控制 APU 停车。典型的 APU 控制如图 15-20 所示。

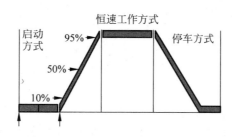

图 15-20　典型的 APU 启动、恒速和停车控制

1. 启动加速控制

APU 控制组件根据 APU 的转速和 EGT 信号,高效、安全地控制 APU 的启动和加速过程。大约在 10% 转速时,点火并供应燃油;大约在 50% 转速时,点火装置和 APU 启动机断开;大约在 95% 转速时,为 APU 正常运行的所有控制和保护电路都已经准备就绪,APU 可以提供气源和电源。以上转速值是典型的切换点,在不同型号的 APU 上可能稍有不同。

在启动加速过程中,APU 控制组件控制燃油计量以确保 APU 在加速过程中 EGT 不超限。在 APU 启动加速过程中,EGT 逐渐增加,在 40%~50% 转速时达到最大值,然后随转速的增加逐渐减小。如果在 APU 加速过程中 EGT 超限,则 APU 控制组件控制 APU 立即停止启动程序。大多数 APU 控制组件也监视 APU 的加速速率,因为长时间的低速会导致热应力过大,因此加速速率太慢 APU 也立即停止启动程序。

2. 恒速控制

在 APU 达到 100% 转速后,APU 控制组件控制 APU 在 EGT 不超限的前提下保持转速恒定。为达到恒速控制的目的,APU 控制组件比较设定转速和来自转速传感器的实际转速信号,然后改变力矩马达的信号以改变燃油计量。

在 APU 正常运行期间,APU 引气负载、电负载、空气进气温度和空气进气压力的变化都会使 APU 转速发生变化。引气负载(如空调系统的工作)和电负载(如电动液压泵的工作)的增加,都有使 APU 转速减小的趋势,APU 控制组件会增加燃油计量保持转速恒定,但相应的 EGT 将增加。空气进气温度过高将使 EGT 超限,空气进气压力的变化将改变空气的密度,因此 APU 控制组件需要空气进气温度和空气进气压力的信号来控制和优化燃油计量。

3. APU 停车控制

APU 有三种不同的停车方式:正常停车、自动停车和紧急停车。

正常停车是当 APU 工作结束后,维修人员将 APU 引气开关置于 OFF 位(关断所有引气负载),在驾驶舱按下空客飞机上的 APU 主开关或将波音飞机上的 APU 开关置于 OFF 位。将油箱燃油增压泵开关置于 OFF 位,有的飞机还要求将电瓶开关置于 OFF 位。如果维修人员直接关断 APU,则 APU 控制组件控制关断引气和电气负载,继续运转一段时间后关断燃油供应,APU 在正常冷却后停车。正常冷却所需要的时间可以由维修人员设定,在 0～120s 之间。

自动停车是当 APU 工作时,主要工作参数超限或重要部件故障,APU 控制组件控制 APU 不经冷却而立即停车。触发自动停车的工作参数限制储存在 APU 控制组件的存储器内,维修人员使用 APU 控制组件内置的测试设备或者在现代飞机上通过在驾驶舱内的机载维护计算机可以读出这些信息。触发自动停车的主要运行极限包括排气温度过高、超速($>105\%n$)、滑油压力过低、滑油温度过高、压气机喘振、两个转速传感器全部失效、两个热电偶全部失效等故障信息。当 APU 自动停车后,维修人员应按下空客飞机上的 APU 主开关或将波音飞机上的 APU 开关置于 OFF 位,查找 APU 自动停车的原因。

当 APU 着火时,维修人员或 APU 控制组件控制 APU 紧急停车。维修人员在驾驶舱或飞机外部易于接近的位置操作紧急停车开关,如图 15-21 所示,APU 不经冷却立即停车。

图 15-21　APU 的驾驶舱灭火按钮和飞机外部的紧急停车开关

驾驶舱的紧急停车开关多为 APU 灭火手柄或灭火按钮,飞机外部的紧急停车开关多位于前起落架、主轮舱或加油勤务面板(依据飞机的类型而不同),如图 15-22 所示。在有些现代飞机上,当飞机在地面上 APU 着火时,APU 控制组件自动控制 APU 紧急停车,大约

图 15-22　位于前起落架或加油勤务面板的 APU 紧急停车开关

3s后APU灭火系统自动实施灭火。

　　在进行所有与APU有关的工作时,为防止人身伤害和/或损坏飞机,必须遵守飞机维护手册(AMM)的安全程序。燃油和滑油是有毒的,应确保使用正确的个人防护。必须等到APU彻底冷却后,才可以接近APU。打开APU检修门工作时,必须系安全带,准备正确的消防设备。

第16章

螺旋桨

螺旋桨属于飞机的推进器(见图 16-1),将发动机旋转轴输出的机械能转化成推或拉飞机向前飞行的动力。发动机与推进器一起被称为航空器的动力装置。

几乎所有早期设计的飞机都使用螺旋桨产生拉力。随着气动科学的进展,螺旋桨的设计从只推空气向后的平板发展到产生升力拉飞机向前的翼型。螺旋桨设计的发展应用新材料可以制造出较薄翼型截面但仍可以保证较大的强度。目前使用的飞机的螺旋桨以铝合金为主要结构材料,也有少量使用木制结构的螺旋桨。通过使用新的叶型、复合材料、多桨叶结构等方式,螺旋桨设计与制造得到进一步的发展。

图 16-1　螺旋桨实物

16.1　螺旋桨的原理

16.1.1　名词术语

为了了解螺旋桨如何产生拉力或推力,必须熟悉一些基本术语和部件名称。所有现代螺旋桨至少包括两个桨叶连接到中心桨毂上。最接近桨毂的桨叶部分称为叶柄,而离桨毂最远的部分称为叶尖,一般定义为最后 6 英寸的那段桨叶。桨毂组件的毂孔将螺旋桨安装在发动机曲轴(活塞式发动机)或减速器组件上(见图 16-2)。

每个桨叶作为转动的翼型产生前向的拉力或推力。所有螺旋桨桨叶有前缘、后缘和弦线。桨叶突起的一面称为叶背,平坦的一面称为叶面(见图 16-3)。桨叶角是螺旋桨旋转平面和桨叶弦线构成的夹角。

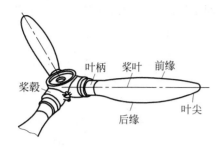

图 16-2　螺旋桨基本术语和部件名称

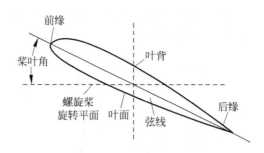

图 16-3　螺旋桨桨叶

允许改变螺旋桨桨叶角的螺旋桨由一组夹环固定到桨毂组件,每个叶柄安装有粗端或凸肩,同桨毂组件的槽配合。在某些情况下,叶柄可能延长超过桨毂组件进入气流流场中,在这种情况下,可安装根套(blade cuff)以改善叶柄周围空气的流动(见图 16-4)。

为帮助沿螺旋桨桨叶长度方向识别特定的点,大多数螺旋桨有几个规定的桨叶站位,作为离桨毂中心的指定距离的参考位置(见图 16-5)。

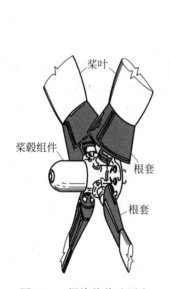

图 16-4　螺旋桨桨叶固定

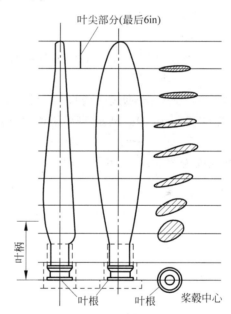

图 16-5　螺旋桨站位

16.1.2　螺旋桨理论

当螺旋桨旋转通过空气时,如同飞机机翼产生升力原理一样,在桨叶的叶背部即螺旋桨前面将会产生低压区。这个低压区同桨叶后面恒压区或高压区间的压力差使螺旋桨产生了前向的拉力。流过螺旋桨的介质对螺旋桨的反作用力在发动机轴线方向的分力称为螺旋桨的拉力。

产生拉力的大小取决于几个因素:桨叶攻角、螺旋桨转速和翼型的形状。

桨叶攻角(又称迎角)是桨叶弦线和相对风的夹角。相对风的方向由飞机通过空气运动的速度和螺旋桨的旋转运动决定(见图 16-6)。

例如,当螺旋桨在静止的飞机上旋转,相对风的方向精确地对着螺旋桨的旋转运动的反方向,桨叶攻角和桨叶角是一样的(见图16-7)。

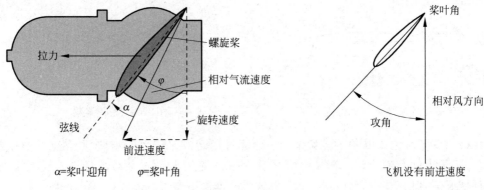

图 16-6　桨叶攻角与桨叶角　　　　　　　　图 16-7　飞机静止时相对风方向

　　当飞机开始向前运动时,相对风改变方向。理由是除旋转运动外,螺旋桨也向前运动。旋转和向前运动的组合产生相对风不直接对着螺旋桨桨叶运动。在这种情况下,攻角总是低于桨叶角(见图16-8)。

　　对于一定的螺旋桨转速,飞机运动得越快,螺旋桨桨叶上的攻角就越小。然而,如果螺旋桨转速增加,则桨叶攻角增加。

　　螺旋桨和以同一速率通过空气的飞机机翼不一样,接近桨叶叶尖部分比靠近桨毂部分旋转的线速度大(见图16-9)。例如,在离桨毂中心18in的点以1800r/min旋转的叶片线速度为

$$v = 2\pi r \times n = 2 \times \pi \times 18 \times 1800 = 203\,575(\text{in/min})$$

即,叶片线速度为203 575in/min,相当于192.7mile/h,即310km/h。

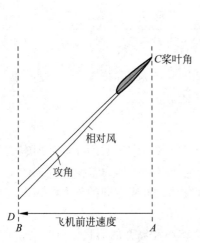

图 16-8　飞机运动时相对风方向

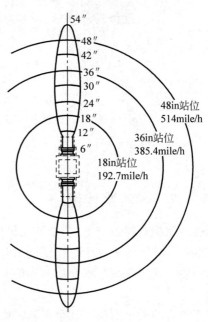

图 16-9　螺旋桨转速一定时桨叶不同站位的速度

为补偿沿螺旋桨桨叶的速度差,桨叶每小段给定不同的角度。桨叶角从桨毂到叶尖逐渐减小称为桨距分配,因此螺旋桨桨叶形成扭转的三维形状(见图16-1和图16-5)。桨叶的扭转沿桨叶长度的大部分提供基本不变的攻角。除叶片扭转外,大多数螺旋桨接近桨毂用较厚的低速翼型,接近翼尖用较薄的高速翼型。这样,同叶片扭转组合,允许螺旋桨沿着桨叶整个长度产生相对不变的拉力。

16.1.3 作用在螺旋桨上的力

空气流过旋转的螺旋桨时,会受到离心力、拉力、扭力、气动扭转力、离心力扭转力以及振动力等各种同时存在、相互影响、复杂多变的力。气流流过桨叶截面时的流场、速度及受力综合情况如图16-10所示。

1. 离心力

作用在螺旋桨的力中,离心力引起最大的应力。离心力可以描述为拉桨叶离开桨毂的力(见图16-11)。离心力的大小与转速的平方、半径、质量成正比,因此桨叶尖部分受到的离心力最大,为了减少离心力,叶尖部分一般都采用薄翼型。而桨叶根部需要承受的内应力是整个桨叶的离心力的合力,因此离心力产生的内应力将会大于桨叶自身重力的7500倍。

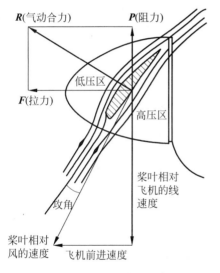

图 16-10 空气流过螺旋桨综合示意图

图 16-11 螺旋桨转动时的离心力

2. 拉力弯曲力

该力试图将桨叶叶尖向前弯(见图16-10、图16-12)。因为桨叶典型地越接近叶尖越薄,使得叶尖产生的拉力向前弯曲叶片。

3. 扭矩弯曲力

该力作为相对于螺旋桨旋转运动的空气阻力(见图16-10、图16-13),它试图在和桨叶转动相反的方向弯曲叶片。

4. 气动扭转力

当螺旋桨桨叶产生拉力时,气动合力位于螺旋桨前部时气动力将产生变大距(变距概念参见16.3.2第3点)的力矩,桨叶角有增大的趋势(见图16-14)。当气动合力位于螺旋桨的后部时则相反(见图 16-15)。因此,气动扭转力可被设计用于增加或减小螺旋桨的桨叶角。

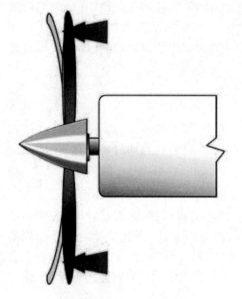

图 16-12　拉力弯曲力

图 16-13　扭矩弯曲力

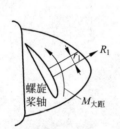

图 16-14　气动扭转力(变大距)

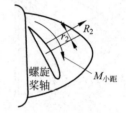

图 16-15　气动扭转力(变小距)

5. 离心扭转力

桨叶旋转时,各部分都要产生离心力。如图 16-16 所示,以前缘微元体为例,因其位于桨叶弦线的左侧,螺旋桨前缘微元体产生的离心力 N 在水平方向会有一个指向左侧的分力,该力有使桨叶向旋转平面转动的趋势,而垂直方向分力因与螺旋桨旋转轴线垂直,无法转动;后缘微元体可作类似分析,该处微元体也有使桨叶向旋转平面转动的趋势。因此离心扭转力试图减小螺旋桨的桨叶角。

有的变距螺旋桨在桨叶根部固定有配重,当螺旋桨旋转时,类比于桨叶离心力的分析方法,配重产生的离心力将使螺旋桨变大距(见图 16-16)。

6. 振动力

当螺旋桨产生拉力时,由于存在气动和机械力,叶片发生振动。某些发动机螺旋桨组合有能够发生严重的螺旋桨振动

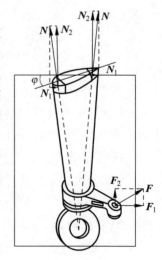

图 16-16　离心扭转力

的临界范围。在这种情况下,临界范围在转速表上用红色的弧指示。螺旋桨设计典型地允许某种程度的振动应力。

16.1.4　螺旋桨的振动

无论是对涡桨发动机还是活塞螺旋桨发动机,发动机抖动或振动都将会使发动机的主要承力部件产生疲劳裂纹的可能性加大。虽然发动机设计时允许一定程度的振动,但是基于安全性考虑,振动一直是发动机使用和维护过程中的重点关注的项目之一。

发动机振动可能是螺旋桨的不平衡引起的,也有很多其他方面的原因,因此,发动机抖动类的故障排除工作需要综合性的分析与验证,有一定的难度。发动机可能由于不平衡、桨叶角不合适或者螺旋桨的轨迹检查不合格等产生振动,不管是哪种原因,螺旋桨都会在整个转速范围内振动,只是振动的强度可能会随着转速的变化而有所变化。

如果发动机的振动集中于某一个特定的较小的转速范围内(例如:2200～2350r/min),那么这类振动一般不是螺旋桨的问题,而是发动机与螺旋桨的匹配不良所致。

如果怀疑螺旋桨的振动值过大,但是又不能明确断定故障的原因,那么如果条件允许,理想的排故方法是更换另一副已知适航的螺旋桨,然后进行地面振动测试和试飞验证。

一般来说,桨叶的抖动不是振动的主要来源。一旦发动机正常工作,强大的离心力会将桨叶牢牢地拉紧固定于桨毂上,形成一个刚性的整体,使得桨叶振动的强度与幅度都很小。

座舱振动有时可以通过对螺旋桨与曲轴的安装角度的调整进行改善。可以拆下、转动180°或者重新安装螺旋桨进行调整。

振动超限的最主要的原因可能是螺旋桨的整流锥安装不当造成的。当发动机转动时,可以明显看得出来整流锥的晃动。这种情况通常是由于整流锥前部支撑点垫片厚度不足或者是整流锥有裂纹或者变形等情况造成的。

与振动相关的螺旋桨的维修工作通常有静平衡和动平衡等,相关知识参见后续章节。

16.1.5　轴功率、推进功率、效率

螺旋桨的功率包括轴功率和推进功率。

1. 轴功率

轴功率(SHP)是指输送到螺旋桨的功率。而当量轴功率(ESHP)仅适用于涡桨飞机,是在计算总的功率输出时,轴功率加上喷气推力的影响。由于涡轴和涡桨发动机通过旋转轴输出功率,在试车台上依据轴的转速和扭矩测量发动机产生的功率(马力)。在静态条件下,输送到螺旋桨上1轴马力假定产生2.5磅推力。则此时:

$$ESHP = SHP + R_{n(jet)}/2.5$$

其中$R_{n(jet)}$表示喷气产生的推力。

2. 推进功率

螺旋桨的推进功率是拉力和速度的乘积。它由发动机的有效功率转变而来,但是由于涡流、摩擦、滑流等因素的存在,必然要损失部分功率,进而影响推进效率。

3. 效率

螺旋桨的效率是螺旋桨的推进功率和提供给螺旋桨的轴功率之比。因此,螺旋桨在原地工作时,速度为零,螺旋桨的效率等于零。

如其他条件不变,使螺旋桨效率最佳的攻角是在 2°～4°之间（见图 16-17）。如攻角超过15°,桨叶将发生失速,使其推进效率急剧下降。

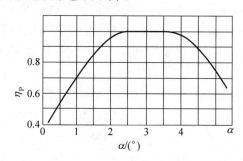

图 16-17　螺旋桨效率与攻角的关系

16.1.6　螺旋桨桨距

在严格的意义上,螺旋桨桨距是指螺旋桨转动一圈纵向前进的理论距离。桨距和桨叶角描述两个不同的概念,然而它们是密切相关的。如说一个螺旋桨有固定的桨距,实际上意味螺旋桨桨叶给定在固定的桨叶角上。桨距和桨叶角存在下述关系:

$$H = 2\pi R \tan\varphi$$

式中：H——桨距;

　　　R——螺旋桨特征截面半径;

　　　φ——特征截面的桨叶角。

几何桨距定义为螺旋桨通过不可压缩介质转一圈前进的距离,没有任何效率损失。所以,桨叶角大,则几何桨距大。几何桨距是从距离桨毂中心至叶尖长度的 75% 点测量的。

有效桨距是指螺旋桨转一圈实际前进的距离。有效桨距从飞机在地面静止时的零到最有效的飞行状态几何桨距的 90% 左右变化。几何桨距和有效桨距之间的差值称为滑流(滑距)（见图 16-18）。螺旋桨滑流代表由于低效引起的总损失。滑流的大小影响拉力的大小,飞行速度的大小则取决于螺旋桨的有效桨距和转速。

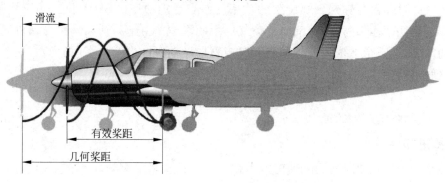

图 16-18　几何桨距和有效桨距

如果螺旋桨有几何桨距50in,理论上转一圈它应向前运动50in。然而,如果飞机实际向前运动仅 35in,有效桨距是 35in 和螺旋桨效率是 70%,在这种情况下,滑流代表 15in 或 30%的效率损失。实际上,大多数螺旋桨效率在 50%~87%之间。

16.2 螺旋桨的分类与结构

16.2.1 分类方法

按照螺旋桨在飞机上的安装位置分类,可分为牵引式和推进式。牵引式螺旋桨装在发动机的前面,拉着飞机前进。这种安装方式多见于陆上型螺旋桨飞机。推进式螺旋桨装在发动机后端,推动飞机前进。该安装方式多见于水上型或者水陆两用型螺旋桨飞机,因为这类飞机如果使用牵引式螺旋桨,那么在水上起飞或着陆的时候扬起的水花对前面的螺旋桨叶片将会造成严重的影响,因此,推进式螺旋桨一般安装在机翼的后上方。

按照桨距确定的方法分类包括固定桨距螺旋桨、地面可调桨距螺旋桨、可控桨距螺旋桨、恒速螺旋桨、可反桨及可顺桨的螺旋桨。

(1)固定桨距螺旋桨。最简单的螺旋桨是固定桨距螺旋桨。有低桨叶角的固定桨距螺旋桨常常称为爬升螺旋桨,为起飞和爬升提供最好的性能;有高桨叶角的固定桨距螺旋桨常常称为巡航螺旋桨,更适宜高速巡航和高空飞行。注意用这种类型螺旋桨时,最佳转速或空速的任何改变都会减少螺旋桨的效率。

(2)可调桨距螺旋桨。地面可调桨距螺旋桨在飞行中桨叶角不能改变,在地面桨叶角可以改变。可控桨距螺旋桨在螺旋桨旋转时桨叶角可被改变,这使桨叶角可为特定的飞行状态提供最好的性能。桨距位置的数目可被限制,如双位可控螺旋桨,可在桨距的最小和最大给定之间进行几何角度调节。

(3)恒速螺旋桨。恒速螺旋桨有时称为自动螺旋桨,一旦驾驶员选择工作转速后,则螺旋桨自动调节桨叶角以保持选择的转速。用这种螺旋桨,桨距改变是由螺旋桨调速器控制的。典型的调速器利用滑油压力控制桨距。恒速螺旋桨可提供最大的效率。

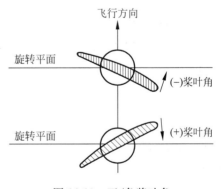

图 16-19 正/负桨叶角

(4)可反桨螺旋桨。在装有可反桨螺旋桨的飞机上,螺旋桨的桨叶角能够转到负值,产生负拉力(见图 16-19)。这可减短着陆滑跑距离和改善地面机动能力。

(5)可顺桨的螺旋桨。该类螺旋桨仅在多发飞机上使用,用于减少单发故障时最大程度上减小飞行人员对飞机操纵的难度。装有可顺桨的螺旋桨是指恒速螺旋桨有顺桨能力。如果发动机发生故障,驾驶员选择顺桨位置,或者发动机在自动顺桨系统的控制下顺桨。这时每个桨叶前缘直着对向风,桨叶角接近90°,顺桨位置可消除风转螺旋桨时伴随产生的大部分阻力(见图 16-20、图 16-21)。

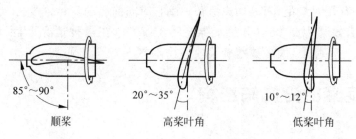

顺桨　　　　　　　　高桨叶角　　　　　　低桨叶角

图 16-20　顺桨与正常飞行时桨叶角位置对比

图 16-21　螺旋桨顺桨(正面视图)

16.2.2　螺旋桨结构

　　几乎所有螺旋桨都是用木料、钢材、铝材或某些复合材料制造的。很多年来,木料是制造螺旋桨的最可靠的材料。木制结构能吸收发动机共振。除非木制材料有保护层,否则地面工作期间它们对沙石和碎屑是非常敏感的。

　　现在大多数螺旋桨使用铝合金结构。它可以做成更薄、更有效的叶型而不会牺牲结构强度。铝合金螺旋桨上翼型截面延长至接近桨毂,这样能提供较好的空气流动,有利于发动机冷却。铝合金螺旋桨比木制螺旋桨更易于维护,而且成本较低。

　　钢制螺旋桨只在老一代运输飞机上使用过。由于钢材重,所以将钢制桨叶做成空心的。复合材料螺旋桨近来较为流行,其特点是重量轻、耐用,还能吸收振动,防腐蚀,可以明显提高发动机的燃油经济性以及延长维修间隔,降低维修成本。

16.3　涡轮螺旋桨发动机的螺旋桨

16.3.1　工作原理

1. 涡轮螺旋桨(简称涡桨)发动机

当今,无论相对小的单发飞机,还是大型多发运输机,都在广泛应用涡桨发动机。我们将讨论其基本设计和工作特性,描述涡桨发动机的螺旋桨系统。虽然活塞发动机和涡桨发动机的螺旋桨系统有很多相似之处,但两者之间存在明显差别。这些差别大多数是活塞和涡桨发动机的工作差别导致的。例如,涡桨发动机在高的转速下工作,所有涡桨发动机设计必须包括减速器组件。减速器将发动机的高转速低扭矩转换成可用的低转速高扭矩。尽管在某些活塞发动机中也有减速器,但涡桨发动机的减速系统必须在高减速比工作条件下运行。

2. 功率输出部分

涡桨发动机减速器组件和螺旋桨组合常常称为功率输出部分。近代驱动涡桨发动机功率部分有两种分类方法:

(1) 功率部分直接由整体涡轮通过固定轴驱动。

(2) 功率部分由分开的自由或动力涡轮驱动,动力涡轮和燃气发生器部分没有机械连接。在这种情况下,功率部分一般指动力涡轮、减速器和螺旋桨。

3. 螺旋桨调节

现代涡桨发动机大多采用恒速、可顺桨的螺旋桨,以提高发动机的性能和效率。该类型螺旋桨由一个或多个调节器控制。作为一般规则,涡桨发动机都使用同样的调节原理控制螺旋桨的桨距和保持恒速。桨距的改变更广泛地被涡桨发动机用于改变拉力。不同于活塞式发动机,涡桨发动机转速响应较慢,调节燃油流量后需要较长时间改变发动机的功率从而改变螺旋桨的转速,因此,涡桨发动机的飞机不能在地面通过改变发动机转速来有效地控制飞机。而螺旋桨变距响应速度相对灵敏得多,因此,为易于地面操作,一般让燃气发生器转速保持相对不变,而改变螺旋桨桨距从而改变拉力。

4. 反桨螺旋桨

大多数涡桨发动机螺旋桨除提供恒速和顺桨外,还可以反桨。反桨基本是指可变桨距恒速螺旋桨能够转到超出正常低距限制。通过允许螺旋桨桨叶转到负桨叶角,螺旋桨的拉力向后。这大大缩短了飞机着陆滑跑距离,类似于涡喷和涡扇发动机反推装置的作用。利用反桨可改善飞机着陆性能以及地面机动能力而不用额外增加专门的反推装置。

5. 桨叶角的控制

在大多数情况下,涡桨发动机燃油控制器同螺旋桨调速器一起工作,控制螺旋桨的桨叶角。有的将螺旋桨的工作方式分为 α 方式和 β 方式,前者是螺旋桨调速器控制保持螺旋桨恒速,后者是螺旋桨调速器不再起恒速作用,在地面操作、滑行、反桨中使用。

16.3.2 螺旋桨桨距调节

1. 双位螺旋桨

双位螺旋桨利用控制活门引导发动机滑油进入螺旋桨以减小桨叶角;泄放滑油返回发动机,使桨叶进入高桨叶角。两种力用于引起桨叶角改变:在螺旋桨油缸里的滑油压力和作用在配重上的离心力。其他的力对系统工作影响很小。当螺旋桨控制杆向前移时减小桨叶角,选择活门转动引导发动机滑油进入螺旋桨油缸,滑油压力克服配重的离心力,桨叶角转到低桨叶角(见图 16-22)。该类型螺旋桨变距的具体原理在本节稍后介绍。

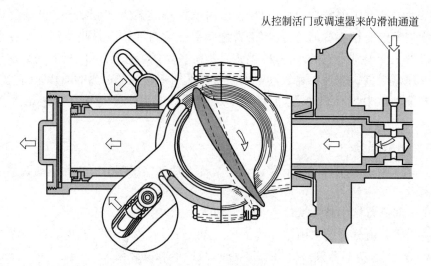

从控制活门或调速器来的滑油通道

图 16-22　桨叶角减小

　　为增大桨叶角,驾驶舱控制杆后移,选择活门转动从螺旋桨释放滑油,现在配重的离心力大于螺旋桨油缸中滑油产生的力。滑油流出油缸返回发动机集油槽,螺旋桨由配重的离心力保持在高桨叶角(见图 16-23)。

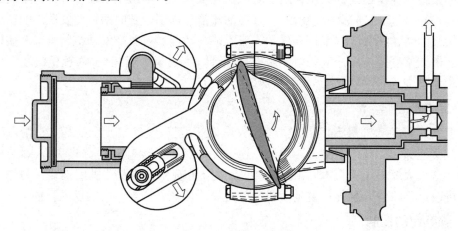

图 16-23　桨叶角增大

2. 螺旋桨调速器

　　恒速螺旋桨系统中螺旋桨桨叶角由调速器作用改变而保持螺旋桨转速不变。几乎所有现代中、高性能飞机都使用恒速螺旋桨。

　　螺旋桨调速器是一个转速敏感部件,它根据转速的变化情况,通过对滑油进出螺旋桨桨缸控制进而改变桨叶角,再通过螺旋桨的功率与阻力自动匹配原理,最终使螺旋桨的转速回到初始值。

　　调速器分成 3 部分:头部、本体和基座。调速器头部包含飞重、转速计弹簧、控制滑轮和转速计架等。调速器本体包含螺旋桨滑油流动控制机构,包括分油活门、滑油油路、释压活门。基座包含增压泵、泵发动机上的安装面、引导发动机滑油到泵和滑油从螺旋桨返回发动机集油槽的油路(见图 16-24)。

分油活门的位置由连到传动轴端部的飞重作用决定。当转速增加时,飞重向外张开,分油活门抬高;当转速减小时,飞重向内收,分油活门降低(见图 16-25、图 16-26)。分油活门的移动响应转速的改变,引导滑油流动调节桨叶角保持选定的转速。

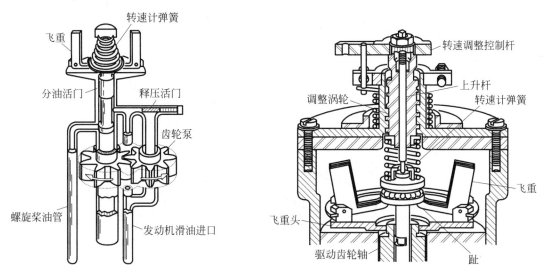

图 16-24　典型调速器的基本结构　　　　　图 16-25　调速器在超速状态

飞重的作用力由位于飞重上面的转速计弹簧力克服。弹簧力由驾驶员通过变距杆调节。当希望高转速时,前推驾驶舱变距杆,向下压缩转速计弹簧。增加的弹簧力使飞重向内,分油活门降低,引起桨叶角减小,螺旋桨负载减轻,即变轻桨,发动机轴功率大于螺旋桨阻力功率,因此转速增加,直到飞重离心力克服转速计弹簧力分油活门回到中立位置,变距过程结束。

无论何时飞重向外张开,分油活门抬高,调速器总是处于超速状态(见图 16-25)。当飞重向内收,调速器处于低速状态(见图 16-26)。当转速与调速器给定值一样时,调速器处于在转速状态(见图 16-27)。

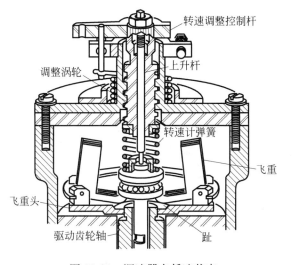

图 16-26　调速器在低速状态

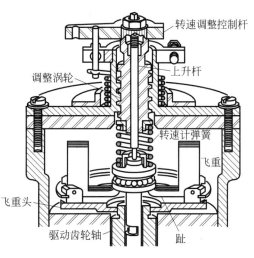

图 16-27　调速器在目标转速状态

3. 变距

桨叶角增大叫变大距,桨叶角减小叫变小距。螺旋桨从高桨叶角返回低桨叶角叫回桨。螺旋桨调速器变距又可分为双向变距、正向变距和反向变距三种形式。螺旋桨变大距和变小距都是靠液体压力进行的,这种螺旋桨调速器称为双向液压式调速器(见图16-28)。

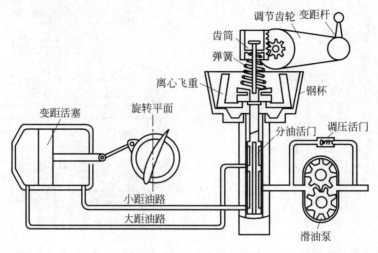

图 16-28 双向变距

驾驶舱内的变距杆固定在某一位置,即调速器弹簧力一定时,调速器自动保持某一相应的发动机转速。这时离心力与弹簧力平衡,分油活门处于中立位置,螺旋桨桨叶角不发生变化。

如果由于某种原因引起发动机转速增大,例如飞行高度上升,造成阻力矩变小,或者飞机在下降高度过程中阻力矩变小等,则离心飞重抬起分油活门的力量增大,分油活门上移。从滑油泵来的滑油进入大距油路,流入变距活塞左边的 A 室,变距活塞右移,螺旋桨变大距。同时,变距活塞右边 B 室的滑油顺着小距油路回油。随着螺旋桨桨叶角的增大,螺旋桨的阻力力矩增加,发动机转速减小。随着转速的减小,离心飞重抬起分油活门的力量也随之减小,分油活门又向下移,直到转速减小到原来的数值,分油活门回到中立位置,堵住变距油路,螺旋桨桨叶角不再变大,转速不再减小,调速器保持原来的转速不变(见图16-29)。

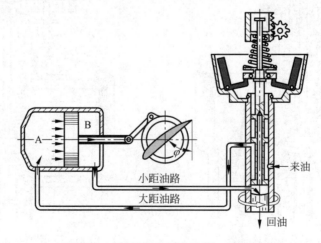

图 16-29 转速增大时变大距工作情形

转速减小时调速器的工作与转速增大时相反（见图16-30）。

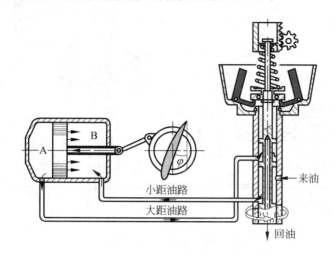

图 16-30　转速减小时变小距工作情形

有的螺旋桨不是完全依靠液体压力来变大距和变小距。用液体压力变大距，用螺旋桨桨叶旋转时所产生的离心力变小距叫反向变距（见图16-31）。这种形式的变距，当油压损失时会自动变小距，因此，反向变距螺旋桨有定距机构。

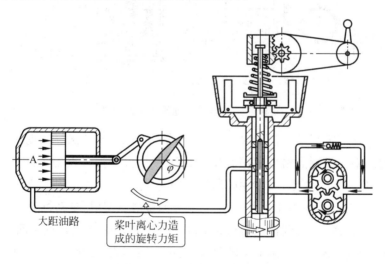

图 16-31　反向变距工作原理

螺旋桨由液体压力变小距，用螺旋桨上装置的配重所产生的离心力变大距叫正向变距（见图16-32）。

如果需要改变装有以上两种调速器的发动机转速，同双向变距的情况一样，应通过操纵变距杆来实现。前推变距杆，调速器弹簧力增大，发动机转速增大；后拉变距杆，发动机转速减小。

有的机型上用的是电动式调速器，主要由离心飞重、弹簧、双向电动机、接触装置和继电器组成（见图16-33）。

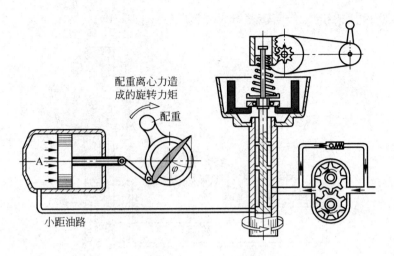

图 16-32　正向变距工作原理

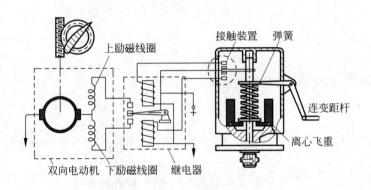

图 16-33　电动式调速器的工作原理

　　驾驶舱变距杆固定在某一位置时,调速器弹簧力不变,自动保证发动机在某一转速工作。接触装置的中间接触点恰好停留在中间位置,与上、下接触点均不接触。电动机不转动,螺旋桨桨叶角不发生变化。如果由于某种原因引起发动机转速增大,则离心飞重向上抬起中间触点的力量也增大,中间触点上移,与上面的接触点接触,电动机随即转动,使螺旋桨变大距,发动机转速减小,直到转速回到原来的数值为止。中间接触点又回到中间位置,电路断开,电动机停止转动,桨叶角不再增大,发动机又回到原来的转速。发动机转速减小,调速器的工作情形与上面所述完全相反。如果需要改变发动机转速,应通过操纵变距杆来实现。

　　飞行速度、高度改变会引起发动机转速的变化,适当地改变桨叶角,使阻力力矩始终等于旋转力矩,转速就可以保持不变。例如,飞行速度增大时,桨叶迎角 α 减小,螺旋桨变"轻",发动机转速会因阻力力矩减小而增大。这种情况下,如果增大桨叶角 φ,发动机转速就不会随飞行速度增大而增大(见图 16-34)。发动机启动时螺旋桨应在低桨叶角位置,因为此时螺旋桨的阻力矩最小。

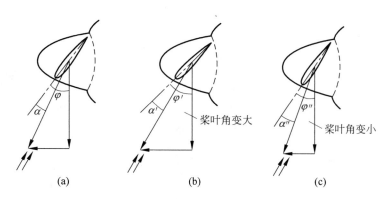

图 16-34 飞行速度变化时桨叶角的调节

16.4 螺旋桨辅助系统

螺旋桨辅助系统能改进螺旋桨性能和增强飞机全天候飞行能力。例如飞机降低螺旋桨噪声和振动的辅助系统。其他的辅助系统可用于螺旋桨桨叶除冰，用于保障安全性以及提高螺旋桨性能。

16.4.1 同步系统

任何时间在安装多个发动机和螺旋桨的飞机上都可能存在过大的振动和噪声。造成这个问题的原因是由于各个螺旋桨之间转速不一致，噪声相互干扰与叠加。基于这点，减少产生噪声和振动值的方法是匹配或同步发动机给定转速。现在通常有三种同步系统用在多发飞机上：主马达同步系统；一发主控制系统；相位同步系统。同步系统通过将所有螺旋桨精确控制在同一转速工作，减少振动。

（1）主马达同步。它用在早期型号飞机上。主同步器装置包括马达，它机械地驱动 4 个接触器装置，接触器装置电连接到发电机上。发电机由发动机的附件传动。因此，发电机产生电压的频率直接同发动机转速成正比。当系统工作时，要求的发动机转速由手动调节转速控制杆进行，直到仪表板上主转速表指示要求的转速。要求的转速给定后，发动机和主马达之间的任何转速差都将引起相应的接触器装置操作螺旋桨变距机构，直到发动机转速匹配。

（2）一发主控制系统。目前，很多双发飞机装有更现代的螺旋桨同步系统。典型的同步系统包括有比较电路的控制盒、左发上专门的主调节器、右发上从动调节器和在右发动机舱的作动器。两个调节器包括频率发生器，产生与发动机转速成比例的频率（见图 16-35）。

用这种系统，控制盒的比较电路比较从动发动机和主动发动机的转速信号，如果存在转速差，则控制盒送出相应的信号到作动器以调节从动调节器，直到发动机转速匹配（见图 16-36）。在大多数安装中比较电路有有限的工作范围，因此，为进行同步，从动发动机转速必须与主动发动机转速差大约在 100r/min 之内。

（3）相位同步。螺旋桨相位同步系统允许驾驶员控制螺旋桨桨叶之间旋转面的角度差（见图 16-37），该角度差称为相角，由驾驶员调节相角达到最低的噪声和振动值。例如 MA60/MA600 飞机的螺旋桨相位同步系统可使发动机的噪声降低 3～6dB。

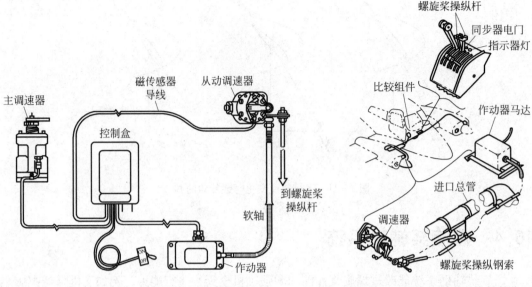

图 16-35　双螺旋桨同步系统

图 16-36　螺旋桨同步系统部件位置

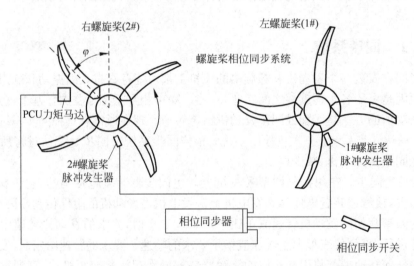

图 16-37　相位同步

　　典型的相位同步系统在每个发动机装有脉冲发生器,用于比较目的,每个发动机的脉冲发生器键入各自螺旋桨的指定桨叶。随着每个螺旋桨指定的桨叶通过脉冲发生器,电信号送到相位控制电路。例如,双发飞机脉冲发生器键入1号桨叶,基于从每个脉冲发生器的电脉冲,相位控制装置决定每个螺旋桨1号桨叶的相对位置。驾驶舱中螺旋桨手动相位控制允许驾驶员手动选择产生最低振动和噪声的相角。将每个发动机产生的脉冲作比较,如果存在差值,相位控制组件将驱动从动调节器在螺旋桨之间建立选择的相位角(见图 16-38)。

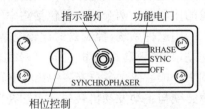

图 16-38　相位同步控制板

16.4.2　螺旋桨结冰控制系统

像飞机结构一样，螺旋桨对结冰是敏感的，必须装有除冰系统。如果允许结冰存在，会改变螺旋桨桨叶翼型形状，引起螺旋桨效率和拉力的损失。而且，在螺旋桨桨叶上形成的冰由于分布不均匀，会造成螺旋桨不平衡和破坏性的振动。螺旋桨容易结冰的部位有桨叶前缘和桨毂（桨帽）。

现在飞机螺旋桨可使用防冰或除冰系统。两者之间差别在于防冰系统的作用是阻止冰的形成，除冰系统是在冰形成后除掉冰。

流体防冰。典型的流体防冰系统包括控制组件、防冰液箱和输送流体到螺旋桨和喷嘴的泵。控制组件可以调节泵的输出。防冰液从防冰箱经泵送到装泵发动机前机匣上的螺旋桨后面的喷嘴。随着流体通过喷嘴，进入称为甩液环的 U 形通道，离心力将防冰液通过输送管送到每个叶柄（见图 16-39）。

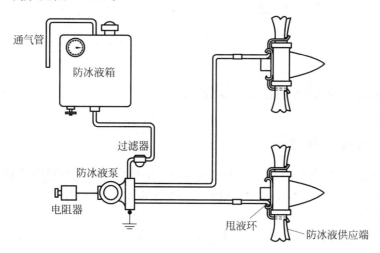

图 16-39　螺旋桨防冰系统

最通常使用的防冰液是异丙基酒精。因为它容易买到，而且成本低。其他一些防冰流体是用磷酸盐化合物制成的，在防冰性能上同异丙基酒精相当。用磷酸盐化合物制成的防冰液还具有可燃性低的优点，但价格相对比较高。

电除冰。螺旋桨电除冰系统包括电源、电源继电器、电阻加热元件、系统控制和定时器。电阻加热元件可装在每个螺旋桨桨叶内部或外部。外部安装的加热元件是除冰靴，并用批准的黏结剂连到每个桨叶。系统控制包括通/断电门、负载表和保护元件，如电流限制器或电路断电器。负载表是电流表，允许监视个别电路电流和目视证实定时器是否正常工作（见图 16-40）。

飞机电源通过电刷和滑环供给桨毂。电刷装在发动机机匣螺旋桨的后面，而滑环装在螺旋桨桨毂组件的背面。桨毂上柔性接头通过滑环将电输送到每个加热元件。通过触摸螺旋桨电热防冰套的方法可以检验其是否被加热。电除冰系统通常设计成断续供电到加热元件，除掉积冰。如果冰积得过多，除冰有效性则减少。正确地控制加热间隔是关键。这需要使用定时电路，按预定程序循环供电加热元件。循环定时器供电加热元件周期是 15～30s，整个循环时间 2min。

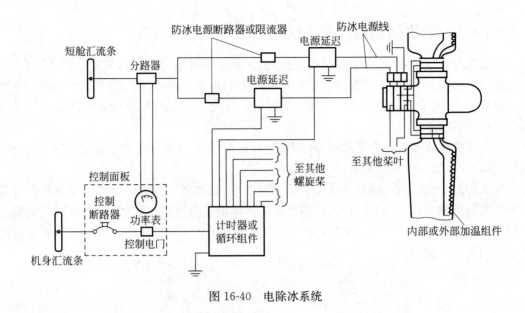

图 16-40　电除冰系统

16.5　螺旋桨检查、维护和安装

16.5.1　检查和维护

个人负责的专门检查项目和小的维护任务取决于螺旋桨和它的附件类型。下面讨论提供检查和维护的一般信息，对于专门的说明和使用限制应该查询有关的飞机或螺旋桨维护手册和服务通告。

为了易于检查，螺旋桨应该清洗。木制螺旋桨可用温水和中性肥皂，用刷子和布清洗。如果飞机工作接近盐水，螺旋桨应常用淡水冲洗。如果清洗后检查显示有缺陷，必须进一步检查或修理，这时可能需要拆下螺旋桨。

木制螺旋桨通常发现的缺陷包括分层、表面上压坑和伤痕。其他可能的损伤包括叶背或叶面裂纹或伤疤、断裂、扭曲、中心孔和螺栓孔磨损或尺寸过大。当对木制螺旋桨修理之后，必须再施加保护涂层。然而，保护涂层的恢复改变了桨叶的平衡。因此，桨叶检修后必须检查螺旋桨的平衡。木制螺旋桨存放时应水平放置，保持湿气均匀分布。此外，存放处应该保持冷、暗、干燥和通风良好。

铝合金螺旋桨耐用和维护相对便宜。然而，损伤严重足以引起桨叶故障。因此，对铝合金螺旋桨必须定期仔细检查。年检和 100h 检查要求包括：是否有裂纹、压坑，螺栓扭矩是否正确。一旦清洗之后，应检查铝合金桨叶上是否有点蚀、压坑、刻痕、裂纹和腐蚀。损坏敏感的区域包括前缘和叶面。为帮助检查，可用 4 倍的放大镜。怀疑有裂纹应做着色渗透检查。铝合金桨叶表面缺陷的修理必须在平行于长度方向进行。螺旋桨边缘典型修理最大允许的尺寸深度为 1/8in，长度不大于 1.5in（见图 16-41）。如果一个桨叶叶尖修短，则其余桨叶必须修短到同样尺寸。

叶背和叶面修理后用非常细的砂纸抛光，表面施加阿罗丁、漆和其他批准的保护涂层。

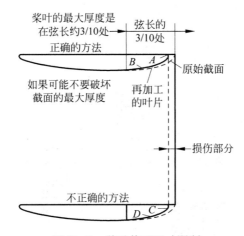

图 16-41　桨叶修理尺寸限制

A—最大原始半径；*B*—再加工轮廓到最大厚度点；*C*—半径太大；*D*—轮廓太钝

所有可调桨距螺旋桨系统都要在一定间隔时间内进行检查和勤务工作。在很多情况下,润滑是勤务工作之一。用于润滑螺旋桨的油脂必须有正确的防磨和塑性。换句话说,批准的油脂可以减少运动零件的摩擦阻力和在压力下容易成任何形状。存放螺旋桨桨叶时要对其作防锈处理,用蜡纸包装,并作定期检查。

16.5.2　螺旋桨平衡、桨叶角检测和螺旋桨轨迹检查

1. 螺旋桨平衡

若要正确地发挥发动机和螺旋桨的性能,螺旋桨的平衡是关键,包括静态平衡和动平衡。当螺旋桨的重心同它的转轴一致时,螺旋桨是静平衡的。

1) 静平衡

检查螺旋桨静平衡用刀刃法或悬挂法,两种静平衡方法中刀刃法较简单和更精确。检查螺旋桨平衡前应首先保证桨叶角完全相同。

螺旋桨应作水平和垂直平衡检查。对于两个桨叶的螺旋桨组件,1号桨叶在垂直位置,然后在垂直位置对另一桨叶重复检查。如果螺旋桨是垂直平衡的,它将保持在垂直位置。如果存在垂直不平衡,则螺旋桨将有静止在水平位置的趋势(见图16-42)。

对两个桨叶的螺旋桨组件进行水平平衡检查时,如果是平衡的,它将保持在水平位置。如果存在水平不平衡,一个桨叶将趋于向下移动,引起螺旋桨静止在垂直位置(见图16-43)。

三叶螺旋桨的静平衡要求放置螺旋桨在3个基本的试验位置。正确平衡的三桨叶螺旋桨应当是每个桨叶在6点钟位置时都没有转动的趋势(见图16-44)。

2) 动平衡

完成了静平衡工作后,不代表螺旋桨就可以正常运转,还需要完成动平衡。当转子部件的质量分布在较长轴上时,虽然静平衡保障了总体质量中心在旋转轴上,但旋转轴线很可能不与惯性主轴重合,即垂直于旋转轴线的各个截面质量中心不都在旋转轴上,这时会有振动力矩产生,发动机出现动不平衡,如超过一定的限度,就会出现发动机抖动的现象。

现代检查动平衡的方法是现场动平衡,要求螺旋桨、整流锥和相关设备装在飞机上进行

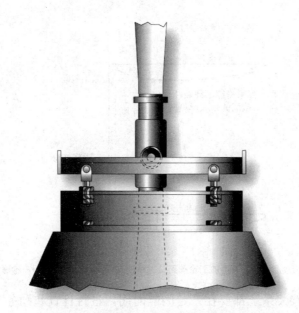

图 16-42　垂直平衡检查

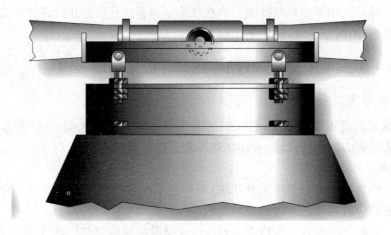

图 16-43　水平平衡

图 16-44　三桨叶螺旋桨静平衡

检测与配平。发动机运转在特定的一个或者几个转速时,动平衡测试仪通过安装在发动机指定位置的加速度计测得发动机振动的即时加速度值和光学转速传感器测得的位置信息,综合测定后给出不平衡的大小和位置。现代新型动平衡测试仪会给出螺旋桨配重调整量的参考信息。

2. 桨叶角的检测

有时需要在指定的桨叶站位检查桨叶角,这就要使用螺旋桨通用分度仪(见图16-45)。

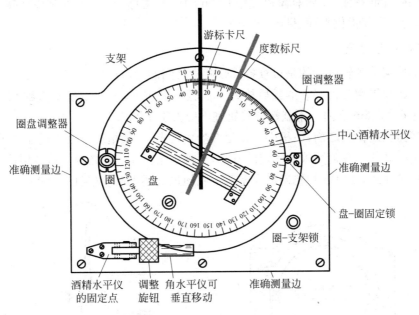

图 16-45　螺旋桨通用分度仪

测量螺旋桨桨叶角之前,分度仪必须归零,或者调整到基准位置,通用的基准是螺旋桨桨毂(见图16-46)。

(1)测量桨叶角时,将分度仪靠住叶面,转动圆盘调节器直到气泡位于水准仪中心(见图16-47)。

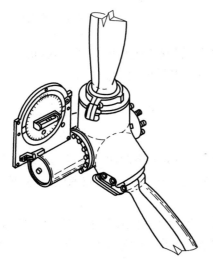

图 16-46　桨叶角测量基准

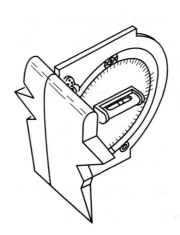

图 16-47　测量桨叶角

（2）转动螺旋桨，直到要检查的第一片桨叶，使桨叶的前缘处于水平位置。

（3）找出桨叶叶面的基准标记位置，将分度仪的边放在桨叶面的基准位置上。

（4）转动圆盘调整钮，直到中心酒精水平仪水平为止。

（5）以圆上的零线为标志，游标尺上零刻度所对应的盘数值便是桨叶角的度数。

如果桨叶叶面弯曲，在离前缘和后缘 1/2in 的地方用直径 1/8in 的圆棒连接，固定到螺旋桨叶片，为分度仪提供平面（见图 16-48）。

3. 桨叶轨迹检查

检查螺旋桨桨叶轨迹指的是检查各桨叶叶尖之间的相对位置。该程序是在查找振动问题或作为螺旋桨平衡和再安装的最后检查。在轻型飞机上，金属螺旋桨直到 6ft 直径其叶片相互轨迹在 1/16in 之内。木制螺旋桨轨迹不应大于 1/8in。

螺旋桨做轨迹检查之前，飞机必须锁定在静止位置，一般情况下是通过在各机轮放置轮挡防止飞机移动的。在地面放置固定的基准，离螺旋桨弧 1/4in 之内。转动螺旋桨桨叶，标记每个叶片的轨迹，所有叶片轨迹最大差值不应超过上述限制值（见图 16-49）。

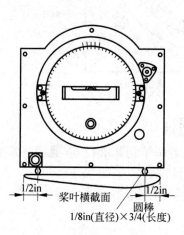

图 16-48　桨叶弯度补偿

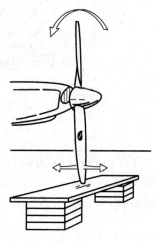

图 16-49　螺旋桨轨迹检查

检查轨迹也可在飞机前缘上安装一根粗的金属丝或较细的杆子，稍微接触螺旋桨桨叶尖部，用于转动螺旋桨，观察下一片桨叶，测量杆子和桨叶之间的距离。继续这一过程，直到检查完所有桨叶。

16.5.3　螺旋桨的安装

将螺旋桨连接到发动机曲轴上的方法因曲轴的类型不同而不尽相同。现代有 3 种类型飞机发动机曲轴：带安装边的轴、锥形轴和花键轴。安装螺旋桨应考虑定心、传扭和固定，以使螺旋桨工作可靠和不产生振动。

带安装边的轴有定位销孔，用螺栓和螺帽将螺旋桨固定在轴上。通常，定位销孔要安排得只能让螺旋桨安装在一个位置。有的是预先将带螺纹的圈压入螺栓孔，不再需要螺帽（见图 16-50）。

安装螺旋桨时，遵守螺旋桨制造厂建议的拧紧顺序是重要的，以避免在螺旋桨桨毂中导

图 16-50　带安装边的轴

(a) 带有定位销孔的安装边；(b) 有螺套的安装边

致应力(见图 16-51),交叉按力矩要求值拧紧螺栓后必须再依次检验各螺栓力矩值。

在某些低马力发动机上,曲轴是锥形的,螺旋桨安装端带螺纹。为防止螺旋桨在轴上转动,在轴上装有一个大键槽,键保持螺旋桨在位(见图 16-52)。

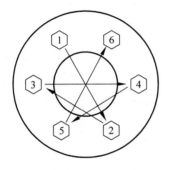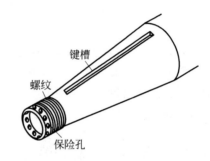

图 16-51　紧固次序　　　　　图 16-52　锥形轴

大多数发动机采用花键轴,其中一个两倍宽度的主键保证桨毂仅装在一个位置上(见图 16-53)。用过规/不过规检查花键磨损,它的尺寸比花键间允许最大尺寸大 0.002in。量规在两个键槽之间测量;如有超过 20% 的键槽插不进去,则说明轴和键均可使用;如有20% 以上键槽能插进去,说明曲轴已有过量磨损,必须更换。为确保螺旋桨桨毂在曲轴的中心,前锥和后锥应装在螺旋桨桨毂的每一侧(见图 16-54)。另外,可使用普鲁士蓝检查前、后锥的安装是否正确。方法是:初装扭紧后拆下,前、后锥转移到毂上的普鲁士蓝面积不小于 70%。

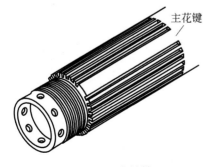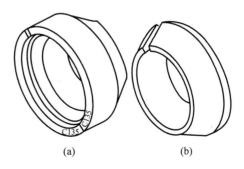

图 16-53　花键轴　　　　　图 16-54　前锥和后锥

(a) 前锥(示出序列号);(b) 后锥

　　一旦螺旋桨正确地扭紧,还必须打保险。由于安装的方法不同,保险的方法也不同。例如,如果用螺栓将螺旋桨固定在带安装边的轮毂上,那么每对螺栓的保险丝必须在拉紧的方向(见图 16-55)。

　　如果安装螺旋桨使用的是槽顶螺母,那么则用开口销保险(见图 16-56)。

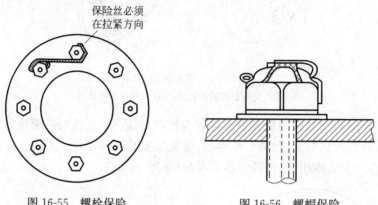

图 16-55　螺栓保险　　　　　　图 16-56　螺帽保险

　　一旦恒速螺旋桨已装好并保险后,应进行全面工作复查。必须遵守该型飞机地面运转程序和保证飞机处于安全状态。所有变距螺旋桨飞机的安装、操纵要求均相同,即螺旋桨变距杆必须校装,使得变距杆前移,转速增加,变距杆后移转速减少。发动机油门必须设置成前移增加拉力,后移减少拉力。发动机暖机和试验新安装的液压螺旋桨时,应通过调速器控制变距系统在整个行程内运动几次。地面检查和调整成功完成后,进行飞行试验。飞行试验后,检查滑油是否泄漏和部件的牢固性。

其他单位与 SI 单位换算表

其 他 单 位	SI 单位
1in	0.0254m
1ft	0.3048m
1mile	1609.344m
1kn	0.5144m/s
1mile/h	1.6093km/h 或者 0.447m/s
1lb	0.4536kg
1lbf	4.448N
1daN	10N
1hp	745.70W
1kgf	9.806 65N

参 考 文 献

[1] ROLLS-ROYCE. The JET ENGINE 喷气发动机. 1996.

[2] PRATT & WHITNEY. THE AIRCRAFT GAS TURBINE ENGINE AND ITS OPERATION. 1998.

[3] Jeppesen Sanderson. A & P TECHNICIAN POWERPLANT TEXTBOOK. 2003.

[4] AVIATION MAINTENANCE PUBUSHERS. TRAINING MANUAL POWERPLANT SECTION BOOKS 1 THROUGH 8. 1983.

[5] BOEING COMMERCIAL AIRPLANES. BOEING 737 MAINTENANCE TRAINING MANUAL. 1993.

[6] BOEING. 737-600/700/800 TRAINING MANUAL. 1998.

[7] PRATT & WHITNEY. PW4090 EEC OPERATIONS. 1998.

[8] 许春生,马乾绰. 航空发动机电子控制[M]. 北京：中国民航出版社,1999.

[9] 许春生 . 民用航空发动机控制[M]. 北京：中国民航出版社,1995.

[10] Klaus Huenecke. Jet Engines fundamental of theory,design and operation.

[11] Ameco Beijing Aviation College. Training Manual Jet Aircraft Maintenance Fundamentals Gas Turbine Fundamentals JAR-66.

[12] Federal Aviation Administration. Aviation Maintenance Technician Handbook—Powerplant. 2012.

[13] 傅强,左渝钰. 航空燃气涡轮动力装置[M]. 2 版. 成都：西南交通大学出版社,2016.